軍用機メカ開発物語

野原　茂

潮書房光人新社

現存する国産発動機/プロペラ

Photos & Text by S. Nohara

陸軍 中島「ハ二五」

←1990年代に入り、ニュージーランド南島のワナカに所在した旧アルパイン・ファイター・ミュージアムにて、復元のため一式戦一型、製造番号750から取り外された「ハ二五」発動機の前面。特徴的な環状潤滑油冷却器がよくわかる。本発動機は零戦二一型までが搭載した、海軍の「栄」一二型の陸軍向け仕様で、環状潤滑油冷却器、補器類などの細部以外は基本的に同じ。

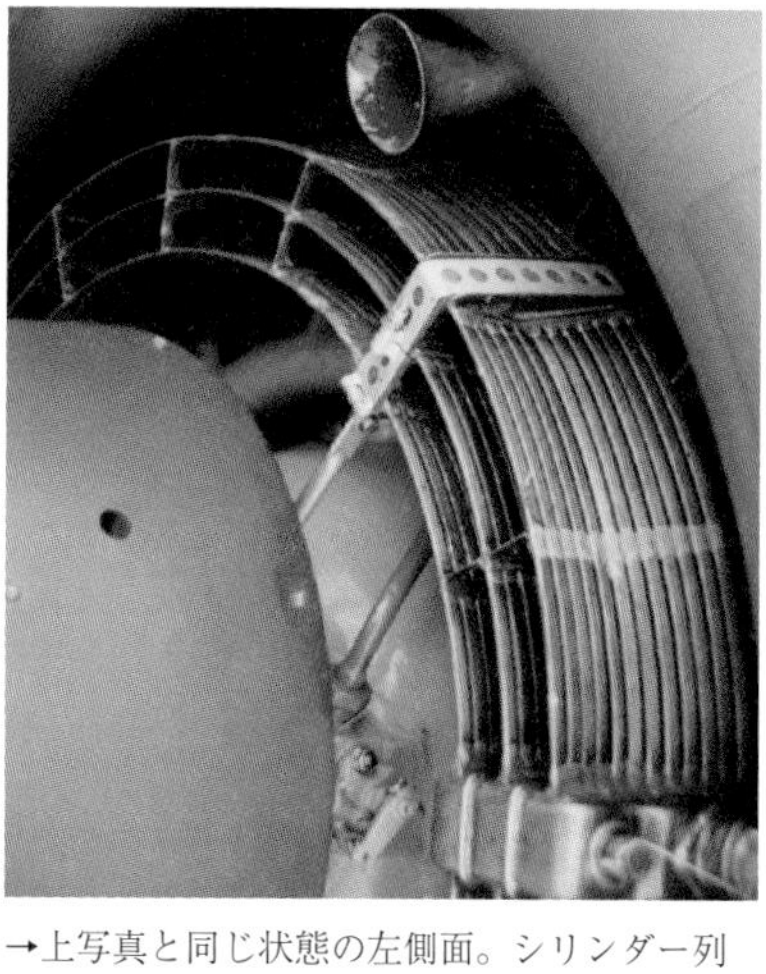

→上写真と同じ状態の左側面。シリンダー列の後方（画面では下方向）の、途切れた管状のパーツは集合排気管。

↑復元が完了し、往時の状態に戻った環状潤滑油冷却器の左上部付近。真ちゅう製の細い管を束ねたものを３層に配置し、この管の中に高温となった潤滑油を通し、外気に晒して冷却する仕組み。

↑前頁写真の「ハ二五」を搭載し、ほぼ完璧な復元作業を終えて２年後の1997年に撮影した、一式戦一型、製造番号750の正面アングル。同じ系列の「栄」一二型を搭載した零戦が、住友／ハミルトン定速可変ピッチ３翅プロペラ（直径2.95m）を装備したのに対し、こちらは複葉機時代を彷彿させる２翅（同2.9m）なのが、何とも古めかしい。

↑陸軍機の特徴でもある、発動機始動の際に始動車の回転軸を噛ませるスピナー先端のフック。切れ込みは複雑な形状をしている。

←右横から見たスピナー／プロペラ。この定速可変ピッチ２翅プロペラのピッチ変更範囲は26°～46°（中心から半径１ｍの位置にて）、重量は110kgだった。

海軍 中島「栄」二一型

↑右写真の位置から左方に動いて撮った上面側。左右カウルフラップが途切れた部分に開口している、角を丸めた長形孔が気化器空気取入筒の、カウリング内造り付けとの接続部。

↑ニュージーランド北島のオークランド市に所在する、「オークランド戦争記念博物館」が保管・展示中の、零戦二二型が搭載している、「栄」二一型発動機。1997年５月、当時復元作業のため機体から取り外し、床に立てた状態を撮影。右側面を示しており、カウルフラップと画面右に潤滑油冷却器、同空気取入口が付いたままになっている。

↑「栄」二一型に組み合わせられた、住友／ハミルトン定速可変ピッチ３翅プロペラ（直径3.05m）のハブ部分。筒状パーツがピッチ変更用油圧シリンダー、その下の円筒状パーツは平衡重錘。

↓発動機の前面。画面右上のカウリング取付架が直線になっている部分が上面側。白っぽい環状管とそこから伸びる電気配線は、点火プラグの系統で、一部が欠落している。

「栄」二〇型発動機内部整備・点検用工具箱

複雑・精緻な“工業製品”である航空発動機は、外部、内部を整備・点検する際、その分解／組立に必要な専用の各種工具が用意されていた。その一端を示したのが、本頁の「栄」二〇型内部用工具箱。これまで、ほとんど紹介されたことがない、おそらく唯一の現存工具箱である。

この内部用工具箱は、ソロモン諸島でニュージーランド軍が戦後に回収したもので、残念ながら中の工具類は失われていた。箱は全体が濃紺色に塗られており、両側面にＵ１ ８－５および251の記号（おそらく元二五一空を示す）が白で記入され、前面には「栄」の銘板が貼ってある。右の写真は取扱説明書からの抜粋で、工具の収納状態を示すために掲載した。

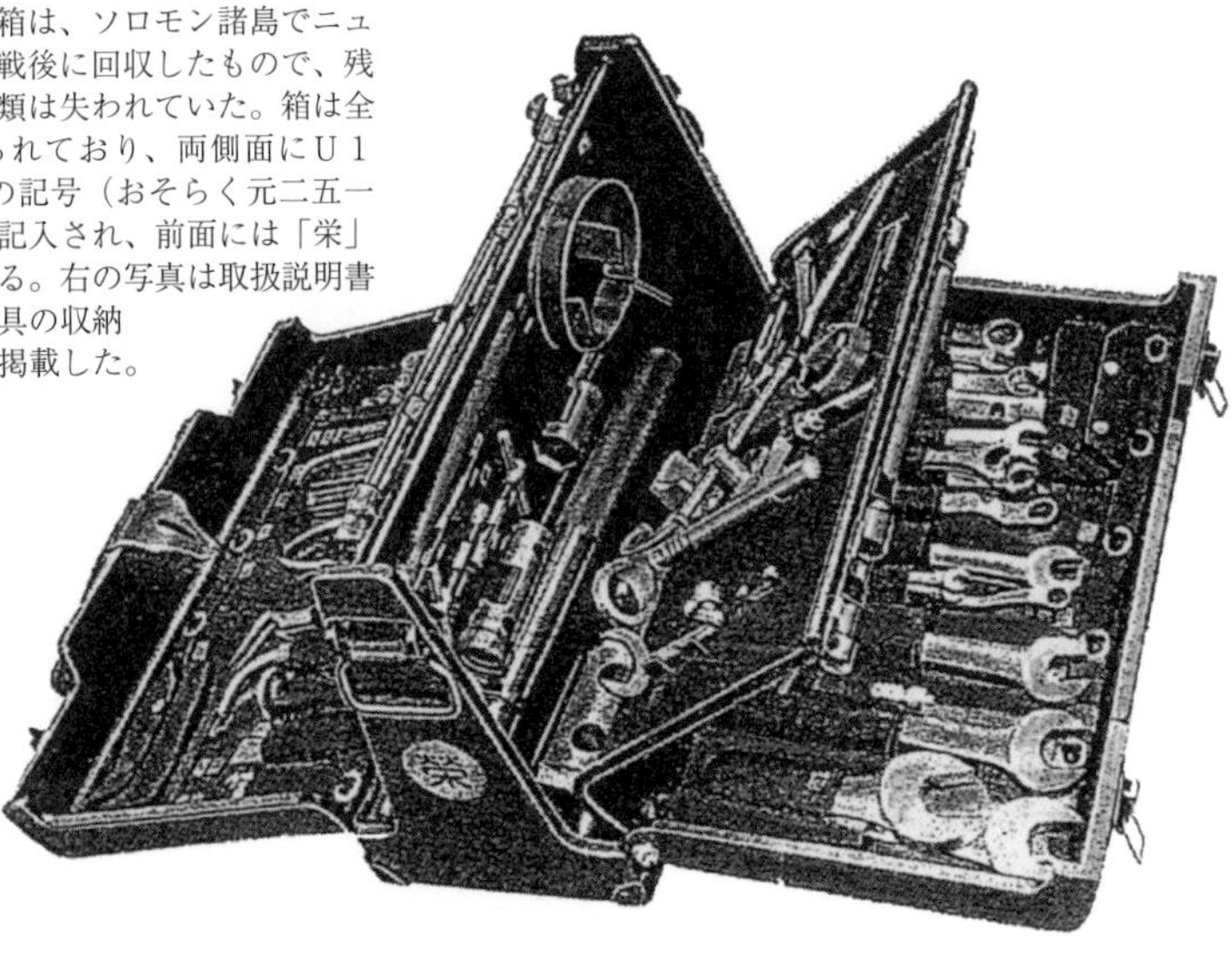

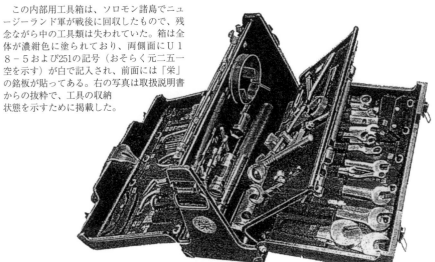

零戦五二型の第一線機としての命脈を保つため、「栄」二一型に水メタノール噴射装置を導入し、短時間に限り150ｈｐ程度の出力向上を図ろうと計画されたのが「栄」三一型だった。しかし、結果的に同装置の導入は不如意となり、それを省いた仕様が「栄」三一甲、および乙型の名称で、昭和19（1944）年春から三菱、中島両工場で生産中の五二型に搭載されていった。三一型は水メタノール噴射装置関連部分を除けば、基本的に二一型と変わらないので、本体前部の減速歯車室に記された「甲」、または「乙」の文字を確認しないと判別は難しい。このページ写真は、「栄」三一甲型を搭載した唯一の現存飛行可能機として有名な、アメリカは「プレーンズ・オブ・フェイム」所有の五二型、中島5357号機のクローズ・アップ。

「栄」三一甲型に組み合わせた後期型の住友／ハミルトン３翅プロペラ

←現在、広島県の「呉市海事歴史科学館・大和（やまと）ミュージアム」が保管・展示中の、零戦六二型に搭載されていた「栄」三一甲型発動機の、減速歯車室覆に残る「甲」の文字（画面左上の円形部）。その右下の突起した部分がプロペラのピッチ変更を司る「調速器」と称したパーツ。発動機のクランク軸回転と連結した歯車で内部の遠心重錘が回り、その傾き具合で油圧の加減を行ない、ピッチを自動的にコントロールして、発動機に負荷がかからぬよう、一定した回転数に保つ働きをする。

↓上写真の「栄」三一甲型発動機と、プロペラの上方からのアングル・カット。プロペラの羽根自体は、零戦三二型以降のそれと同じ直径3.05mのもので変化はしていない。

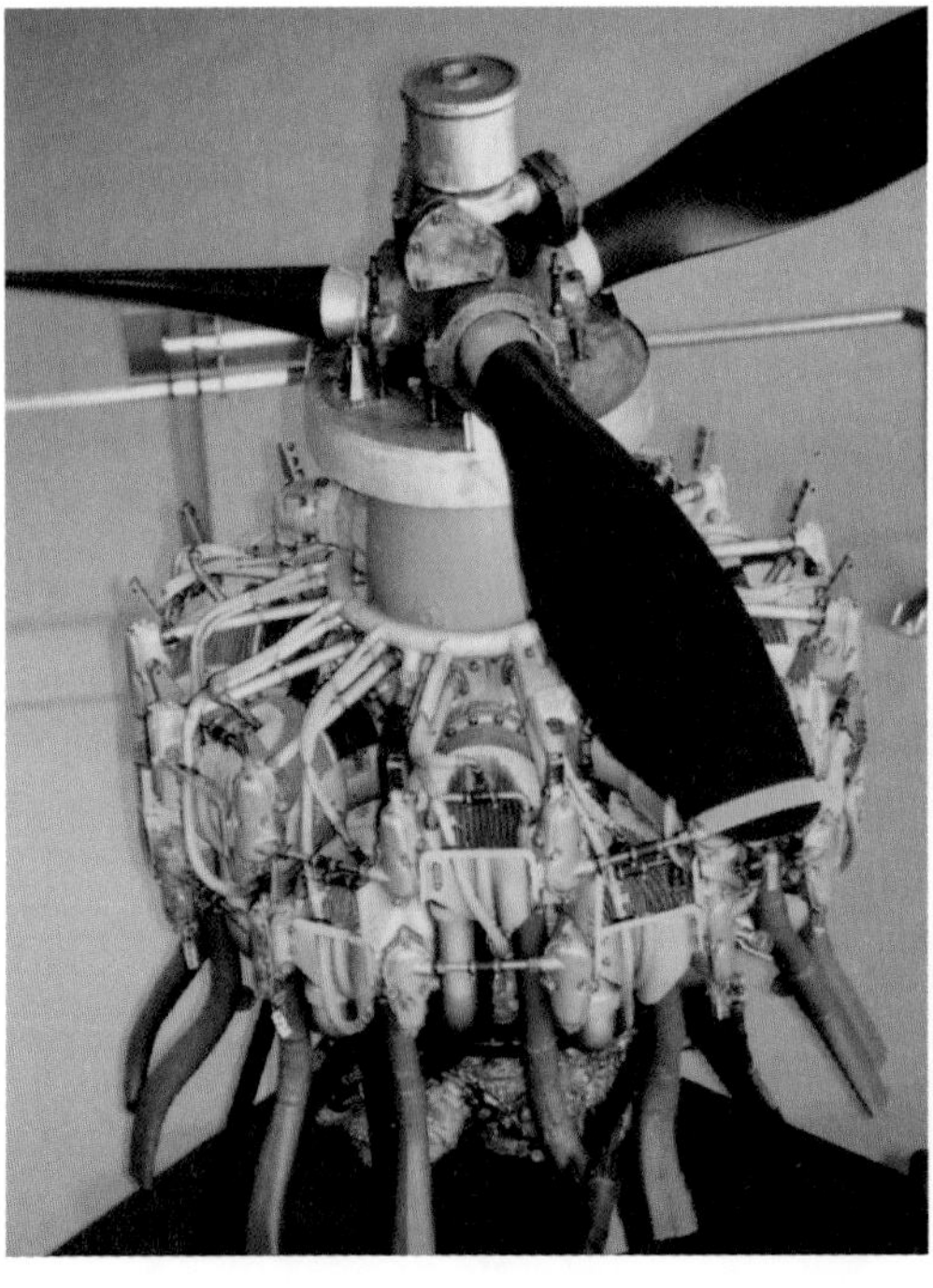

↓［下２枚］ 零戦五二型の途中から導入された、後期型の３翅プロペラのハブ部分。前面の油圧シリンダー、平衡重錘が変化している。

海軍 中島「誉」二一型発動機と局戦「紫電」の住友／VDMプロペラ

↑現在、アメリカはワシントンＤＣのＮＡＳＭ（国立航空宇宙博物館）新館に保管・展示されている、局地戦闘機「紫電」二一型“紫電改”が搭載している、「誉」二一型発動機。写真は復元作業のため機体から取り外した際の撮影で、錆や汚れが目立つが、原形はよく保っている。精緻を極めた“芸術品”とも言われた、コンパクトで“密”な設計が実感としてわかる。

→上写真の「誉」二一型を搭載した「紫電」二一型の、復元作業完了時の撮影。新製機のような仕上りとなった、住友／ＶＤＭ４翅プロペラが印象的だ。「紫電」一一型の段階でトラブルの象徴となった過回転問題は、ドイツから輸入していたMe210双発戦闘機のＶＤＭプロペラに組み込まれていた、過回転防止連動装置を真似たものを取り付けて、いくらかの改善は図れていた。

海軍 三菱「火星」二二型と住友／ハミルトン定速可変ピッチ４翅プロペラ

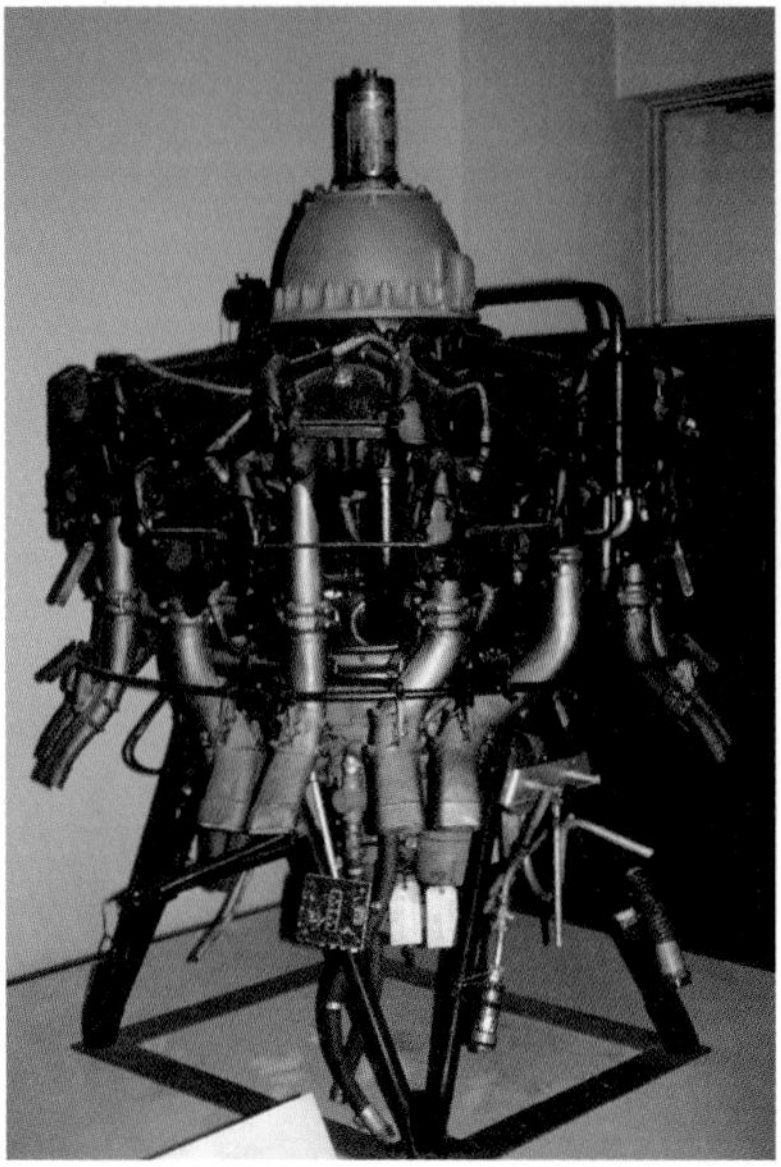

↑上右写真とは別の二二型で、床に立てた状態。本体右側下方を示している。

↑三菱の発動機部門が、成功した「金星」の拡大版として開発したのが「火星」で、主に双発以上の大型機用とされた。このページの二二型は、現在、海上自衛隊・鹿屋航空基地内に保管・展示されている、二式飛行艇一二型が搭載していたもので、オリジナル度が高く貴重な資料である。二二型の離昇出力は、水メタノール噴射装置併用で1,850hpだった。

↓かつて、東京・品川区の「船の科学館」が保管・展示していた当時の、二式飛行艇一二型、製造番号426の右内側発動機のプロペラ。住友ハミルトン定速可変ピッチ式４翅で、直径3.9mは日本最大級だった。

↓上右写真の二二型の正面。金星と同様、火星の後列シリンダー頂部に伸びる衝棒（プッシュロッド）は、前列シリンダーのそれと同一円周上に基部があるのが、外観上の大きな特徴である。

序文

機種の如何を問わず、軍用機の成否は一にかかって機体設計の優劣にある訳だが、戦闘機や爆撃機、攻撃機といったいわゆる主要機種に関しては、搭載するエンジン（日本陸、海軍では「発動機」と呼称）、プロペラをはじめ、射撃、爆撃兵装、照準器、無線機／レーダーを含めた電子機器の優劣、さらにはエンジンの出力を１００％発揮できる良質の燃料（ガソリン）の確保なども、兵器としての存在価値を左右する重要なファクターである。

航空分野に関し、欧米先進国の後塵を拝したという事情もあって、日本はそれらの国々から機体を輸入し、さらにライセンス生産化を図ると同時に、機体、発動機の設計を学びつつ独自開発を進めるという階梯を経て、航空自立を果たそうとした。

その結果、明治時代末期の軍航空草創から約20年後の昭和10（１９３５）年代に入ると、欧米列強国の新型機にも比肩し得る設計、性能を持つ〝自前〟の軍用機が出現するようになり、表面上は航空自立を果たしたかに見えた。

しかし、内情を冷静に分析すると、確かに機体、発動機に関しては一応の〝製品〟レベルに達してはいたものの、主要装備品の独自開発という面は〝おざなり〟の感があった。性能発揮の源でもある可変ピッチ式プロペラをはじめ、戦闘機の固定射撃兵装、多座機各種の防御用旋回射撃兵装、それらの射撃照準器、さらには空対空、地間の意志疎通の要である各種無線機器などは、依然として欧米先進国製品の輸入、ライセンス国産化、もしくは模倣生産品で賄っていたのが現状だった。

これら各種装備品の研究、開発は、機体、発動機のそれと比べると地味で、官、民ともに積極的に投資して技術向上を図るという対象にはなりにくい。だが、その良否の重要性は高く、実戦における機体の命運をも左右するファクターである。

営利を目的とする民間会社は、アピール度の低いこれら〝地味〟な工業製品の開発に、自主的に多額の投資をするという気運にはなりにくいので、陸、海軍が予算を拠出して民間会社にそれを促すのが常道である。だが残念ながらそうした航空行政は行なわれなかった。

そして、これによる影響がより深刻な形で表面化したのが、昭和12（１９３７）年7月に、日本自らが中国大陸で引き起こした支那事変（日中戦争）勃発後である。その行動に反発したアメリカ、イギリスは日本への航空技術提供、〝製品〟の輸出を制限、もしくは禁止する措置を採ったため、新しい情報、新型機の入手、装備品の更新が不如意になったのだ。

そうなると頼る術は、枢軸同盟を結んだドイツだけとなり、象徴的だったのは1,０００hp以上の高出力液冷発動機を欲した陸、海軍が、わざわざ個別にダイムラーベンツ社のＤＢ６０１倒立Ｖ型12気筒のライセンス生産権を取得。それぞれが川崎「ハ四〇」、愛知「熱田《あつた》」の制式名称で採用し、これを搭載する三式戦「飛燕」、艦爆「彗星」を開発した。

しかし、名にしおう高品質、且つ凝った造りのDB601を、全般工業技術基盤が弱かった当時の日本で、オリジナルと同等に製品化するのはどだい無理があり、案の上「ハ四〇」「熱田」ともに、太平洋戦争下の厳しい運用環境のなかで故障、不調を頻発。稼働率、性能の低下に喘ぎ、機体の評価を著しく貶めた。

アメリカでは、すでに1940（昭和15）年の段階で、世界初の2,000hp級空冷エンジン、P&W R－2800の実用化を成し遂げていた。日本では2年以上遅れて同級中島「誉」の生産に入ったものの、戦時下での厳しい運用環境に耐えられる設計ではなかったうえに、燃料事情の悪さなどもあって、故障、不調を頻発。想定した出力が出ないので搭載機の性能低下を招き、用兵者側の期待を裏切った。

三菱も「誉」に対抗するべく、2,000hp級の社内名称「A－20」を開発したが、制式名称「ハ四三」として量産が軌道にのる前に敗戦を迎えてしまい、実績を残せぬまま終わった。

こうしたアメリカ、イギリスの対日制裁による影響が大きかったのが、もう一方の象徴であるプロペラ。陸、海軍主要機の需要の大半を満たしていた、ハミルトン・スタンダード社の油圧式可変ピッチプロペラは、1,500hp級発動機まではなんとか対応できたものの、2,000hp級になるとさらに進化したピッチ変更システムを必要とした。

しかし、アメリカの新技術導入の道が閉ざされた以上、それ以外の国の製品で賄うしかなく、海軍はドイツVDM社、陸軍はドイツに占領される前のフランス・ラチエ社の可変ピッチプロペラのライセンス生産権を取得して対処することにした。

両社製ともに、ピッチ変更は電気式に行なう方式だったが、当時の日本にはオリジナルと同等に仕上げる技術基盤がなく、ハミルトン・プロペラに続いてVDMプロペラの国産化を請け負った住友金属工業は、結局、電気式メカニズムを諦め、使い馴れたハミルトンの油圧式メカニズムと〝合体〟させることで対処した。いっぽう、ラチエ式の国産化を請け負った日本国際航空工業は、オリジナルにこだわってなんとかモノにしようと努力した。

しかし、結果的にVDM、ラチエの国産化品には故障、不調の兆しがつきまとい、とくにラチエ式を用いた陸軍四式戦「疾風」のほうが深刻だった。

以上、発動機とプロペラの開発を通して、航空技術開発の独自遂行がいかに難しいかを納得していただこうと説明したが、決して恵まれた環境下ではないにもかかわらず、それに挑戦した技術者たちがいたことは確かである。

それはともかく、これまで、陸、海軍機の各装備ごとの発達経過を紹介した書はあまりなかったと思われるので、本書がいくばくかでもその実情を理解する術になればと願う次第である。

軍用メカ開発物語——目次

軍用機メカ開発物語

第一章　国産発動機開発史

模倣と技術習得に徹した黎明期

明治43（1910）年に陸軍、同45年に海軍が、それぞれフランス、ドイツ、アメリカから複葉機を購入して軍事航空のスタートをきった日本は、とにかく未知なる「空飛ぶ機械」がいかなるものかを知るのと、機体およびエンジンの設計、製造のイロハを含め、全面的に欧米航空先進国から学び取らねばならなかった。

機体の設計、製作については輸入機を参考に、見よう見まねでそれなりのものはマスターできたが、心臓たるべきエンジンについてはそうもいかず、陸海軍ともに輸入機が搭載していたエンジンを分解、調査したうえで、それぞれの製造元のライセンス許可を取得し、工廠を中心にして国産化をすすめていった。

大正時代に入ると、のちに日本の航空発動機（日本陸海軍のエンジン正式呼称）メーカーの双璧と謳われる三菱、中島の両社が、航空機および発動機の開発・生産に本格的に乗り出し、業界全体が拡充していくきっかけとなった。

三菱の発動機生産は、大正8（1919）年、フランスのイスパノスイザ液冷V型8気筒200馬力のライセンス生産権取得によって本格化し、翌9年11月に初号基を完成させたのを皮切

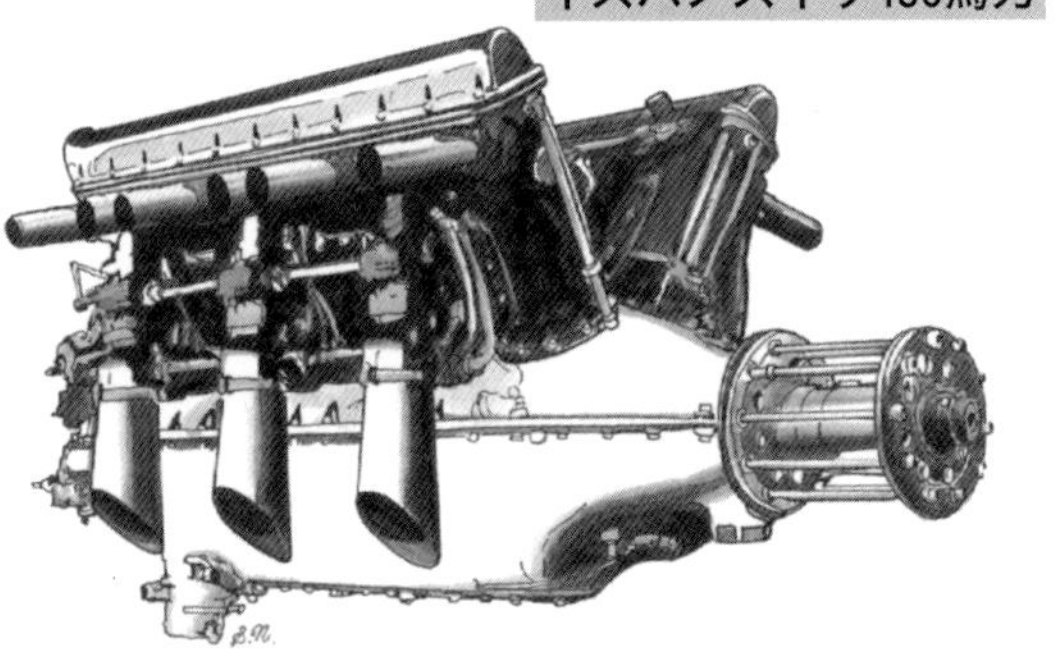

↑中島とともに、日本の航空発動機メーカーの双璧と謳われた三菱が、本格的に発動機生産に取り組む対象となった、フランスのイスパノスイザ社製液冷直列V型エンジン。最初は200馬力級（8気筒）、次に300、450馬力級（8、および12気筒）とつづき、最後がイラストに示した650馬力級（12気筒）だった。

→日本海軍、および三菱にとっても最初の国産制式艦上戦闘機となった十年（一〇）式艦上戦闘機。三菱 ヒ式（イスパノスイザ）300馬力級液冷V型8気筒発動機を搭載した。

りに、計154台を生産。海軍のロ号甲型水上偵察機、ハンザ・ブランデンブルク水上偵察機などに搭載され、国産軍用機発展の基礎固めに貢献した。

三菱は引き続き、イスパノスイザの新型液冷V型8～12気筒300、450、650馬力を相次いでライセンス生産し、昭和10（1935）年までに計1731台をつくって、海軍制式機の搭載発動機の主力を占めるに至った。

一方、中島における発動機生産は三菱より少し遅れ、大正13年、フランスのローレン（ロレーヌ）社製液冷W型12気筒450馬力のライセンス権取得によって本格化し、昭和2年にその初号基を完成させた。

このローレンは、W型の名称が示すように、4本一組のシリンダーを正面から見てW字状に3列に配置するという特異な設計で、搭載機は、それを覆う機首カウリングの成形に苦労した。

三菱、中島の両社とも、申し合わせたようにフランスの液冷エンジンを本格国産化品の対象に選んだのは、当時フランスの航空工業技術が世界をリードしており、イスパノスイザ、ローレンは同国エンジン分野の主力だったためである。

しかし、工業技術基盤そのものの底がまだ浅かった日本では、両液冷エンジンを、真に実用性の確かな「製品」として完成させるには荷が重く、故障や不調のリスクが常につきまとった。

イスパノスイザ650馬力を搭載した海軍の八九式艦上攻撃機、ローレン

↑三菱のイスパノスイザに対抗し、中島が昭和2(1927)年からライセンス生産を始めた、フランスのローレン社製液冷W型12気筒発動機(450hp)。のちに本基をベースにして、海軍 広(ひろ)工廠が九一式六〇〇馬力、および九四式九〇〇馬力発動機を開発したが、高出力はともかく故障、不調を頻発するのが欠点で、成功作とは言えなかった。

→広工廠製の九一式六〇〇馬力液冷W型12気筒発動機を搭載した、九二式艦上攻撃機。昭和8（1933）年8月に制式兵器採用されたが、発動機の故障、不調に悩まされて評価は芳しくなく、生産数もわずか130機程度にとどまった。

750馬力（海軍の広工廠がライセンス生産した発展型）を搭載した九二式艦上攻撃機が、いずれも発動機故障・不調を理由に、一時的に航空母艦への配備を中止したという事実が、それを象徴的に示している。

三菱、中島がイスパノスイザ、ローレンのライセンス生産に奮闘していた頃、陸軍機の専門メーカーに指定されていた川崎では、ドイツとの結びつきを強め、大正13（1924）年、BMW－6液冷V型12気筒エンジン（450馬力）のライセンス生産権を取得した。

ドイツは、第一次世界大戦中も含めて、名にしおう液冷エンジン大国であり、BMW社、ダイムラー社、メルセデス社、ベンツ社、アルグス社などの有力メーカーが群雄割拠していた。

BMW－6は、フランスのイスパノスイザ系と対照的に、重厚かつ堅実な設計で、シリンダー容積、圧縮比などに余裕を持たせた、いかにもドイツらしい液冷エンジンであった。

陸軍も、BMW－6には期待をかけ、以降の川崎製制式機のすべてに本エンジン、およびその改良型を搭載させた。当初は450馬力だったが、段階的に向上し、最後の『ハ九－Ⅱ』では離昇出力850馬力にまで達した。

ただ、馬力が向上するにつれて構造的な負荷も増し、BMW系を搭載した九二式戦闘機、九三式単軽爆撃機、九

↑陸軍機メーカーの川崎航空機工業が、ドイツの液冷エンジンに深く傾注してゆくきっかけになった、BMW社のV型12気筒。内径160㎜、ピストン行程190㎜、総容積46.95ℓという大サイズのシリンダーが特徴。写真は450~600hp級のBMW-6。八七式重爆以降、ほとんどの川崎製制式機が搭載した。

→八七式重爆に次ぐ2番目のBMW-6発動機搭載の制式機となった、川崎八八式偵察／軽爆撃機。昭和2(1927)年から同7(1932)年にかけて、合計1,100機余も生産された、昭和ひと桁時代を通じての最多陸軍制式機となった。

五式戦闘機、九八式単軽爆撃機は、発動機の故障・不調に悩まされ、実戦部隊での評価を少なからず低下させた。

　いずれにせよ、昭和ひと桁時代まで日本陸海軍における主要機の発動機は、外国製液冷エンジンのライセンス生産品で大半が占められ、ヨーロッパ列強国と同様に、液冷発動機中心にまわっていたことは事実である。

空冷発動機主流への大転換

イスパノスイザ、ローレン、ＢＭＷ系の主力液冷発動機が、馬力向上を図って独自の改良を重ねるのに比例して、構造上の無理が表面化。トラブルを頻発して実用性を損ねていくことに、三菱、中島の発動機開発部門は焦燥感を募らせていた。

　そして、両社ともに現状打破の手段として選択したのが、空冷発動機中心への転換であった。先に動いたのは中島で、まだローレンのライセンス生産が始まる前の大正14（１９２５）年12月末、イギリスのブリストル社が完成したばかりの「ジュピター６」星型９気筒エンジンのライセンス生産権を取得しており、試行を重ねたのち、３年後の昭和３年秋、生産に入った。

「ジュピター６」は、バルブ・タペット遊隙《ゆうげき》自動調整装置、４弁構造の吸排気弁、吸気均等分配螺旋《らせん》管など、従来までの空冷星型単列エンジンには無かった新機軸を備えており、中島以外に

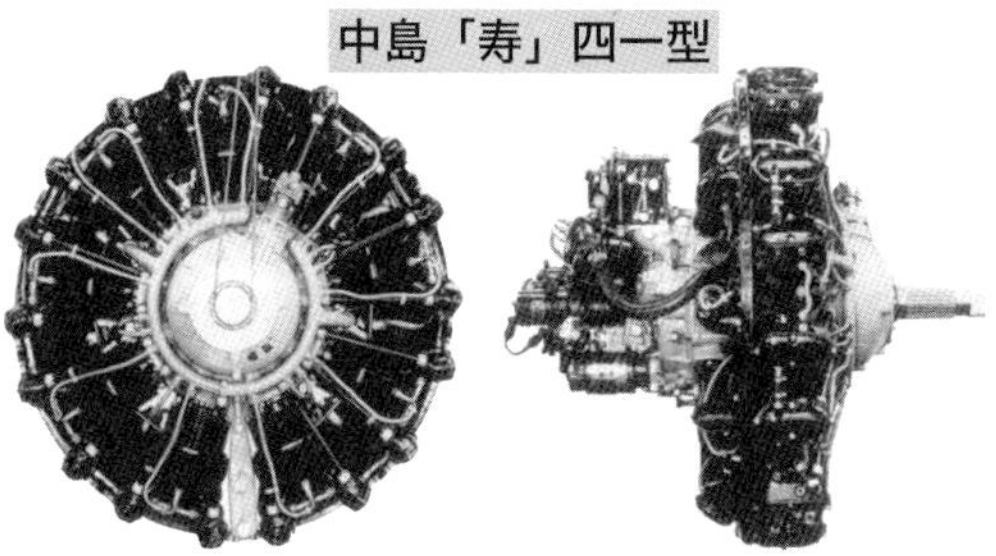

↑故障、不調のトラブルが多い液冷発動機に代わり、日本海軍が空冷星型発動機を主流とする方針に転換するきっかけをつくった、中島製の「寿（ことぶき）」9気筒。イギリスはブリストル社製の「ジュピター6」をライセンス生産したものだった。写真は改良を加えた最終生産型の四一型を示す。

→「寿」二型改一（離昇出力580hp）を搭載した、中島九〇式艦上戦闘機一型。のちには「寿」四一型を陸軍でも採用し、「ハ一乙」の名称で、中島 九七式戦闘機などが搭載した。

column1 ピストンエンジンについての基礎知識

シリンダーの基本構造▶

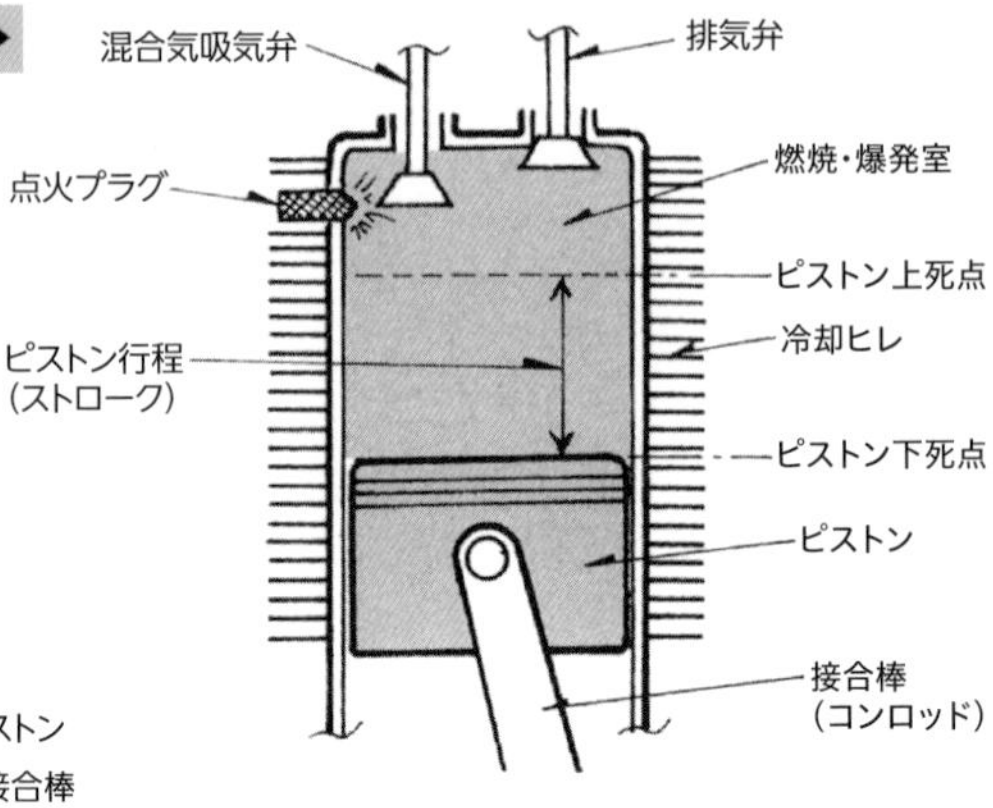

シリンダー配置の違い▼

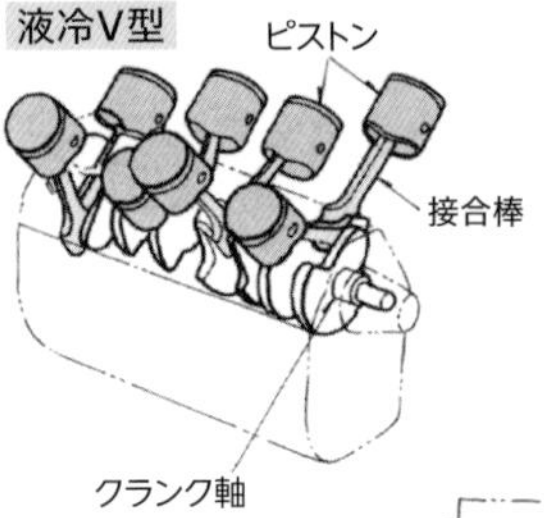

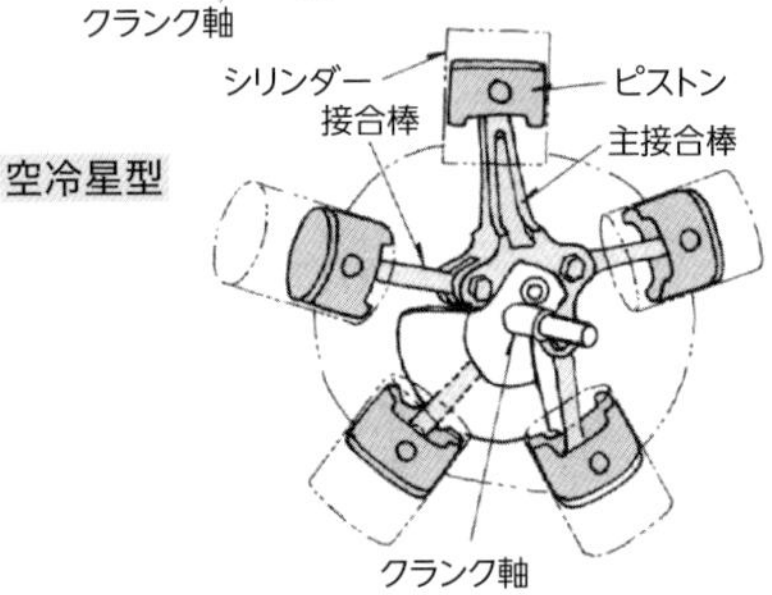

人類史上最初の動力飛行を成し遂げた、アメリカのライト兄弟が製作した複葉機以来、第二次世界大戦期までの間、航空機用動力として主に使われたのがピストン（レシプロ）エンジンである。ピストンとは「活栓」という意味で、その上下動する様を意味した。またレシプロと表記される場合もあるが、こちらもreciprocating（レシプロケイティング）（往復運動）の略で、ピストンの上下動を表わす。因みに旧日本陸海軍では英語のエンジンではなく、「発動機（はつどうき）」を正式呼称とした。

ピストンエンジンの作動原理は、自動車など他のエンジンと同様に、シリンダー内で混合気（ガソリンと空気の混合気体の意）を吸入、圧縮、爆発（燃焼）、排気するという4つの行程を繰り返して行ない、回転力を生みだす「4サイクルエンジン」である。この4サイクルの間にシリンダー内のピストンは上下に2往復し、接合棒を介して連結したクランク軸を回転させ、このクランク軸の先端に付いたプロペラが回る。

シリンダー内は、混合気の爆発とピストンの上下動による摩擦も加わってかなりの高温（200℃以上）となり、そのままでは破壊してしまうので冷却する必要がある。

その冷却方法としては2種類あり、外気に晒して冷やすのが空冷式、シリンダーをケースで包み、その中に液体を循環させて冷やすのが液冷式である。

空冷式では、シリンダーの配置がクランク軸を中心にして放射状となり、その様から「星型」と呼ばれた。第一次世界大戦期の小出力型は5、または7気筒、主流は9気筒だった。各シリンダーは同一円周上に並ぶので、クランク軸に直結するのはひとつのシリンダーの接合棒のみ。他はすべて「主接合棒」（マスター・コンロッド）と呼ばれた、その基部の周囲に連結した。1930年代に入って普及した空冷の複列型は、7、または9気筒を前後2段に配置したタイプを示す。

一方、液冷エンジンのシリンダーは、クランク軸に沿って前後方向に1列に並べられるので、「列型」とも称し、各シリンダーの接合棒はすべてクランク軸に直結する。第一次世界大戦期のドイツでは1列6気筒のメルセデスなどが主流であったが、フランスのイスパノスイザ、イギリスのウールズレイ・ヴァイパーなどは、1列4気筒を正面から見て「V」字状に2列配置した、V型8気筒という形態を採った。

1920年代に入ると、1列6気筒のV型12気筒が標準になったが、ドイツでは「逆V」の形にした倒立V型と称する変則型を主流とした。

フランスのローレン社では、W型12気筒という特異な型式を標準にしたが、主流にはならなかった。

もフランス、イタリア、ベルギーなど7か国でライセンス生産された。ヨーロッパ風空冷星型単列エンジンの定型を確立したと言ってもよい、傑作エンジンであった。

「ジュピター6」は、過給器付きの「ジュピター7」とともに、陸軍の九一式戦闘機、海軍の三式艦上戦闘機に搭載され、馬力はそれほど大きくはなかった（460〜520馬力）が、実用性に優れ、以後の中島製空冷発動機開発の基盤を確立したという点で、高く評価される。

中島は、このジュピター系で培《つちか》った経験を生かし、昭和5（1930）年6月、社内名称『NAH』と称した新しい空冷星型9気筒発動機を完成させる。『NAH』は、ジュピターの長所に加え、新たに技術提携したアメリカのP&W（プラット&ホイットニー）社製「ワスプ」エンジンの生産性の高い構造を採り入れた、いわば英・米・日の混血児といってよく、離昇出力460〜480馬力級の、実用性に富む優良発動機となった。

海軍名称は、ジュピターの「ジュ」をとって『寿《ことぶき》』と命名され、九〇式艦上戦闘機、九〇式水上偵察機、九六式艦上戦闘機に搭載され、機体設計面も含めて、海軍航空の自立化に大きく貢献した。陸軍でも『寿』四〇型系を『ハ一』の名称で採用し、九七式戦闘機に搭載、生産はじつに太平洋戦争中期の昭和18年まで継続されるという、ロングセラーを記録した。総生産台数も約7，000台に達する。

中島では『寿』系と併行して、アメリカのライト社製R−1820「サイクロン」系単列星型9気筒エンジンのライセンス生産権も取得し、『寿』三型の設計と折衷させたような、社内名称『NAP』（700〜800馬力級）を製作。これが昭和11（1936）年に海軍名称『光』、陸軍名称『ハ八』として制式採用され、九五式艦上戦闘機、九七式司令部偵察機などに搭載された。

中島が、ライセンス生産を通じてイギリス、アメリカの設計技術を貪欲に採り入れる方針を打ち出したのに対し、三菱はそれまでの経験を生かした、独自設計の空冷発動機開発を決定。昭和4年に『A1』と称する試作品を完成させた。

この『A1』は、当時としては欧米諸国にもまだ実例が少なかった複列（シリンダー列を前後二段配置とする型）14気筒にしたことが特徴で、中島『寿』『光』系がいずれも単列だったのと好対照であった。出力も大きく1，000馬力を予定していた。

しかし、未経験ゆえに『A1』の出来は不満足なもので、三菱は翌5年に単列9気筒の『A3』、6年に再び複列14気筒の『A4』を相次いで試作した。『A4』は、イスパノスイザ液冷エンジンのシリンダーを流用し、前、後列のカム腕を前方にまとめて配置する、イギリスのアームストロング方式を採っていたことが特徴であった。

最大800馬力を予定した『A4』には、海軍も大きな期待を寄せ、三菱が試作受注した七試艦戦、九三式陸攻、九試艦攻にも搭載されたが、やはり耐久性などに問題があって、海軍の審査をパスできなかった。

三菱は、さらに陸軍向けの『A6』、海軍向けの『A7』を試作したが、いずれも種々の問題を内包しており、実用に値する発動機には程遠い出来であった。「主力商品」のイスパノスイザ系にもトラブルが続出しており、この昭和5年から10年にかけての三菱発動機部門は、最悪の状況にあったといってよい。

危機感を持った三菱は昭和9（1934）年、発動機部門の組織を改革、主要パーツごとに設計責任者を配置する縦割り系列に変更し、従来の軍主導の開発形態ではなく、メーカー側が自発的に試作を進める方針に転換した。

そして、この方針に沿い、昭和10年末に、改めて社内名称『A8』と呼ばれた新型空冷星型複列14気筒発動機の設計に着手した。『A8』は『A7』までの苦い経験をふまえ、外国の優良エンジンの長所は積極的に採り入れ、面子にはこだわらなかった。

すなわち、シリンダーはイスパノスイザ、同ヘッドはアメリカ式、クランク・シャフトはヨーロッパ風の一体型、過給器はフランス式といった具合である。作業は突貫式に行なわれ、試作品は翌11年3月、早くも試運転にこぎつけるという、超スピード開発であった。『A8』は、それまでの苦い経験をふまえただけに、耐久性、性能も期待どおりで、海軍の審査を難なくパスし、『金星』三型の制式名称により採用され、どん底に喘《あえ》いでいた三菱発動機部門は、ようやく愁眉を開くことができた。この『金星』こそ、その後の三菱空冷発動機の基礎を築いた傑作といってよい。

『金星』は四〇、五〇、六〇型系と改良を続けながら段階的に出力をアップし、当初の三型は840馬力だったが、最終型六二型（陸軍名称は『ハ一一二－II』）では1,500馬力（離昇出力）に達した。『金星』は、三菱の九

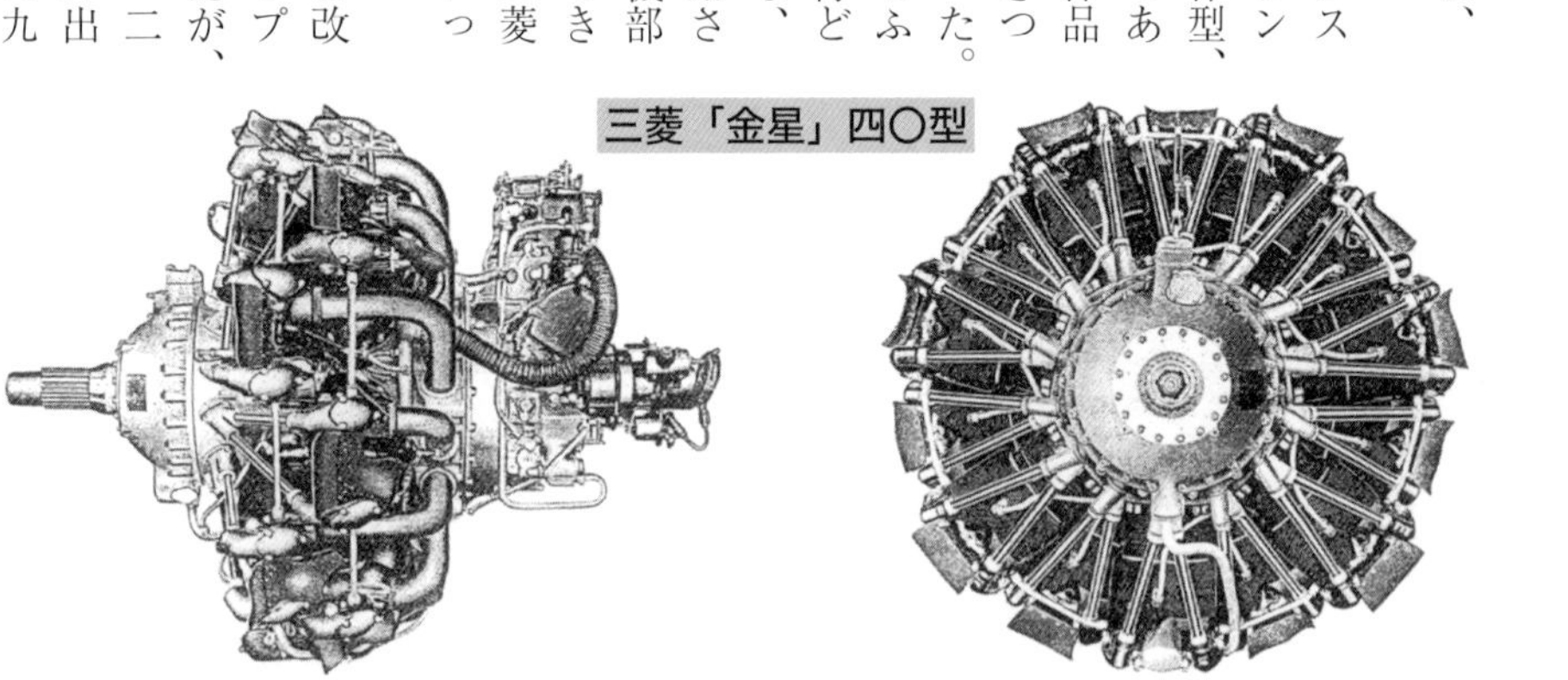

↑中島に少し遅れて、三菱が空冷星型発動機の自社開発に挑み、苦労の末に昭和11(1936)年に完成させたのが「金星(きんせい)」である。同社、さらには日本にとって最初の複列14気筒型の成功作でもあった。写真は2番目の生産型四(四〇)型系(1,000~1,080hp)。

六式陸上攻撃機、九七式二号艦上攻撃機をはじめ、九九式艦上爆撃機、零式水上偵察機、艦爆「彗星《すいせい》（空冷型）」、さらには陸軍の一〇〇式司偵三型、五式戦闘機などにも搭載され、太平洋戦争期の主力航空発動機の一つになった。総生産数は、実に1万1，000台を超えた。

『金星』の成功で自信を得た三菱は、ピストン行程を20㎜短縮した小型機用『A14』と、筒径を10㎜、行程を20㎜拡大した大型機用の十試空冷（のちの『A10』）を相次いで試作。ともに昭和11年7月に初号基を完成させ、海軍の審査をパス、『瑞星《ずいせい》』『火星』の名称により制式採用された。この両発動機の成功をもって、三菱の空冷星型複列発動機の技術基盤は、揺るぎないものになったといえよう。

『瑞星』は零式観測機の他、陸軍も『ハ二六』の名称により採用。九九式軍偵／襲撃機、一〇〇式二型司偵、二式複戦「屠龍《とりゅう》」などにも搭載され、生産台数は『金星』を凌ぐ1万2，79

→「金星」発動機を搭載する、最初の自社開発機となった三菱 九六式陸上攻撃機。原型機九試中型陸上攻撃機の段階では、九一式液冷W型12気筒(600hp)発動機搭載型も製作されたが、出力、実用性など全ての面で金星が勝り、同三型(最大出力910hp)搭載機をもって制式兵器採用された。

三菱「瑞星」一〇型

↓「金星」のピストン行程を20㎜短縮して130㎜に、総容積を32.34ℓから28.02ℓに減少して小型化した「瑞星(ずいせい)」。一〇型系の出力は850hpだったが、過給器を二速式に変更した二〇型系では、1,080hpに向上した。陸軍名称は「ハ二六」、および「ハ一〇二」。

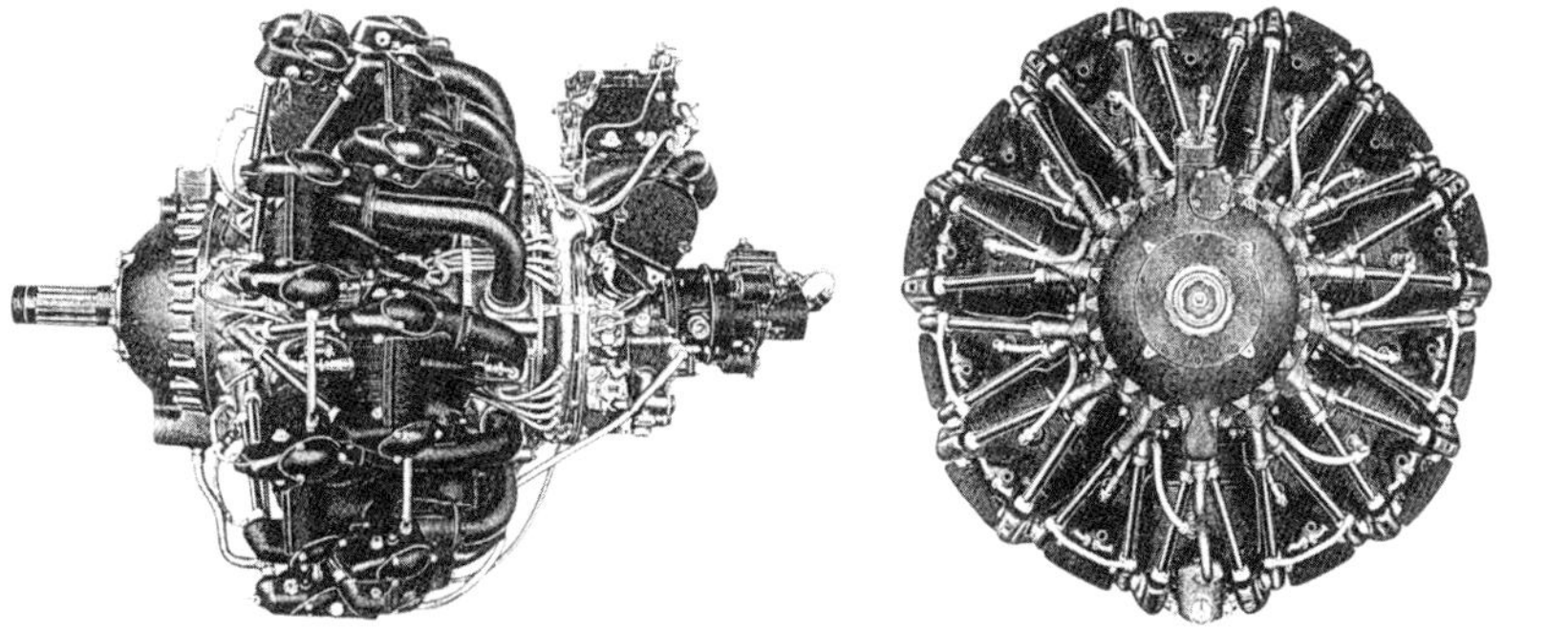

5台を記録した。出力は850～1,080馬力であった。

『火星』は、海軍の一式陸上攻撃機を筆頭に、艦攻「天山」、二式飛行艇、局地戦闘機「雷電」などの他、陸軍も『ハ一〇二』の名称で、九七式重爆二型の搭載発動機として採用している。当初は1,400～1,500馬力クラスだったが、太平洋戦争中に実用化した二〇型系は、水メタノール噴射装置を併用し、1,850馬力にまで出力アップしていた。

中島製空冷複列発動機の躍進

三菱が、複列14気筒発動機の開発に苦労していた昭和7（1932）年、中島も将来を見据え、社内名称『NAL』と呼ばれた同型発動機の開発に着手した。『NAL』は『寿』系のシリンダーを流用、三菱の『金星』と同様にイギリス、アメリカの空冷エンジンの長所を多く採り入れ、確実性を高め

三菱「火星」一〇型

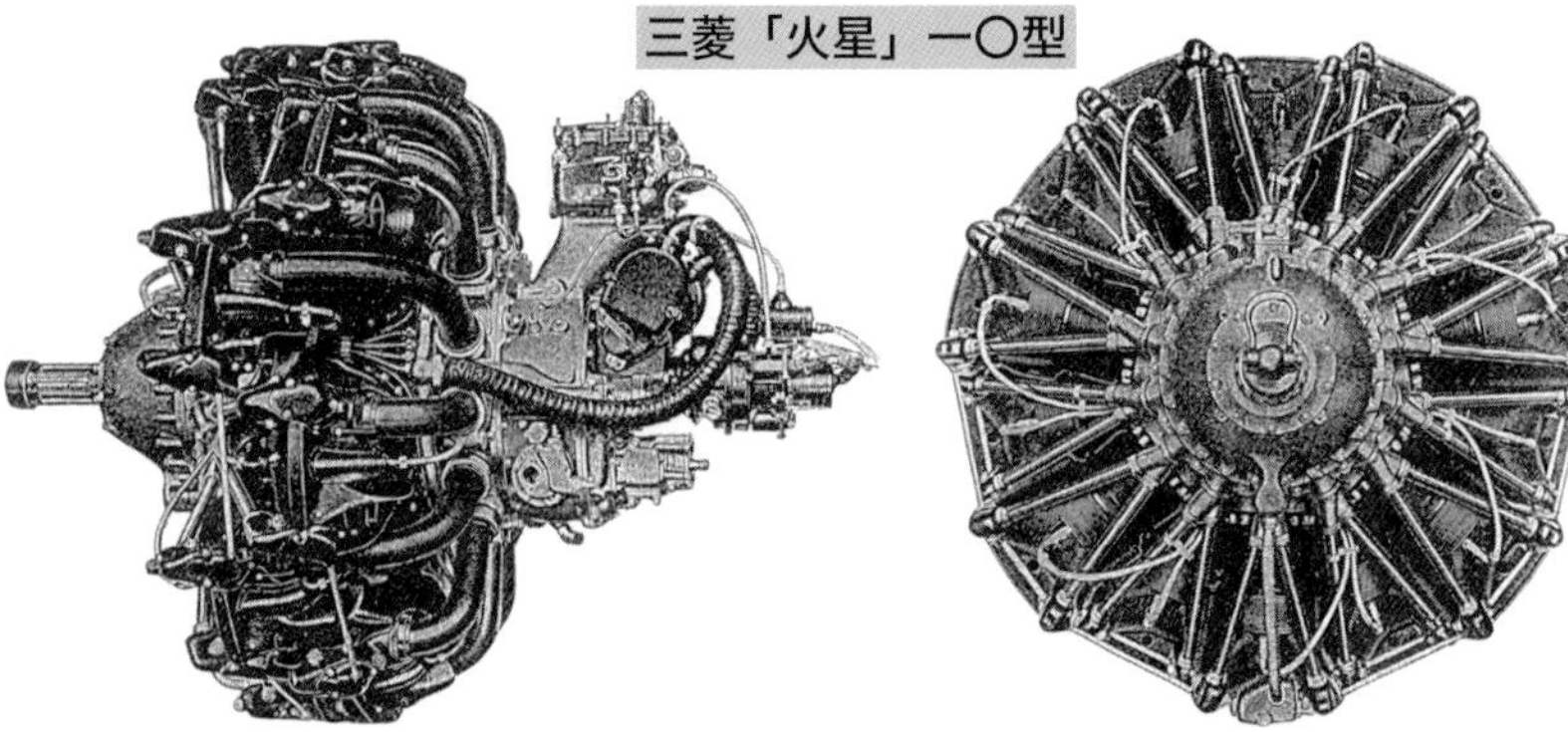

「瑞星」とは反対に「金星」のピストン行程を20㎜拡大して170㎜とし、総容積を42.05ℓにした「火星」。最初の一〇型系から二速式の過給器を備え、二〇型系では直接燃料噴射方式、さらには水メタノール液噴射装置も併用可能にして、出力を1,530hpから1,850hpまで大幅にアップした。陸軍名称は「ハ一〇一」。

→原型機の設計段階で「火星」搭載を予定した最初の自社開発機、三菱一式陸上攻撃機。性能面では申し分のない値を示したが、インテグラル式燃料タンクの脆弱性が仇となり、被弾するとたちまち発火、炎上して墜落したことから"一式ライター"の仇名を奉られた。

ようとした。サイズ、重量ともに『金星』よりひとまわり大きい。

『NAL』は、珍しく陸軍の要望に沿って開発され、初号基は翌年5月に完成したのだが、カム配置、主接合棒組み立て法などに不具合が多く、基本設計のやり直しを命じられた。その効果があって、昭和12年に至り、ようやく『ハ五』（950馬力）の名称で生産受注。16年までに1,600台がつくられ、九七式一型重爆、九七式軽爆が搭載した。

しかし、『ハ五』の実用性は今ひとつで、改良型『ハ四一』（1,260馬力）、『ハ一〇九』（1,500馬力）も含めて、三菱の『金星』ほどの名声は得られなかった。生産台数は『ハ四一』が381台、『ハ一〇九』が3,554台である。

『NAL』に1年遅れて昭和8（1933）年、中島は2番目の複列14気筒型発動機『NAM』の設計にも着手した。こちらは海軍の主導で開発が進められ、『NAL』の反省をふまえ、シリンダーの内径、行程を130×150㎜に縮小して全体のサイズ、重量をひとまわり小型化、クランク軸をはじめ各部を堅実な設計にしたことが特徴であった。『NAM』は、昭和11年に海軍の審査をパス、『栄《さかえ》』の制式名称により同14年から大量生産に入った。

『栄』の出力は940馬力で、それほど高出力ではなかったが、軽量で小柄なうえに燃費が優れ、三菱の零式艦上戦闘機も、本発動機が出現したおかげで、不朽の名機となり得たのである。海軍機では、他に九七式三号艦攻、夜間戦闘機「月光」が搭載した他、陸軍も『ハ二五』および『ハ一一五』の名称により、一式戦闘機「隼」、九九式双軽爆が搭載した。『栄』の生産は太平洋戦争終結の日まで続き、総数3万113台という、日本航空発動機史上、最多記録をつくった。

中島は『栄』に続き、『光』のシリンダーを内径で5㎜、行程で10㎜縮小したうえで複列14気筒化した、社内名称『NAK』を試作、三菱の『火星』

→そのサイズ（直径1,340㎜）、重量（725〜860kg）からして、主に双発以上の大型機用と位置づけされた「火星」を、敢えて不向きな単発小型機に搭載した例として有名な、三菱局地戦闘機「雷電（らいでん）」。しかし、結果的には失敗作の感は拭えなかった。

中島「ハ四一」

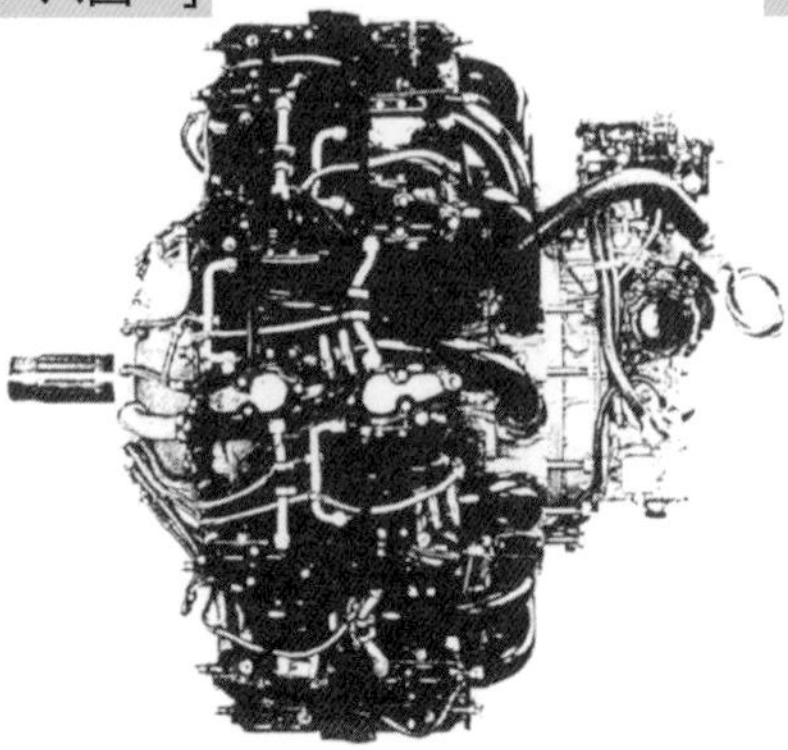

↑「ハ五」の圧縮比、回転数、ブースト圧を高めるなどの改良を加え、離昇出力を1,260hpにアップした「ハ四一」。二式戦一型、一〇〇式重爆一型の搭載発動機となったが、不具合いの多さは完全に直らず、わずか381台つくられたのみ。

中島「ハ五」

↗三菱の「金星」に対抗するべく、中島が「寿」のシリンダー（内径146㎜×ピストン行程160㎜）を流用して、同社最初の複列14気筒にまとめた「ハ五」。総容積37.5ℓ、重量625kg、離昇出力950hpと、初期の金星に比べてサイズ、パワーともに大きかったが、不具合いが多く、陸軍機向けに1,600台（他に三菱でも1,831台を生産）つくられたのみにとどまった。

中島「ハ一〇九」

←「ハ四一」の回転数、ブースト圧をさらに高め、離昇出力1,500hpに向上させた「ハ一〇九」。ハ五系最後の生産型となり、二式戦二型、一〇〇式重爆二型の搭載発動機になった。昭和19年までに計3,554台つくられたが、やはり整備に手間を要する欠点は解消されなかった。

↓「ハ一〇九」を搭載した、陸軍の中島 二式戦闘機二型「鍾馗［キ44-Ⅱ］。三菱「火星」より少し小さいが、直径1,260㎜のハ一〇九は単発戦闘機用として適しているとは言い難く、二式戦も原型機から生産型に至る過程で、空気抵抗減少のための機首まわり整形に苦労した。

中島「栄」一二型

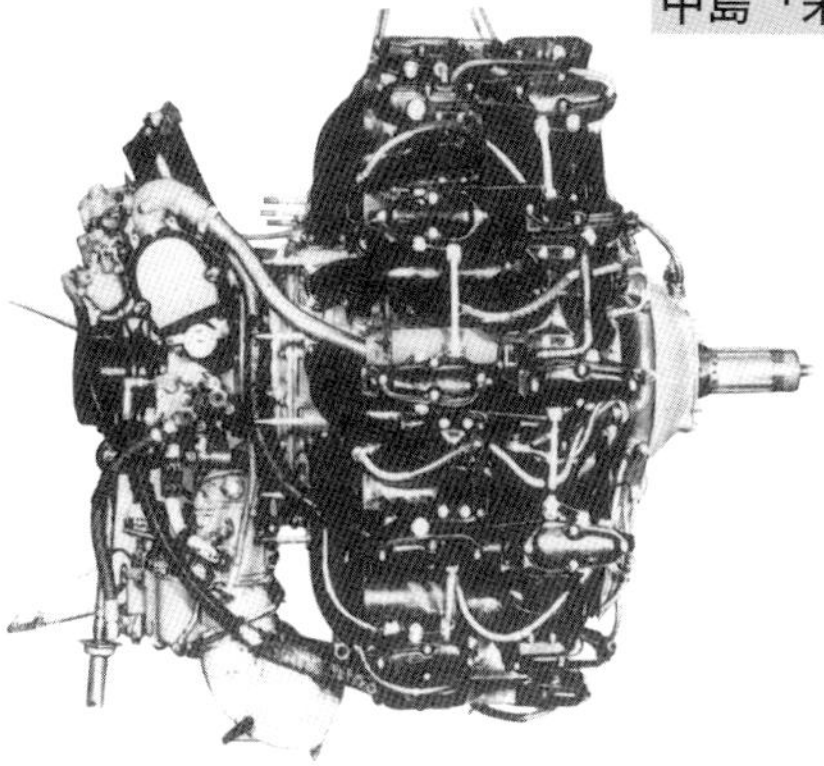

↑「栄」発動機としては、一一型につづく2番目の生産型になった一二型。ライバル会社三菱の零式艦上戦闘機は、原型機十二試艦戦が自社製の「瑞星」を搭載していたものの、海軍の命令で「栄」一二型に換装して、申し分のない高性能を得ることが出来た。この一二型を二速過給器装備に変更し、回転数、ブースト圧を高めるなどして、出力を1,130hpにアップしたのが二〇型系である。

「栄」二〇型内部構造図

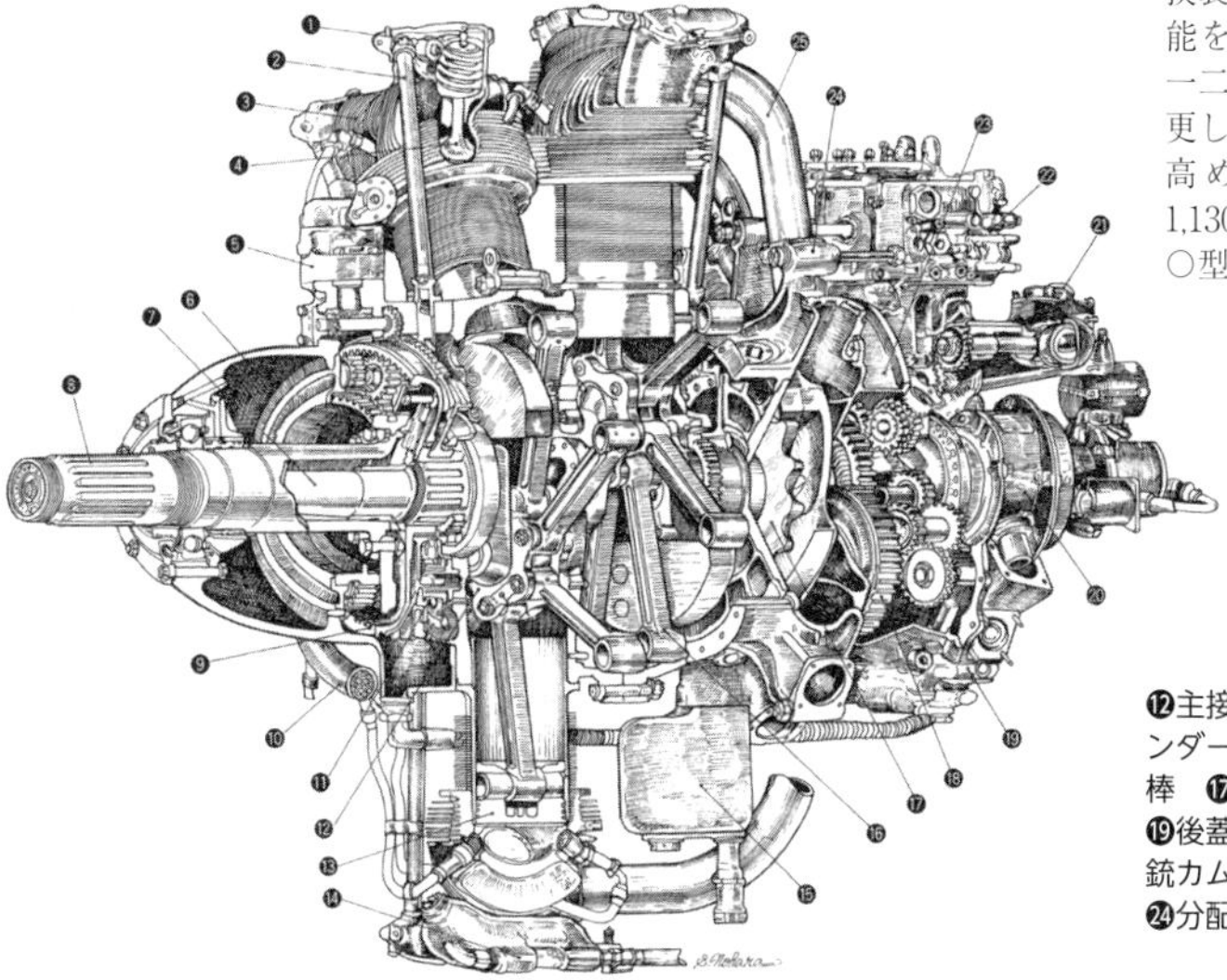

❶動弁腕　❷衝棒　❸前列シリンダー　❹吸入弁　❺プロペラ調速器　❻減速室　❼クランク軸　❽プロペラ軸　❾減速大歯車　❿電線集束管　⓫前列カム　⓬主接合棒　⓭ピストン　⓮シリンダー油溜　⓯主油溜　⓰副接合棒　⓱翼車　⓲第二速伝動歯車　⓳後蓋　⓴電動慣性起動器　㉑機銃カム装置　㉒気化器　㉓給入室　㉔分配室　㉕給入管

→「栄」一二型を搭載した二番目の生産型となった、零式一号艦上戦闘機二型[A6M2b]。のちに二一型と改称した。太平洋戦争緒戦期に、向かうところ敵なしの活躍を演じたのはつとに有名。

に対抗した。

『ＮＡＫ』はサイズ・重量ともに『火星』よりひとまわり大きく、１，８７０馬力を出した。大型機用として海軍が採用、『護《まもり》』の制式名称で昭和16年から量産に入った。

しかし、この時期、中島はさらに新しい『ＢＡ11』（のちの『誉《ほまれ》』）を完成させており、『護』の存在感が薄らいだため、２００台生産したところで打ち切られた。

空冷星型複列18気筒の時代へ

『栄』の大成功で、なんとか三菱の『金星』『瑞星』に対抗できる「駒」を得た中島は、その勢いをかって三菱に先駆け、複列18気筒発動機の開発に着手した。昭和15年はじめのことである。

きっかけは意外にも単純で、発動機部門の課長が、「『栄』を9気筒複列の18気筒にすれば、世界にも例がない軽量・小型の１，８００～２，０００馬力級発動機が実現できるのではないか？」

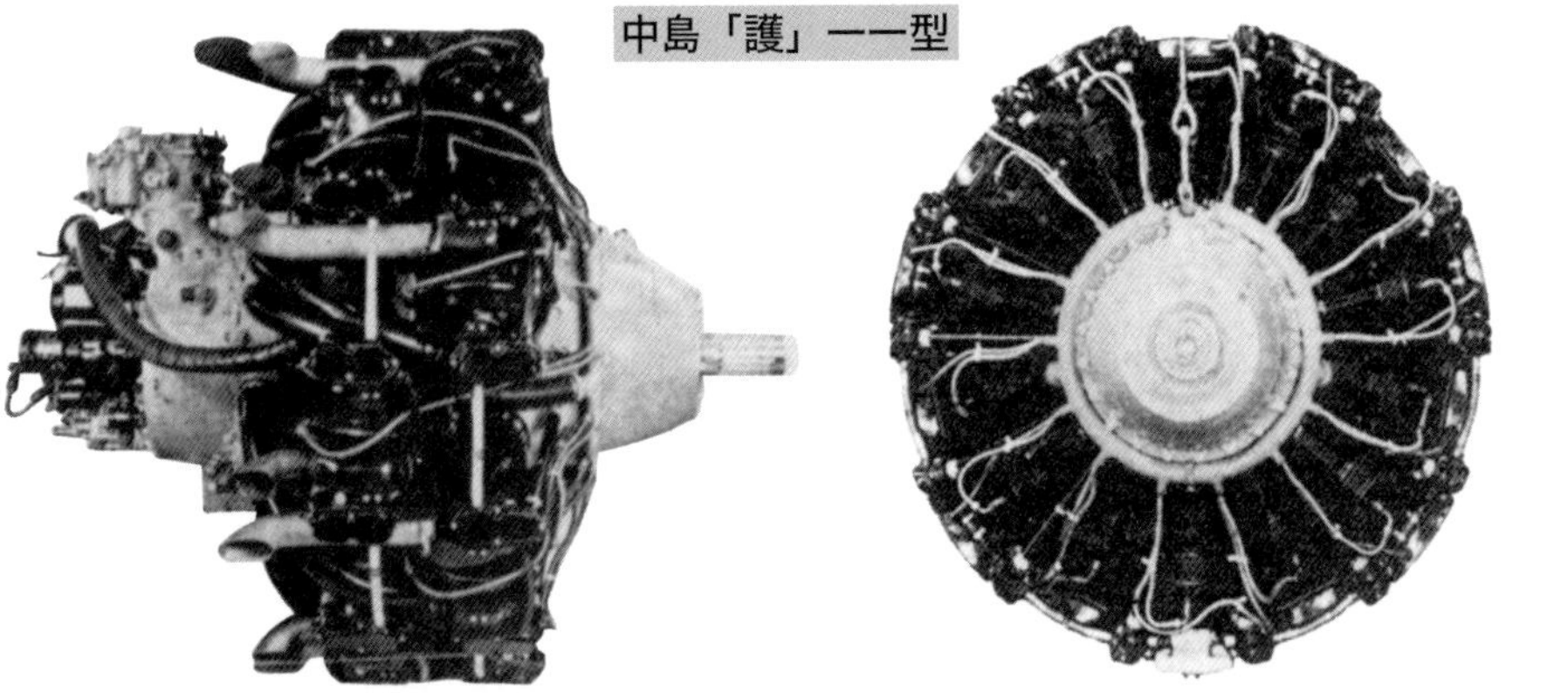

↑陸軍の要望で開発した「ハ五」系に続き、中島が三菱の「火星」に対抗する1,800hp級の複列14気筒として、海軍の要望で開発した「護（まもり）」。シリンダーは単列9気筒「光」のそれを流用した、内径155㎜、ピストン行程170㎜で、総容積44.9ℓ、直径1,380㎜、重量870kgと、火星を凌ぐ規模だった。

←「護」一二型（1,870hp）を搭載した、中島 艦上攻撃機「天山」一一型。しかし、生産数はわずか133機で打ち切られ、「火星」二五型（1,850hp）に換装した一二型に切り換わった。

と、希望的な提案をしたことがはじまりだった。

理論上では簡単だが、実際に設計するとシリンダーの間隔が詰まって冷却が難しくなり、スペースも窮屈になって吸入管、排気管、点火栓（プラグ）の配置なども容易ではない。発動機本体を大型化すれば別だが、『栄』に比べ、たとえ20〜30㎜程度の直径を増したところで、その困難さは明らかであった。

しかし、とりあえず構想をまとめて海軍に提示したところ、海軍のほうが積極的になり、航空本部、技術廠の全面的な支援のもと、『ＢＡ11』の試作名称により、官民あげての開発が指示されたのである。

この無謀ともいえる決定は、太平洋戦争が現実味を帯び、超大国アメリカとの戦いに、計り知れぬ重圧と焦りを感じたからであろうが、それにしても海軍、中島ともに戦時下の厳しい環境をある程度認識しておくべきであった。発動機生産に必要な各種鉱物資源の確保、生産工場の工員の質維持、高オクタン燃料の供給、そして平時とは比較にならぬ劣悪な条件下での運用など、いずれも身近な問題として浮上するのは目に見えていたはずである。

ところが『ＢＡ11』は、これらの諸条件がすべて満たされることを前提にして設計された発動機であった。確かに、中島の技術陣が『ＢＡ11』に注いだ情熱は並大抵ではなく、スチール製のクランク・ケース、限界まで細密化されたシリンダーの冷却フィン、精巧な点火装置など、工業製品というよりも「芸術品」と称すべき設計であった。

試作作業は予想以上の順調さで進み、昭和16年3月に初号基が完成、6月には第一次耐久運転審査をパス、翌年九

↓小型、軽量でありながら2,000hp級の高出力を発揮するという、中島技術陣の理想を追求した「誉（ほまれ）」（陸軍名称「ハ四五」）。しかし、太平洋戦争の厳しい環境下では、故障、不調に悩まされ、搭載機の評価を少なからず貶める存在になってしまった。

中島「誉」一〇型

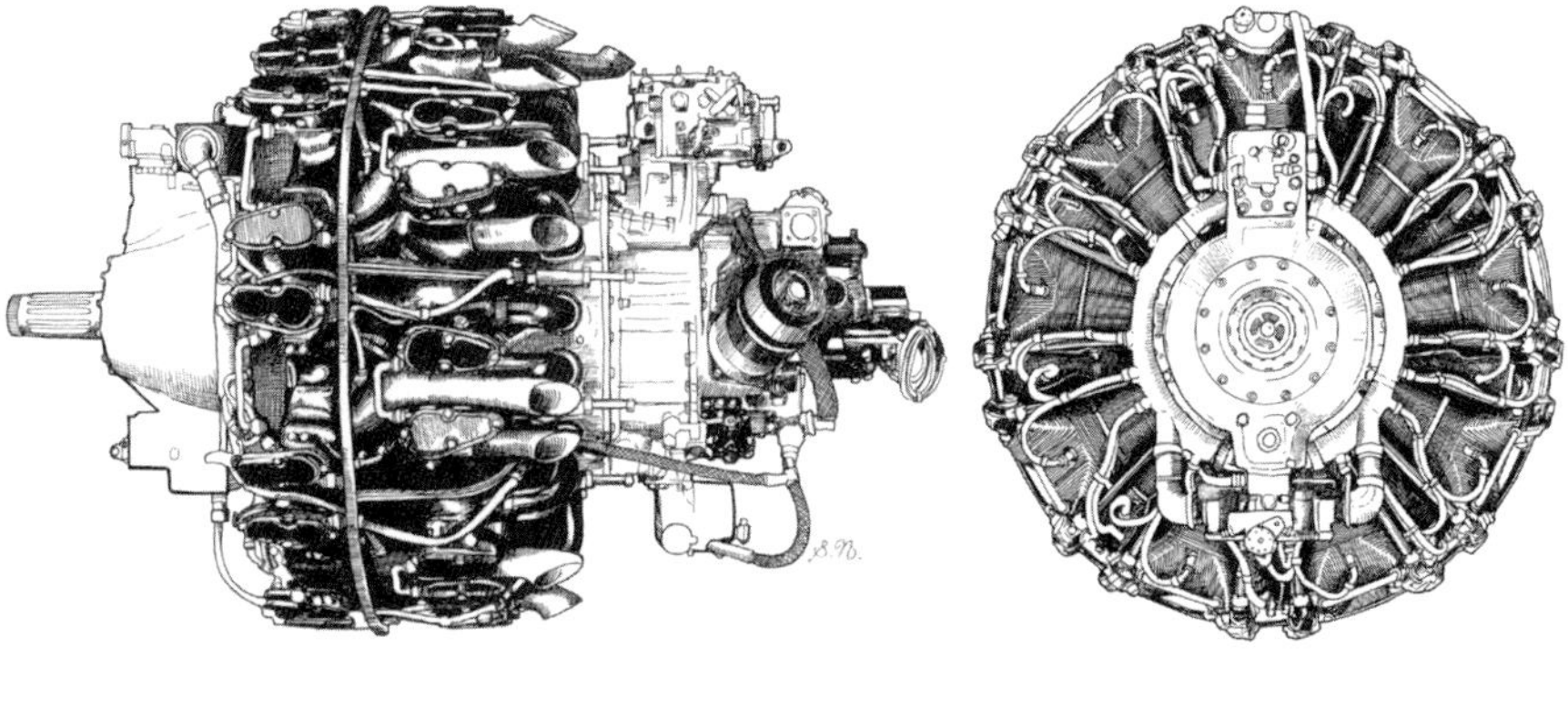

月に『誉』一一型として量産に入った。離昇出力は1，800馬力、直径わずか1，180㎜、重量835㎏。軽量・小型にしては世界に比類なき高出力発動機の誕生であった。

ところが、量産品が出回るようになってから、『誉』はシリンダー温度の異常過昇、ケルメット軸受けの損傷、振動や油漏れなど諸々のトラブルを頻発し、カタログどおりの出力も出ない、なんとも魅力に乏しい発動機に成り下がってしまったのである。

原因は、前記した条件がすべて崩れてしまったからに他ならない。これは中島技術陣にも多少の責任はあるが、一にかかって海軍側発動機行政の失態であった。

さらに悪いことに、過度の期待をかけられた『誉』は、太平洋戦争中に試作された海軍新型機のほとんどに搭載を指示され、事態をいっそう苦しくした。「銀河」「紫電《しでん》」、それに陸軍の四式戦「疾風《はやて》」の不振は、『誉』の不調が大きく響いた象徴的な結果である。

↑太平洋戦争中に登場した多くの「誉」搭載海軍機のひとつ、川西 局地戦闘機「紫電（しでん）」。発動機の故障、不調に加え、機体設計上の不具合も重なり、約1,000機もつくられた割りに、めぼしい実績を残せなかった。本機の改良型が「紫電改」だが、性能向上はあったものの、誉の問題は改善されなかった。

↓誉の陸軍版「ハ四五」を搭載した唯一の実戦用機、中島 四式戦闘機「疾風（はやて）」。飛行性能面では「紫電（改）」を凌いだものの、発動機に加えプロペラのトラブル多発にも悩まされ、“大東亜決戦号”の勇ましい称号に値する実績は残せなかった。

結局のところ『誉』が目指したのは「理想の発動機」であって、いわば技術者の夢を追ったものといってよい。そこに戦時下の厳しい使用条件など、入る余地もなかったのであろう。

液冷発動機執着のリスク

『誉』の場合と内容は異なるが、陸海軍発動機行政のもう一つの失態は、液冷発動機に対する執着である。イスパノスイザ、ローレン、ＢＭＷの改良国産化品がことごとく不調・故障に悩まされたにもかかわらず、陸軍は川崎を、海軍は愛知を通じてドイツのダイムラーベンツ社の、液冷倒立Ｖ型12気筒ＤＢ６０１Ａ（１，１００hp）の国産化を強行。三式戦「飛燕《ひえん》」、艦爆「彗星」の搭載発動機に指定した。

結果は前記三種の二の舞、否それに輪をかけた惨憺たるもので、最後には両機とも空冷『金星』六〇型系への「首のすげ替え」を余儀なくされるという醜態を晒した。

→大正時代後期からドイツのエンジン、航空機メーカーとの交流が深かった川崎が、陸軍の意向をうけて、昭和12（1937）年という早い時期に国産化権利を取得していた、ダイムラーベンツ社のDB601A液冷倒立V型12気筒エンジン（1,100hp）。写真はその国産化品「ハ四〇」。ちなみに愛知での国産化品名称は「熱田（あつた）」だった。

→「ハ四〇」を搭載した陸軍唯一の実戦用機、川崎三式戦闘機「飛燕（ひえん）」。しかし、名にしおう高品質、且つ贅沢な設計のDB601Aと同じレベルの部品製造が不如意だった当時の日本工業技術力では手に負えず、故障、不調が恒常化、三式戦の稼働率はきわめて低かった。

技術者は理想を追求し、メーカーは営利を求める。これは自然の摂理であって、それをユーザーの立場から制御し、実用に即した「製品」に仕立てさせるのが軍の役目であった。その軍が適切な指導と、将来を見通す洞察力を欠いてしまった時、どうなるか？『誉』と液冷発動機の顛末は、それを明確に教えてくれる。

三菱の空冷18気筒発動機開発

中島の『誉』が、あまりにもセンセーショナルに扱われて影が薄い存在になってしまったが、三菱における最初の空冷18気筒発動機開発は、大型機用に限ればむしろ『誉』よりも先行し、昭和14（1939）年に始まっていた。社内名称『A18』と呼ばれ、『火星』のシリンダーを流用し、これを9気筒複列の18気筒に仕立てていた。

『A18』は、シリンダーの内径、行程が『誉』に比べて20㎜ずつ大きいこともあるが、無理に小型化をせず、すべてに余裕を持たせて設計したことが特徴であった。そのため、直径1，370㎜、重量944kg、総容積54．1ℓと、『誉』の1，180㎜、835kg、35．8ℓよりはるかに大きな「図体」になった。離昇出力は1，900馬力である。

初号基は昭和15年8月に完成し、陸軍の審査をパスして『ハ一〇四』の名称で採用され、キ六七（のちの四式重爆「飛龍」）が初めての搭載機となった。本発動機は、他の18気筒発動機がおしなべて不振に終わった中で唯一、実用性確かなものとなり、キ六七の高性能発揮に大きく貢献した。

『ハ一〇四』は、フルカン接手《つぎて》過給器、排気タービン過給器付きの『ハ二一四』（2，300〜2，500馬力）に発展し、「キ七四」高々度遠距離爆撃機などの搭載発動機に予定されたが、実用試験の域を出ないまま敗戦となった。『ハ一〇四』〜『ハ二一四』系の生産台数は、計2，860台である。

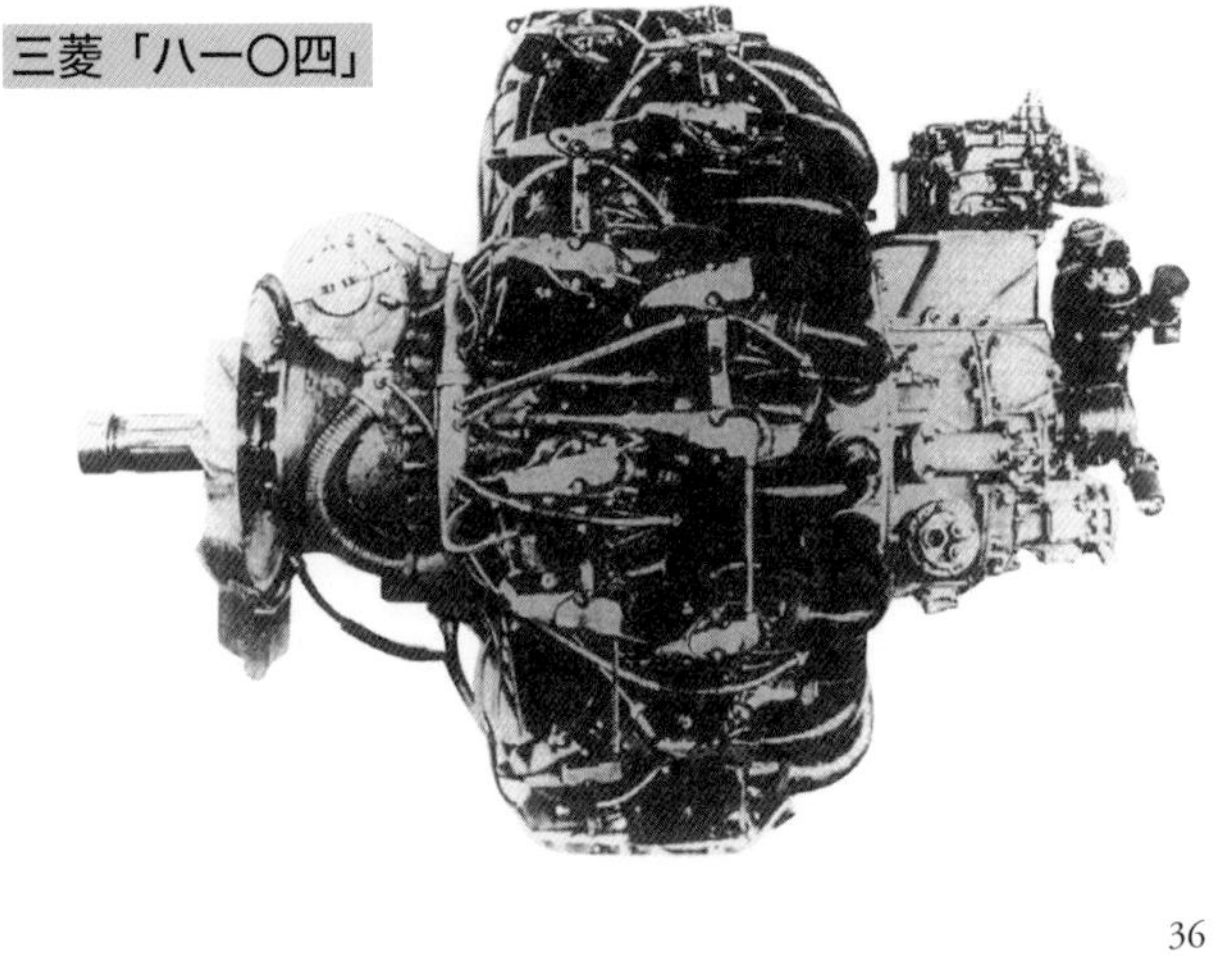

→中島の「BA11」（のちの「誉」）に少し先駆け、昭和14（1939）年度に試作着手された、三菱最初の複列18気筒発動機「A18」（のちに「ハ一〇四」の制式名称で陸軍が採用）。双発以上の大型機用とされ、四式重爆「飛龍（ひりゅう）」の他、「キ七四」試作高々度遠距離爆撃機が搭載した。本体前面に付く強制冷却ファンが特徴。

『ハ一〇四』を見るかぎり、設計方針如何《いかん》で、日本でも実用に耐える1，900～2，000馬力級発動機が造れたことは確かであり、戦闘機搭載に適した、『ハ一〇四』よりもう少し小型で、無理のないものも不可能ではなかったはずだ。

しかし、それも行政指導がないと、実現はなかなか難しい。

日本流空冷大出力発動機の終局

『誉』が予想外の結果に振り回される中で、中島は昭和18（1943）年に、排気タービン過給器を併用する『ハ二一九』発動機を完成させた。本発動機は『寿』系のシリンダーを流用した複列18気筒で、直径1，280㎜、重量1，150kg、離昇出力2，450馬力という、当時、緊急開発が叫ばれていた、B－29迎撃用高々度戦闘機に最適な発動機と期待されていた。

中島も、本発動機を自社開発の「キ八七」高々度戦闘機に搭載したのだが、種々の問題を内包したうえ、肝心の排気タービン過給器が、当時の日本工業技術では手に負えないシロモノで、初歩の試験段階を出ないまま敗戦を迎えた。生産台数はわずか23台である。

この『ハ二一九』に限らず、昭和18（1943）年以降に中島、三菱が試作した新型大馬力発動機は、すべて排気タービン過給器併用型を持つ。これはB－29迎撃用戦闘機に搭載するにせよ、「キ七四」、「連山《れんざん》」などの大型長距離爆撃機に搭載するにせよ、高々度性能の如何が、機体の存在価値を決する時代となったからに他ならない。

『ハ二一九』に続き、中島は『ハ一一七』『ハ二一七』系複列18気筒発動機を自主試作したものの、性能運転段階で終わり、実用価値は未知数であった。

一方、三菱は中島『誉』に対抗し、昭和16年に戦闘機用を主目的にした複列18気筒発動機として、社内名称『A20』の開発に着手していた。『A20』は『金星』を18気筒化したものといっ

中島「ハ二一九」

→排気タービン過給器併用を前提にした、高々度戦闘機/爆撃機用の中島「ハ二一九」複列18気筒。自社製陸軍「キ八七」近距離戦闘機の原型機が搭載したが、実験段階で敗戦となり、その成否は未知数のまま終わった。

てよく、直径は1,230㎜、重量960kgで、『誉』よりひとまわり大きく重いが、設計に無理がなく、出力も2,200馬力を予定した。初号基は、昭和17年2月頃には完成し、耐久テストを受けたのだが、『金星』とは比較にならぬ高回転により、主軸受け、弁機構、ピストンの破・焼損などのトラブルが続出し、その対策に追われ、ようやく海軍の審査をパスしたのは、昭和18年6月頃のことであった。

『A20』は自社開発機の艦戦「烈風《れっぷう》」(零戦の後継機)に搭載しようとしたのだが、海軍の命令で『誉』を押し付けられてしまう。その『誉』の不調で、『A20』に換装した試作機が要求性能をクリア、ようやく量産開始にこぎつけたところで敗戦。『A20』を含めてその真価を示す機会は失われた。

もし、『A20』(軍需省による陸海軍統一名称は『ハ四三』)が量産されたと仮定した場合、『誉』と同様な外的要因によるトラブルが出た可能性はある。事実、戦争後期にはガソリン欠乏に伴う代用燃料(松根油、アルコールなど)使用率の高騰、金属材料の涸渇による部品の質低下などの問題が表面化していた。しかし、それは『誉』ほど深刻なものではなかったかもしれない。なんとなれば、『A20』の設計には『誉』のような極度の無理はなかったからである。

いずれにせよ、中島の『ハ二一九』と三菱の『A20』が、『寿』以来、15年にわたって発展を遂げてきた日本流空冷星型発動機の最終到達点であった。

その軌跡を顧ると、設計技術的には欧米先進国と遜色ないレベルに到達したものの、それを真に実用性の確かな工業製品として玉成《ぎょくせい》させる環境が整わなかったということに尽きよう。

確かに、『金星』『栄』のような1,000馬力級まではなんとかなっても、2,000馬力級になると、また別次元のノウハウが必要になる。残念ながらそのノウハウに関し、中島も三菱も欧米先進国レベルのものを持っていなかったというのが真実だろう。

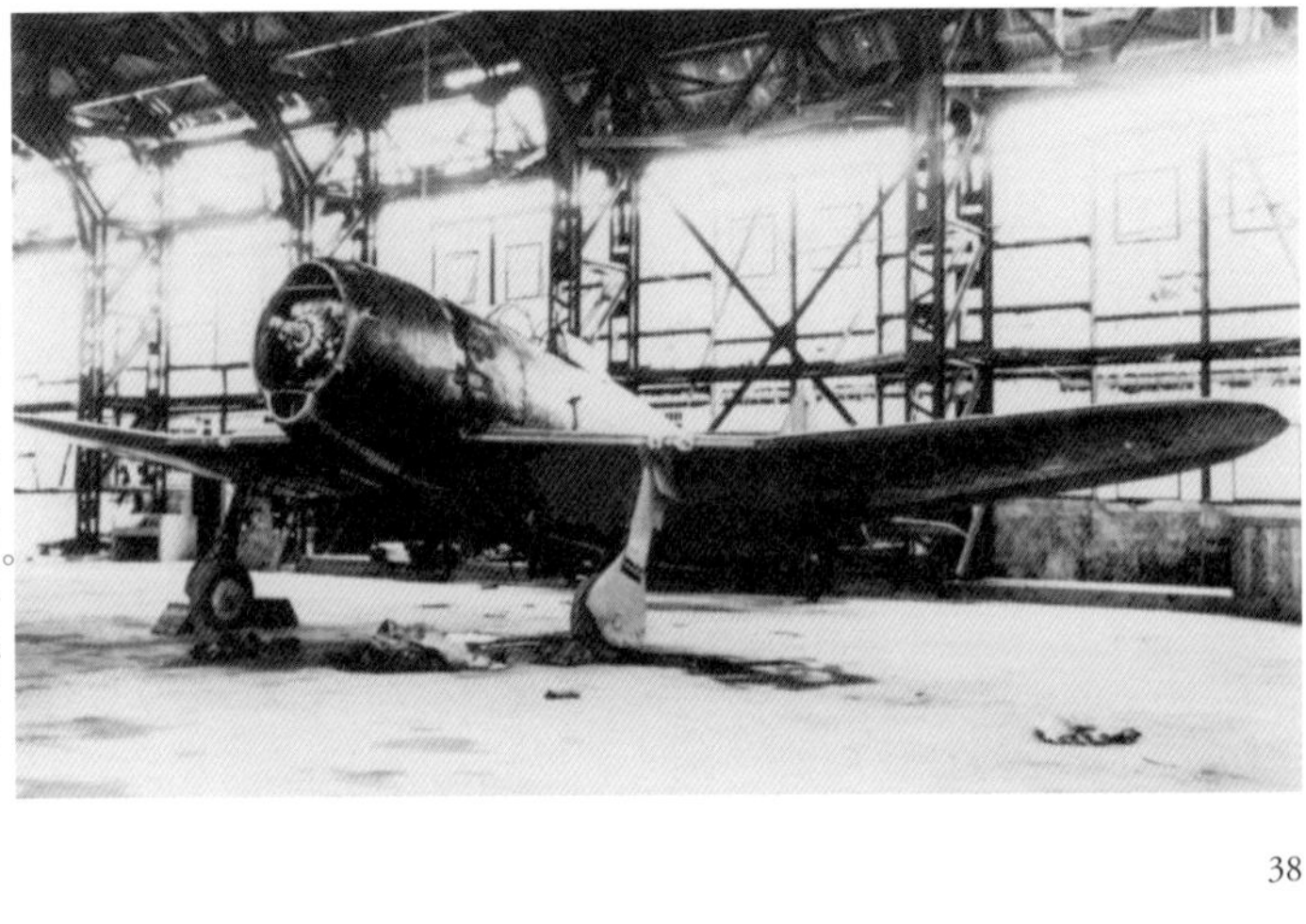

→不調の「誉」に代えて自社製「A20」を搭載した結果、当局の要求性能に近いレベルを示した三菱「試製烈風」。しかし、すでに手遅れで量産機が完成し始める直前で敗戦を迎えてしまった。

航空発動機のように複雑精緻な工業製品は、単に本体の設計が良いだけでは駄目で、小はゴム・パッキンから点火栓（プラグ）、気化器、過給器、さらには排気タービン過給器に至るまで、補器類も確かでないと優良品にはならない。

その点、日本の工業基盤は分野ごとにバラつきが激しく、設計者の理想どおりにいかなかった。

太平洋戦争は、メーカーにとっては確かに予期せぬ事態であったが、軍部には予め《あらかじ》わかっていたことであり、それをふまえた行政、例えば『誉』のような理想追求型ではない実用本位の堅実型発動機の開発指示、生産能率を妨げる頻繁な改造の自粛、生産機種の整理、国内産出できぬニッケル、タングステンなどの金属材料涸渇に備えた代用材料の研究などは行なえたはずである。

それが叶わなかったのだから、太平洋戦争期の国産発動機事情が総じて破綻したことは、当然の帰結だったといえまいか。

←↓社内名称「A20」として昭和16（1941）年に開発着手された、三菱最後の複列18気筒発動機「ハ四三」。シリンダーは「金星」のそれを流用し、直接燃料噴射方式、水メタノール液噴射装置を併用して離昇出力2,200hpの大パワーを発揮する筈だった。海軍の三菱艦（局）戦「烈風」、九州局戦「震雷」、および陸軍の三菱「キ八三」遠距離戦の各原型機が搭載したが、実験段階で敗戦となった。

三菱「八四三」

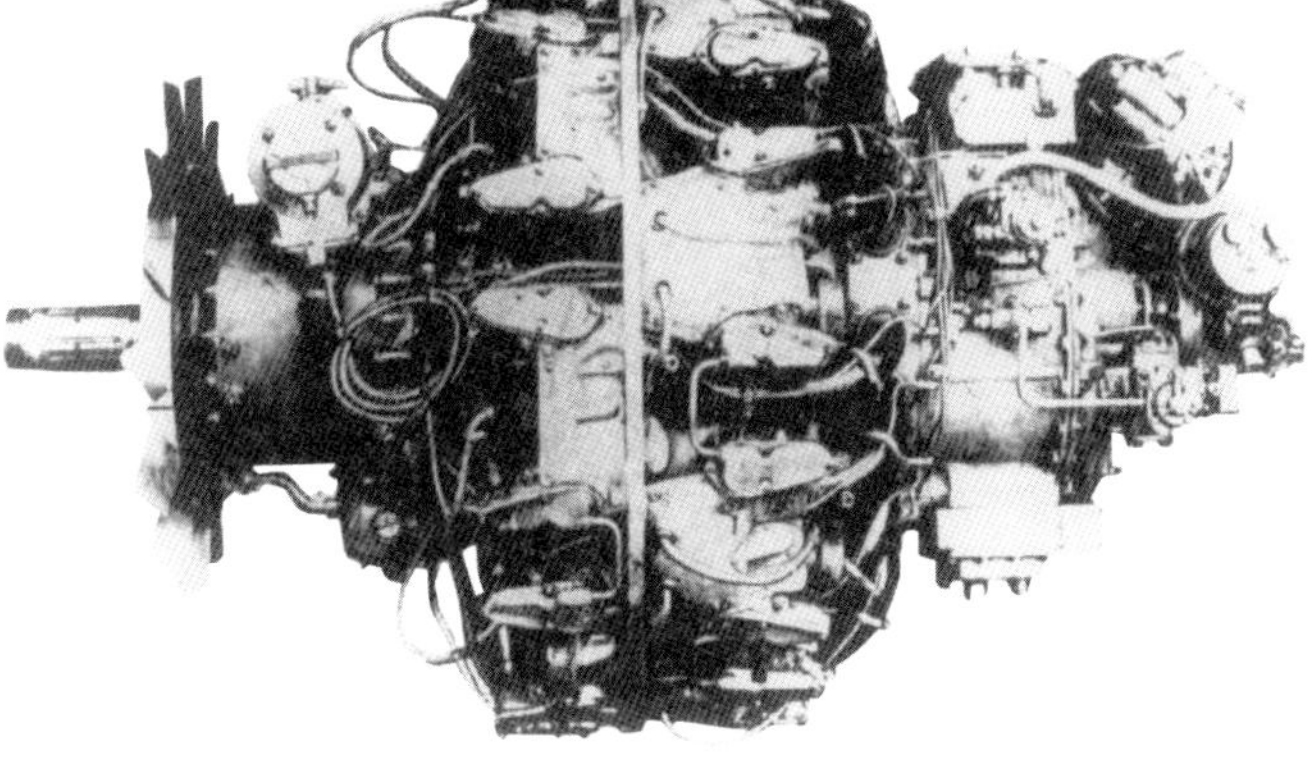

主要国産航空発動機 諸元／性能表

開発／製作会社	名称		型式	シリンダー		離昇出力		公称出力			寸法		乾燥重量 (kg)
	海軍	陸軍		内径×ピストン行程 (mm) (mm)	総容積 (ℓ)	馬力 (hp)	回転数 (r.p.m.)	馬力 (hp)	回転数 (r.p.m.)	高度 (m)	直径（幅） (mm)	全長 (mm)	
ライセンス生産品	三菱イスパノ（ヒ式）450馬力		液冷V型12	140×150	27.7	580	2,000	450	1,800	3,000	780	1,979	435
	川崎BMW-6		液冷V型12	160×190	23	660	1,600	450	1,460	3,000	800	1,959	515
	中島ローレン		液冷W型12	120×180	24.4	485	1,900	450	1,850	3,000	1,201	1,374	364
	中島ジュピター6		空冷単列9	146×190	28.7	520	1,870	420	1,700	1,500	1,374	——	331
	愛知「熱田」二〇型		液冷倒立V型12	150×160	33.93	1,200	2,500	965	2,400	4,450	712	2,097	655
		川崎ハ九-Ⅱ乙	液冷V型12	160×170	42.4	850	2,000	775	1,850	4,500	780	2,150	565
		川崎ハ四〇	液冷倒立V型12	150×160	33.93	1,175	2,500	1,100	2,400	3,900	739	——	640
三菱	「瑞星」一〇型	ハ二六	空冷複列14	140×130	28	940	2,650	950	2,000	2,300	1,118	1,392	526
	「金星」四〇型		空冷複列14	140×150	32.34	1,000	2,500	990	2,400	2,800	1,218	1,646	560
	「金星」六〇型	ハ一一二-Ⅱ	空冷複列14	140×150	32.34	1,500	2,600	1,250	2,600	5,800	1,218	——	675
	「火星」一〇型	ハ一〇一	空冷複列14	150×170	42.1	1,530	2,450	1,340	2,350	4,000	1,340	——	725
	「火星」二〇型		空冷複列14	150×170	42.1	1,850	2,600	1,540	2,500	5,500	1,340	1,753	750
		ハ一〇四	空冷複列18	150×170	54.1	1,900	2,450	1,720	2,350	5,400	1,370	1,818	944
	「A20」ハ四三（陸、海軍統一名称）		空冷複列18	140×150	41.55	2,200	2,900	1,720	2,800	9,500	1,230	2,184	960
中島	「寿」二型改		空冷単列9	146×160	24.1	570	2,300	500	2,100	2,500	1,280	1,223	376
	「寿」四〇型	ハ一乙	空冷単列9	146×160	24.1	710	2,600	780	2,400	2,900	1,295	1,223	435
	「光」三型		空冷単列9	160×180	32.6	770	2,150	710	1,950	2,600	1,375	1,425	530
	「栄」一〇型	ハ二五	空冷複列14	130×150	27.9	1,000	2,550	980	2,500	3,000	1,150	——	530
	「栄」二〇型	ハ一一五	空冷複列14	130×150	27.9	1,130	2,750	980	2,700	6,000	1,150	——	590
	「護」一〇型		空冷複列14	155×170	44.9	1,870	2,600	1,600	2,500	4,900	1,380	——	870
	「誉」一〇型	ハ四五-一一	空冷複列18	130×150	35.8	1,800	2,900	1,460	2,900	5,700	1,180	1,785	835
	「誉」二〇型	ハ四五-二一	空冷複列18	130×150	35.8	2,000	3,000	1,620	3,000	6,100	1,180	1,785	835
	ハ四四／ハ二一九（陸、海軍統一名称）		空冷複列18	146×160	48.2	2,450	2,800	2,050	2,700	6,400	1,280	——	1,150

第二章　国産プロペラ開発史

プロペラの原理

ジェットエンジンが実用化されるまでの約40年間、航空機の動力はその始祖ともいうべき、ライト複葉機（1903年初飛行）以来、ピストン（レシプロ）エンジンが唯一であった。

しかしジェットエンジンと異なり、ピストンエンジンは、それ自身のみで航空機を飛ばすことは出来ず、〝プロペラ〟という推力発生源を必要とした。ということは、いかに優秀なエンジンであっても、それに見合った適切なプロペラがないと、持てるパワーをフルに発揮できないということがわかる。

プロペラとは、わかりやすくいえば扇風機の羽根と同じであり、風を送る向きが前と後ろかで違うだけである。

その送る風が強く、速いほどプロペラを取り付けた物体は反作用の力で反対方向へと速く動く力を生む。持ち運びできる小型扇風機が倒れたり動いたりしないのは、それほど強い風をおこす必要がなく、回転数を低くしているからである。では、プロペラが回転すると何故、推進力が生まれるのだろうか？

それはプロペラの羽根に付けられた「捩《ねじ》り」によってである。ただの平べったい板を回転方向に厚みと平行するように付けて回しても、風はおきない。

だが、平板にほどよい捩れを付けて軸に固定し回転させると前、後いずれかの方向に空気が押しやられ、風がおきる。この捩りを専門用語で『ピッチ』と呼ぶ。ピッチは、プロペラが一回転して進む距離をも意味する。

ピッチの向きをプロペラの回転方向に対し、正、負いずれにするかによって、空気を押しやる方向が前、後のどちらかになるわけである。

プロペラの断面形は、空気を〝切り裂き〟やすいよう、前面にカンバー（弓なり・山形）が付き、裏面は平坦に近いものとなっている。しかも前縁の厚みが大きく、後縁は薄く絞り込んであり、断面形は航空機の主翼のそれ

プロペラ羽根角度と効率の関係図

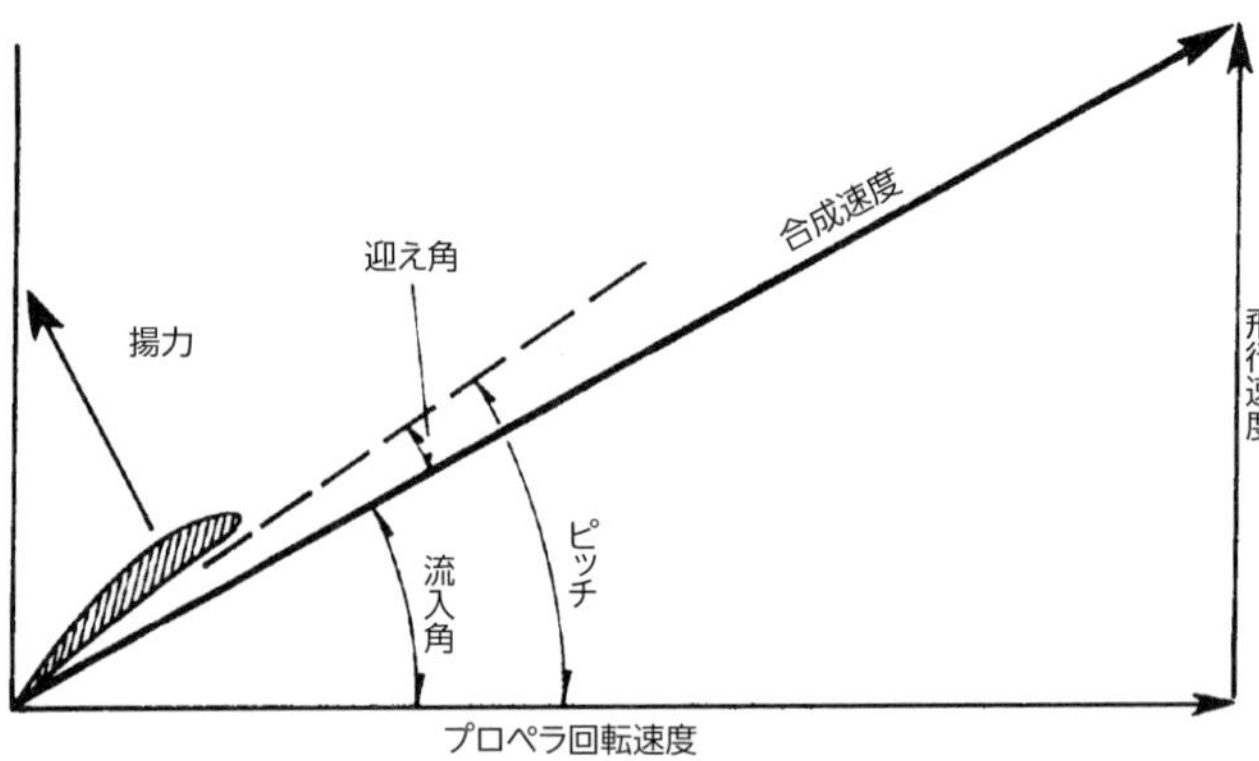

プロペラは、機体が前進することで羽根の前面からも風をうけるため、プロペラの回転速度と飛行速度の合成速度で、空気に対して運動するということになる。この合成速度に対し、羽根が適切な角度をもつことにより、推力が発生する。このプロペラ理論の起源は意外に古く、レオナルド・ダ・ヴィンチが描いたヘリコプター模型のスケッチにも登場している。

と同じである。極論すれば、プロペラは主翼に捩りを加えたものといってよい。

主翼は、速度が増すと上面と下面が非対称断面ゆえに、気流の速さ、圧力に差が生じ、カンバーが強い上面のそれが速く、圧力が低くなるゆえに、主翼を上方に吸い上げる力が生じる。これを「揚力」という。

プロペラが回転すると、この主翼と同じ現象が起きるのだが、それを揚力とは呼ばず「推力」と呼ぶ。揚力が地上に対して垂直方向に作用するのに対し、推力は地上に対し平行に作用するからである。

ただしプロペラの場合は、機体が前進することによって前面（主翼に例えると上面側）からも気流を受けるのと、一点を中心に回転するため、羽根の先端にいくほど空気に対する速度が上がる。このため均等に推力を発生するよう、付け根から先端に向けて断面形を変え、ピッチの度合いも変化させる必要があった。

プロペラの回転により、勢いよく後方に押しやられた空気は密度が高く、捩れた乱流になる。機体の前にプロペラが付く、いわゆる「牽引式（トラクター式）」と呼ばれる通常形態では、この乱流が機体に当たり、空気抵抗となって前進する力を少なからず殺ぐ。

ならば、エンジンを後ろ向きに固定し、プロペラ後流に晒される機体部分を少なくしようと考え、いわゆる「推進式（プッシャー式）」と称する形態が生まれた。この推進式形態は、最初の動力飛行に成功したライト複葉機をはじめ、第一次大戦中に実用化された各国の複葉軍用機群の一勢力を形成した。

とはいえ、当時の複葉軍用機の性能では牽引式も推進式も形態の違いだけで、飛行性能面に大きな差が出るというレベルではなく、エンジン出力と機体設計の良否、それに重量の差で性能が決まった。しかしその後、推進式は「離着陸時の機首が上がった状態では、プロペラが機体後部にあるため地面と

［ピッチの運動量］

（羽根が1回転して進む距離の差）

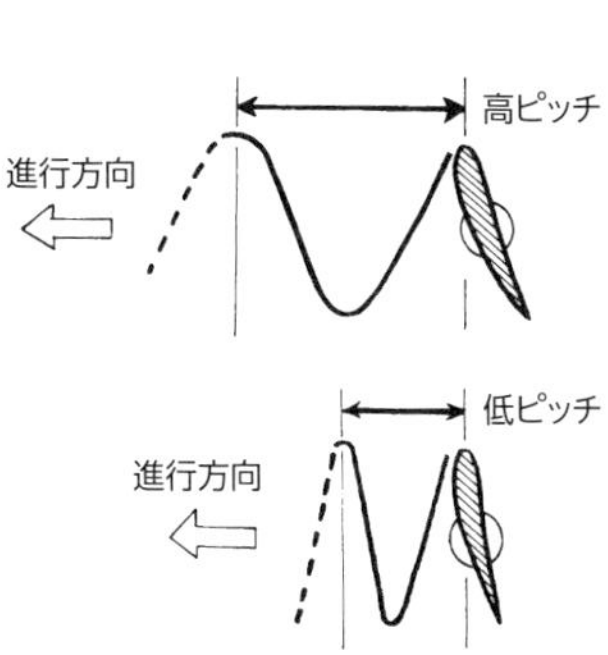

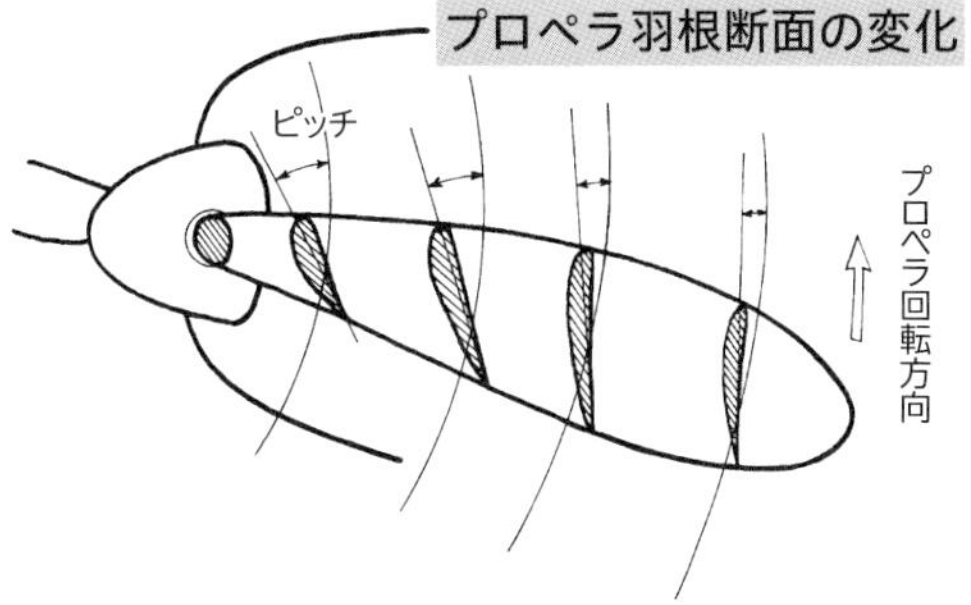

↗金属製可変ピッチ・プロペラを例にした、羽根（ブレード）断面の変化。木製固定ピッチ・プロペラと異なり、ピッチを変化させるには、羽根の付け根を回転可能な形状（円柱状）にする必要がある。また先端にいくほど厚みと捩れ（ピッチ）も少なくなる。捩れ位置の基準値は、プロペラ半径の75％位置とされ、効率の点でも最大値とされている。

接触しやすい」という欠点が顕在化したことから牽引式が主流になった。

木製プロペラ全盛期

ライト複葉機がそうであったように、航空揺籃《ようらん》期の機体は、ほとんどが木製2枚プロペラであった。

当時は航空機の構造も、木製骨組みに羽布張り外皮、上、下翼支柱間をピアノ線で補強するというものだったし、軽くて強度の高いアルミニウム合金（ジュラルミン）は、まだ航空機用材料として認識されておらず、プロペラの材料も木材しか無かったのである。

当初は1本の丸太を削り出し、「竹トンボ」の要領で作っていたのだが、それでは無駄が多くて大量生産にも向かないため、やがて何枚かの板を貼り合わせたものを削り出すという方法が一般化した。下の図は、その製作手順を、2枚プロペラを例にして示したもの。

材料となる木は当初、軽いことが重視され、機体骨組み材と同じくスプルース（とうひ＝檜《ひのき》の類）が用いられたが、軸に取り付ける際、金具で締め付けると強度が弱く、裂け目を生じやすいことがわかり、後にはより硬度の高いマホガニーやクルミが使われた。

第一次大戦が始まり、航空機が兵器としての地位を確立すると、その使用条件も厳しくなり、不整地での離発着

木製2枚プロペラの製作手順一例

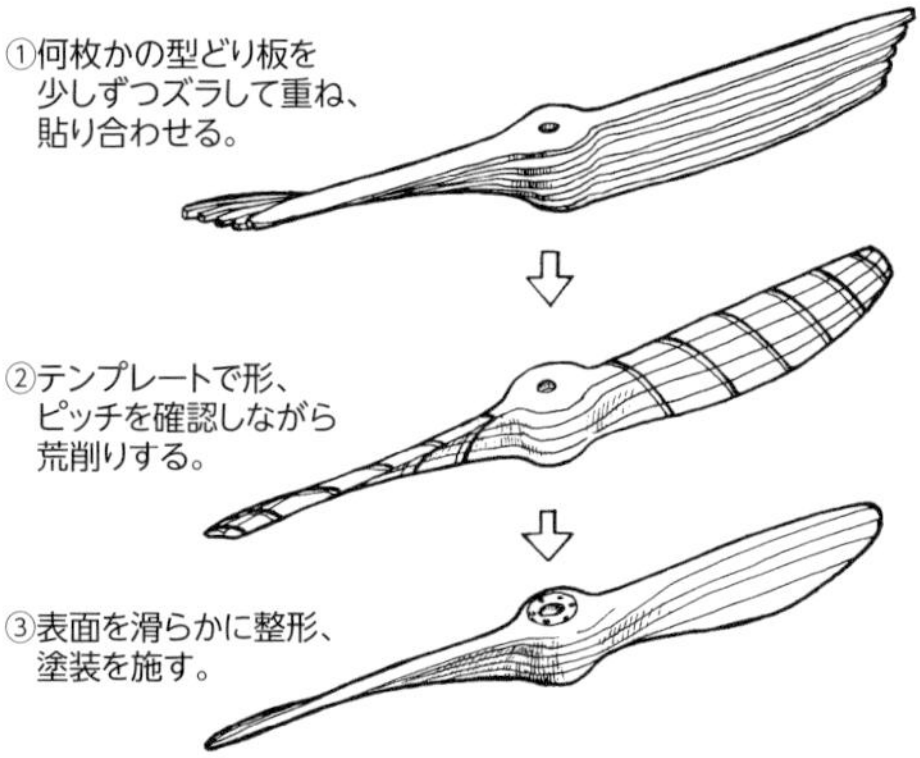
①何枚かの型どり板を少しずつズラして重ね、貼り合わせる。
②テンプレートで形、ピッチを確認しながら荒削りする。
③表面を滑らかに整形、塗装を施す。

→直径2.80mの木製2枚プロペラを装備した、陸軍の中島 九一式戦闘機。ピッチは操縦室から見て左回転に対応しており、前縁には補強用の真鍮鈑を貼り、軸まわりを後のスピナー風に整形した“先進仕様”である。

時に地面に接触して折れたり裂けたりし、また回転中に雨や霰《あられ》に当たると、表面がデコボコになって使い物にならなくなるような例が続出した。

　そこで補強策として考えられたのが、回転方向の縁（前縁）に沿って真鍮製の金属鈑を貼る方法。また、プロペラ羽根全体を羽布、またはプラスチックの膜などで覆って特殊塗料で塗り固め、強度を高める方法も考案された。こうした〝補強木製プロペラ〟は、1930年代前半までの長期にわたって使用され続けた。ちなみに、プラスチック膜で覆う手法はドイツのシュヴァルツ社が考案したもので、〝シュヴァルツ式プロペラ〟と呼ばれた。

　日本では、昭和ひと桁時代までアメリカ産のマホガニー材を輸入してプロペラを製作していた。しかし高価なうえに、将来の資源確保という観点からも国産木材による代用試験が行なわれ、海軍は小馬力発動機用プロペラには橅《ぶな》材、比較的大馬力の発動機用には樺《かば》材、そして陸軍は、エゾ松などの混合材を用いたシュヴァルツ式の物を使用する方針を打ち出した。

　もっとも、昭和10年代に入ると、後述するジュラルミン製プロペラが普及したので、〝自前材料〟を用いた木製プロペラは、練習機など小馬力発動機を搭載した機体くらいにしか使われなくなった。

↑ドイツのシュヴァルツ社が開発した、表面を金網で覆ったのちに合成樹脂塗料で塗り固めた、被包式の木製プロペラを装備した、陸軍の立川 九五式一型練習機。表面が無地で白っぽくなっているのも、その合成樹脂塗料のせい。

→前縁に真鍮製の金属鈑を貼った木製2枚プロペラを、前後に2段重ねて4枚にした、海軍の川西 九四式一号水上偵察機。昭和10年代前半期まで使われた。

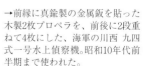

金属製可変ピッチ・プロペラの登場

補強金属鈑を貼り、表面を保護皮膜で覆ったりして、耐久性が格段に増した木製プロペラだが、地面などに接触すれば、たちまち折れたり裂けたりするというモロさは、根本的に変わらなかった。

1930年代に入り、世界列強国の主力軍用機が従来の複葉羽布張り構造から、近代的な全金属製の単葉構造に切り換わるのと同時に、プロペラも金属、すなわちジュラルミンで作られるようになった。

もちろん、ドイツのBf109、イギリスのハリケーン戦闘機など、全金属製単葉機の先駆機たちは当初、木製2枚プロペラを付けていた。しかしエンジン馬力が急速に向上してきて、離発着時の低速状態、空中戦時の急加速、巡航時の高速水平飛行と、それぞれ異なった状況でエンジン出力を最大限に効率よく発揮させるには、ピッチが不変でしかも肉厚な木製プロペラでは、ロスが目立つようになってきた。

こうした諸々の事情が背景にあって、ジュラルミン製プロペラが急速に普及したのだが、その発祥の地はアメリカであった。

スタンダード・スチール社は、ジュラルミンの棒材を機械ハンマーで叩き、硬度、強度を高めたプロペラ羽根の製作法を考案した。やがて、その製造を請け負ったハミルトン社と合併し「ハミルトン・スタンダード社」となり、アメリカ国内はもとより世界各国にも輸出して大繁盛した。

金属プロペラは、木製と違って羽根を1枚ずつ個別に製作し、『ハブ』と呼ばれる中心金具に取り付けるので、枚数を自由に（といっても6枚が限度。理想は3または4枚）選択でき、ハブへの取り付けを加減して、ピッチを任意に設定できるのが大きな長所である。

木製の場合、強度の面で羽根の肉厚を最大幅（翼弦長）の12パーセント以

→日本で最初に金属製の調整式可変ピッチ・プロペラを装備した、海軍の中島 九〇式二号水上偵察機二型に4か月遅れ、昭和7(1932)年4月に制式兵器採用された、同じプロペラを装備する中島 九〇式艦上戦闘機。プロペラ表面に描かれたロゴ・マークも、原型ハミルトン・スタンダード社製のそれに酷似したデザイン。

下に薄くすることは不可能だったが、金属製ではこれを8パーセントまで薄くすることができ、効率や重量の面でも有利だった。

最初に標準化されたハミルトン・スタンダードの金属プロペラは2枚羽根で、ピッチは地上でのみ調整可能（飛行中は固定される）な『調整ピッチ・プロペラ』だったが、やがて飛行中も操縦者のマニュアル操作で、油圧によって二段階に変更できる『二段可変ピッチ・プロペラ』に発展する。

日本に初めてハミルトン・スタンダード製金属2枚プロペラがもたらされたのは、昭和4（1929）年のことで、海軍がアメリカのヴォート社から研究用に購入した、O2U－1コルセア水上偵察機がこれを装備していた。

木製プロペラに比べて、はるかに効率のよい金属プロペラの威力を目の当たりにした海軍は、中島飛行機（株）を通じてO2U－1のライセンス生産権を取得（昭和6年に九〇式二号水上偵察機二型の名称で制式採用）するとともに、同社がハミルトン・スタンダード社と交渉して、金属可変ピッチ・プロペラの製造権も取得した。後には住友金属工業（株）がその権利を買い取り、一括担当することに決まった。

これと前後し、日本陸軍も静岡県浜松市に所在した日本楽器製造（株）を通じて、同プロペラのライセンス生産権を取得する。「楽器メーカーが何故プロペラを？」と不思議に思われるかもしれないが、もともと浜松はピアノをはじめ木材を使う楽器の製造が盛んで、同じ木工品であるプロペラの製造も請け負っていたからである。

このように、昭和5（1930）年制式採用を示す九〇式各機種以降、日本陸、海軍の主要実用機の金属プロペラは、すべてハミルトン・スタンダード社の国産品で占められることになったわけである。

二段可変ピッチ・プロペラから定速プロペラへ

→昭和14（1939）年5月~9月にかけて、満州国の北西部国境付近で繰り広げられた、日本陸軍とソビエト軍の武力紛争「ノモンハン事件」に際し、主力戦闘機として奮戦した中島 九七式戦闘機。ハミルトン・スタンダード社の二段可変ピッチ式2枚プロペラを国産化した製品を装備した。

二段可変ピッチ・プロペラは、確かに航空機の性能、とりわけ戦闘機や輸送機のように、飛行状況や機体重量の変化が激しい機種の性能向上に目覚ましい効果を発揮した。しかし、単座戦闘機の場合、パイロット一人が全てをコントロールするわけであり、状況が一瞬で変化する空中戦などの最中に、いちいちピッチの切り換えをするヒマなど無いのが現実だった。

そこで、可変ピッチ・プロペラの発祥国アメリカでは、ハミルトン・スタンダード社の他、機体メーカーのカーチス社と同系のカーチス・エレクトリック社が、飛行中のいかなる状況下でもエンジンに過度の負荷がかからぬよう、ピッチを自動的に変化させて回転数を常に一定に保てるようにした、新しい可変ピッチ・プロペラを開発した。

このタイプは、一般に「定（恒）速プロペラ」または「定回転プロペラ」(Constant speed Propeller）と呼ばれ、ピッチ変更のエネルギーをハミルトン・スタンダード社は油圧、カーチス社は電気モーターとしたのが明確な違いだった。ハミルトンと、後述するラチエ式を例にしたピッチ変更システムは、P.50、55図に示した通りである。

定速プロペラの効果は歴然としており、上昇性能に関したハミルトン・スタンダード社における実験では、従来までの二形式に比べて、かなりの差が出たとしている（下図参照）。

定速プロペラを装備したアメリカ陸軍最初の戦闘機は、1935年初飛行のセバスキーP－35、同海軍戦闘機は同年初飛行のグラマンF3F艦戦だった（ともにハミルトン・スタンダード式）。

日本海軍機用の可変ピッチ・プロペラの製造を一括担当していた住友金属

航空機が離陸し、一定の高度に到達するまでに要する所要時間と飛行距離をプロペラピッチの方式ごとに示した。一定の範囲で連続的にピッチを可変できる定速プロペラはエンジン出力を有効に使えるため、上昇の所要時間、距離とも従来方式より短い。エンジンにかかる負荷も軽減されることから、エンジン寿命の伸長や整備性向上という恩恵もあった。

ハミルトン・スタンダード社による、各プロペラの上昇性能差実験データ

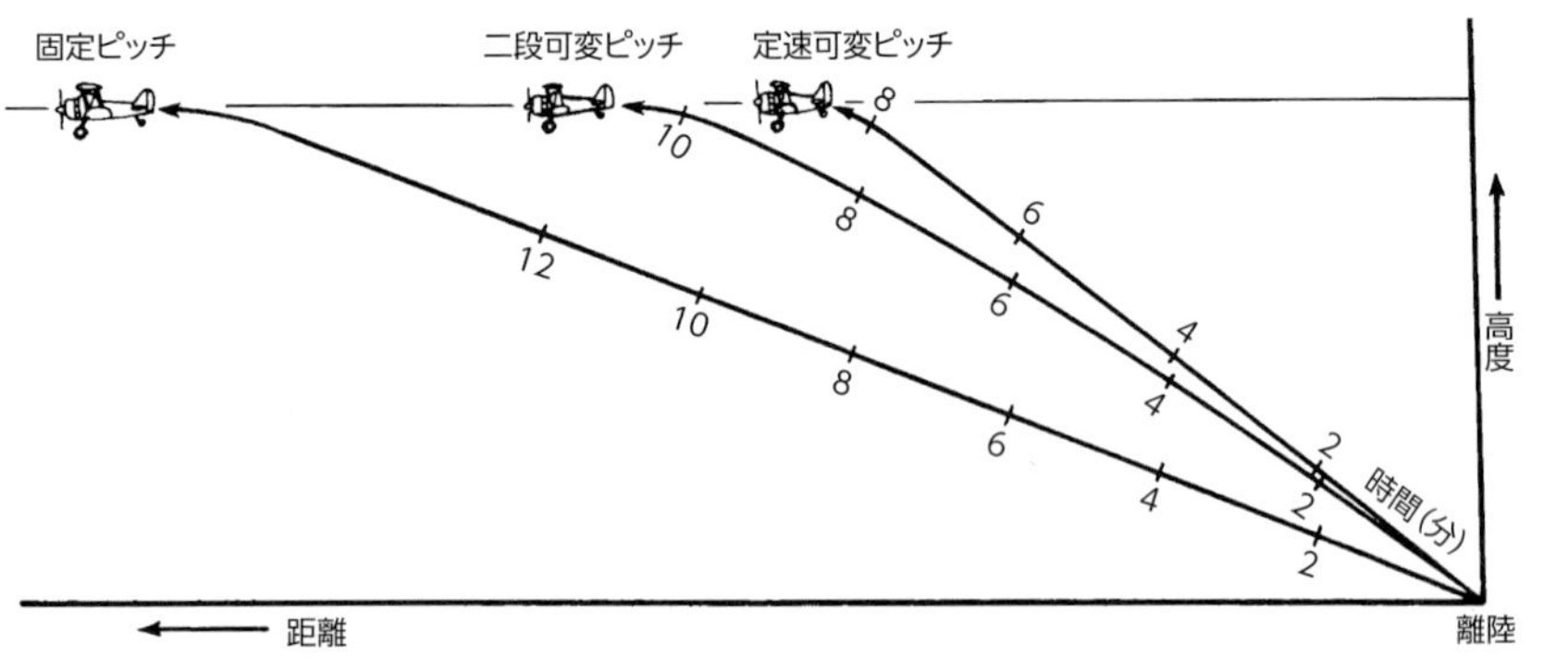

工業も、定速プロペラの製造権を継続して取得し、昭和14（1939）年4月、かの有名な〝零戦〟の原型機、十二試艦上戦闘機『A6M1』の試作一号機に初めて装備された。

　零戦の高性能の秘密は、卓越した機体設計と、中島製『栄』発動機に負うところ大だが、このハミルトン・スタンダード定速プロペラの存在ぬきには語れないこともまた事実だろう。まさにグッド・タイミングだった。

　ちなみに零戦とほぼ同時期に、似たようなポリシーで設計された陸軍の一式戦闘機『隼』の初期生産型一型は、発動機も『栄』一二型と同系の『ハ二五』だったが、プロペラは零戦の3枚羽根と違って2枚羽根（直径2.9m）を装備した。その結果、機体重量は一号型零戦『A6M2』より150kgほど軽かったが、最大速度は30km/h以上も遅い時速495km/hにとどまっている。

　これは機体外形の空気力学的な洗練度の違いが主要因と考えられるが、ほ

定速プロペラのシステム概念図

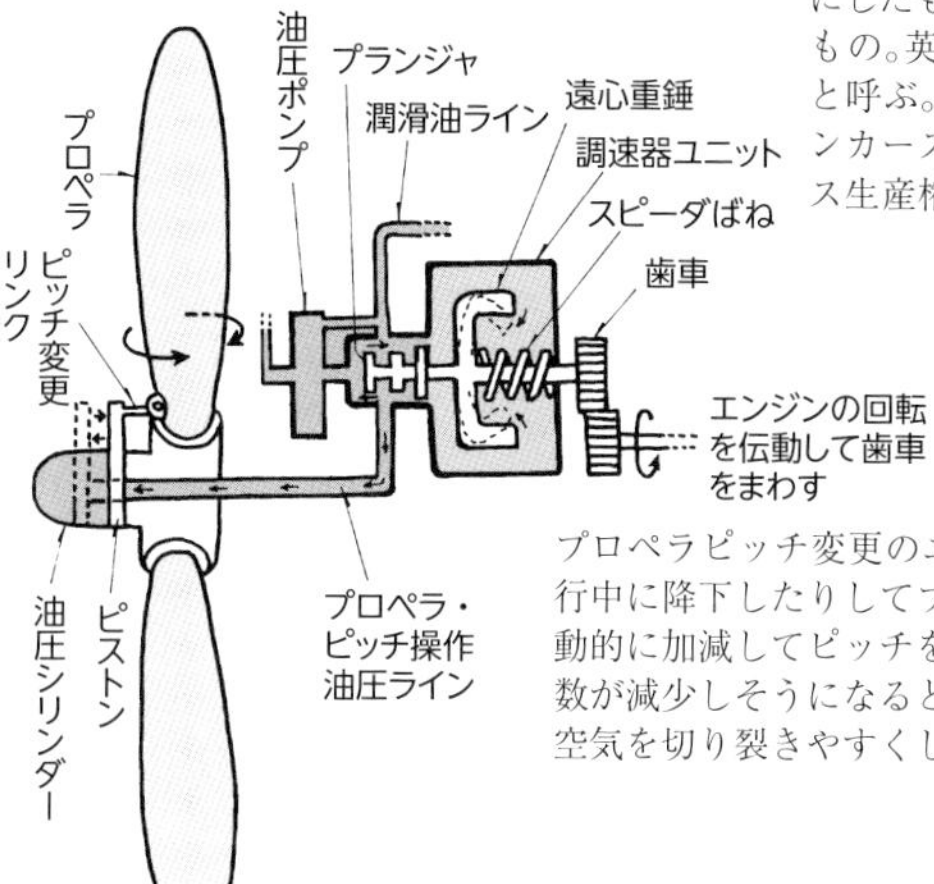

←左図は、油圧を利用してピッチ変更を行なう方式を例にしたもので、ハミルトン・スタンダード社の発明によるもの。英語圏ではHydromatic Constant Speed Propelerと呼ぶ。この方式は、日本の住友金属工業、ドイツのユンカース社、イギリスのデハビランド社などがライセンス生産権を取得して、その技術ノウハウを育てた。

　定速式プロペラの、いわば最も重要なユニットと言えるのが調速機（英語ではGovernor［ガバナー］）である。エンジンのクランク軸回転と歯車を介して連結しており、内部の遠心重錘（フライトウェイト）の傾き具合によって、プロペラピッチ変更のエネルギーである油圧の加減を行なう仕組み。飛行中に降下したりしてプロペラが過回転に陥りそうになると、油圧は自動的に加減してピッチを深く（大きく）し、逆に上昇に転じたりして回転数が減少しそうになると、ピッチを浅く（小さく）して、プロペラがより空気を切り裂きやすくし、一定の回転速度を保たせるのである。

定速可変ピッチ・プロペラの、各状況におけるピッチ

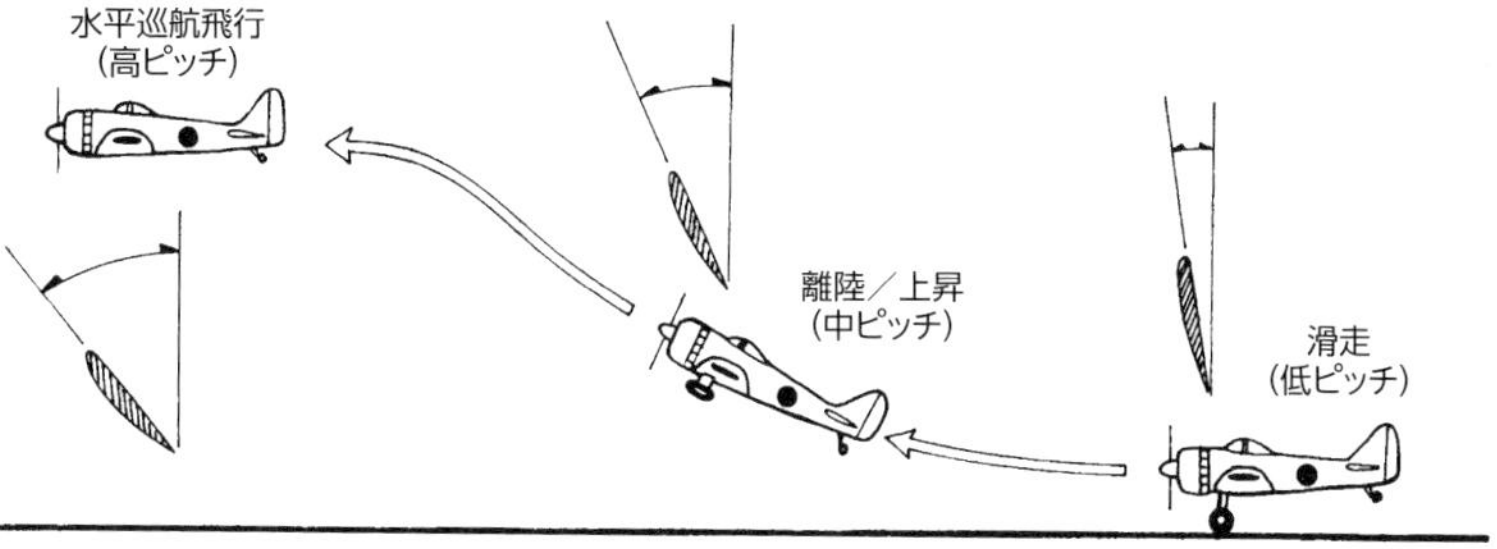

エンジンには最も出力効率がよい回転域がある。これを常に保って飛行することが理想だが、飛行状況によってエンジンへの負荷が増減し、回転数に影響を及ぼす。それを調整するのがプロペラピッチの役割である。大きな力を必要とする滑走時には低ピッチ、上昇時には中ピッチ、負荷が少なく過回転に陥りやすい巡航時には高ピッチに調整して最適な回転域に保つ。

ぼ直径が同じプロペラが、片や3枚に対して2枚ということも少なからず影響している。直径が同じであれば、2枚より3枚のほうが明らかに推進効率が高いからである。

それを認識した中島は、次に生産した二型以降、3枚羽根に替えたのだが、直径を10cm短縮した2.8mに設定したため、同系の発動機を搭載した二号型零戦『A6M3』―プロペラ直径3.05m―に対し、最大速度の差は縮まらなかった。

本稿末尾の総括でも触れるが、零戦と一式戦の比較でも明らかなように、プロペラの選定はさほどに重要だったのだ。

最後まで外国のプロペラ技術に依存した日本陸、海軍

零戦を皮切りに、以後の日本陸、海軍新型機の大半がハミルトン式定速プロペラを装備している。まさに本プロペラなくして、日本軍用機は成り立た

ハミルトン式油圧定速可変ピッチ3枚プロペラ

❶油圧筒蓋ネジ ❷パッキン革抑ネジ ❸パッキン革前後 ❹油圧筒 ❺締付ネジ ❻油送管 ❼重錘 ❽制御ボルト ❾締付ネジ折環 ❿前部挟子

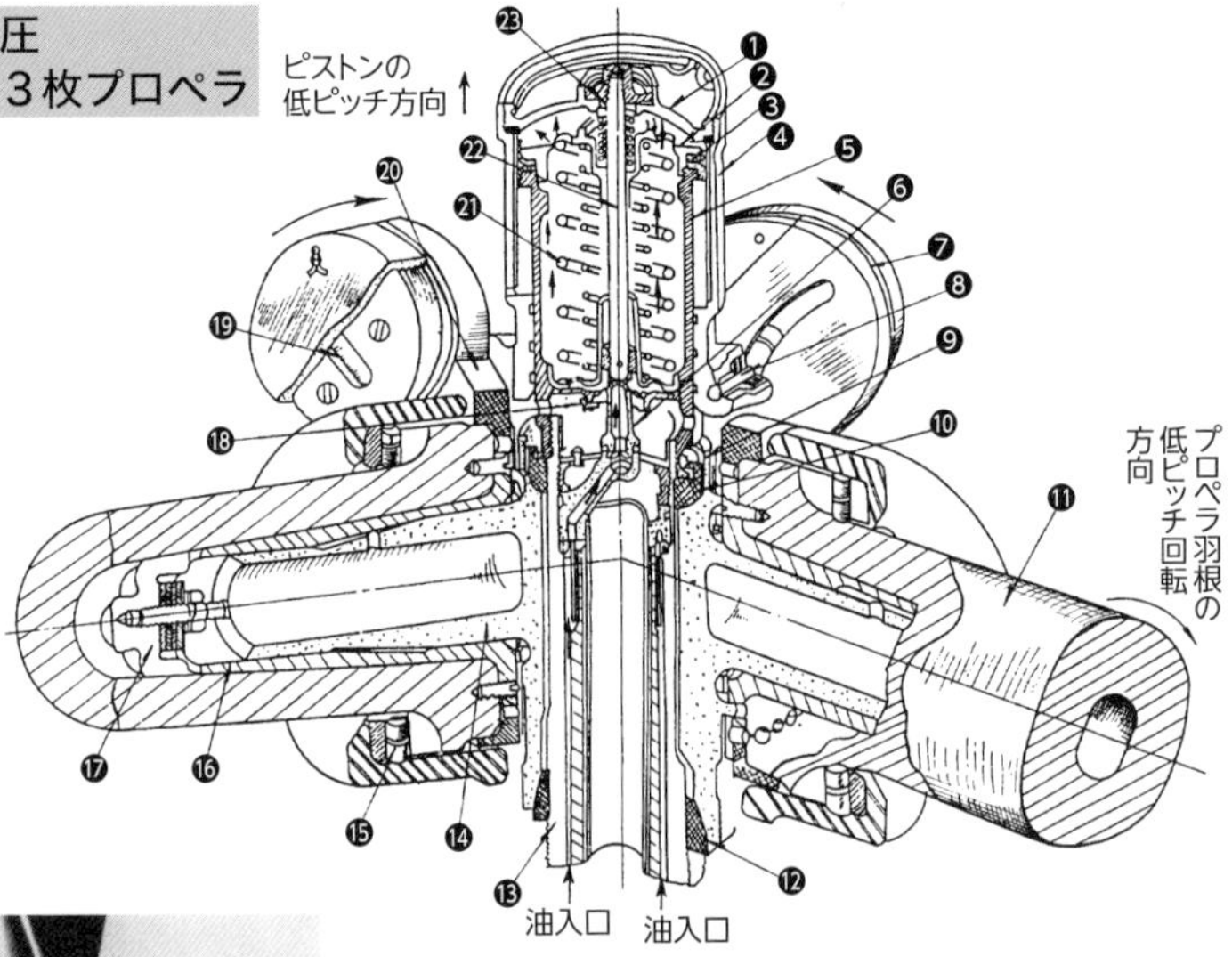

⓫プロペラ羽根 ⓬後部挟子 ⓭プロペラ取付軸 ⓮軸体 ⓯ころ軸受 ⓰プロペラ羽根筒 ⓱油止板 ⓲油送管パッキン抑え ⓳可動範囲調整ネジ ⓴重錘腕金 ㉑バネ ㉒振り止め軸 ㉓振り止め軸回り止め

←ハミルトン・スタンダード定速可変ピッチ式3枚羽根プロペラの、ハブまわりクローズ・アップ。中心から前方(画面では上方)に突き出た筒状部が、ピッチ変更用油圧筒である。各羽根の付け根から伸びる腕に付く、円柱を輪切りにしたようなものは、羽根が回転し、遠心力が働いて捩れ運動(モーメント)が発生するのを抑えるためのオモリ(平衡重錘――バランス・ウエイト)。

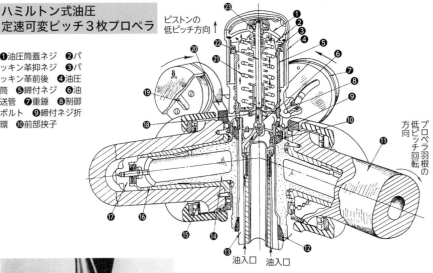

なかったと言っても過言ではない。

　しかし支那事変を契機に、対日制裁を強めたアメリカからの、プロペラを含めたあらゆる航空技術情報入手の道が閉ざされてしまい、ハミルトン・スタンダード定速プロペラの更新は事実上不可能になった。

　そのため海軍は、枢軸同盟国であり、かつ航空技術先進国だったドイツに頼り、同国有数のプロペラ・メーカーVDM社の４枚プロペラ製造権を住友金属に取得させ、昭和18（１９４３）年以降、局地戦闘機『雷電』『紫電（改）』『烈風』、艦上攻撃機『流星』などが装備した。

　VDM定速４枚プロペラのピッチ変更システムは、ハミルトンと異なり、ハブ内部に設けた差動歯車群のピニオン歯車を回転させて行なうのが特徴で、ピッチ変更範囲に制限がなく、歯車群の駆動制御に電気式調速器（ガバナー）を用いるのがミソだった。

　だが、後述する陸軍の『ペ三二』プロペラと同様、海軍もこの電気式調速

←日本軍用機として、最初にハミルトン式定速プロペラを装備した、海軍の零式艦上戦闘機。写真は初期の主力型である二一型で、スピナー前半部分を外しており、ハブまわりのディテールがよくわかる。このプロペラの直径は2.9m、重量は140kg、ピッチ変更範囲は25~45度だった。

↙↓陸軍の一式戦一型「隼」が装備したハミルトン式定速2枚プロペラ。直径2.9mで零戦と同じだが、羽根数が少ないぶん効率で少し劣った。右の写真はプロペラの捩れ具合いを拡大したもの。通常写真ではいまひとつ把握しにくい、付け根から先端にかけての羽根の捩れ具合もわかるだろう。この2枚プロペラの重量は合計110キロ、ピッチ変更範囲は26~46度だった。

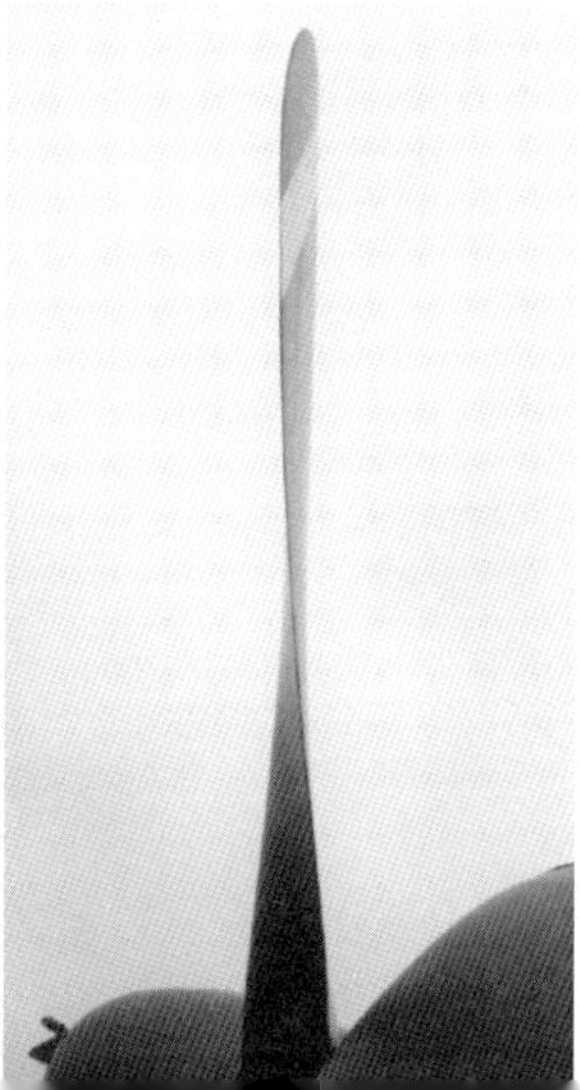

器をオリジナルと同様な、信頼性の高い製品に仕上げる技術がなく、苦肉の策としてハミルトン式油圧駆動システムに差し替え、なんとか実用にこぎつけたのだった。

そうした努力にもかかわらず、住友／VDM4枚プロペラには故障、振動、ガタつき、ハンチング（エンジン回転が勝手に上下する現象）などの諸問題がつきまとい、『雷電』などは振動問題に振り回されて1年以上も実用化が遅れた。さらに生産機のプロペラでさえ、外観上あきらかに違いのわかるタイプが3種類も存在し、苦悩の程が偲ばれる。

結局、最後には羽根（ブレード）の剛性不足が主な原因らしい、ということがわかったのだが、この一件を見ても、プロペラの良否は機体の運命さえ左右する、重要な鍵だということが理解できよう。

ところで、日本海軍最後のピストン戦闘機を目指した、有名な前翼型（エンテ型）戦闘機『震電』のプロペラが、

「紫電(改)」のVDM式定速プロペラ

←2,000hp級の「誉」発動機を搭載する、川西 局地戦闘機「紫電(改)」は、従来までのハミルトン式プロペラでは効率を最大限に発揮できないため、ドイツのVDM社製4枚プロペラの国産化品を装備した。しかし、電気式可変ピッチ機構の国産化が不如意のため、ハミルトン油圧式に代替してなんとか凌いだ。下図がそのピッチ変更機構で、左写真は「紫電」二一型“紫電改”を示す。

ピッチ変更システム

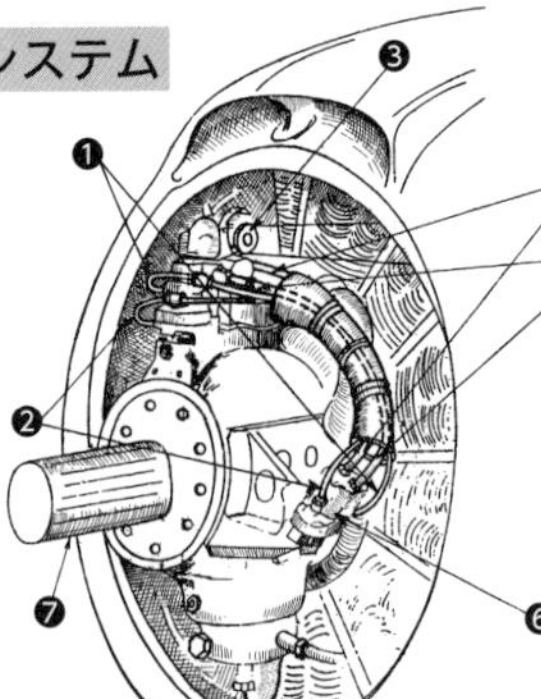

❶耐寒用保温管 ❷廃油管 ❸プロペラ調速器 ❹プロペラ低ピッチ油管 ❺プロペラ高ピッチ油管 ❻油圧原動機 ❼プロペラ取り付け軸

←「紫電(改)」と同じく、VDM社製の国産化品4枚プロペラを装備した、三菱 局地戦闘機「雷電」。本機のプロペラは振動を発生させる欠陥があって何度も改修が試みられた。写真は、その最後の改修型を用いた「雷電」三三型。

世界的にも珍しい六枚羽根のＶＤＭだったことが、日本機通《つう》の間でよく話題となる。実はこれは苦しまぎれの措置で、直径の大きい4枚羽根をつくるのが間に合わず、3枚羽根用ハブの生産治具を流用し、それを二つ合わせて6枚羽根にしたものだった。だから、この6枚プロペラは試作機だけの暫定措置にすぎないのである。ちなみに試作陸上偵察機『景雲』の6枚羽根も同様であった。

いっぽう、何事につけて海軍と張り合った陸軍は、住友のＶＤＭ式4枚プロペラを新鋭四式重爆『飛龍』に装備したものの、〝大東亜決戦号〟の称号を奉った四式戦『疾風』には、フランスのラチエ式定速4枚プロペラを採用することにして、海軍に対する面子を保とうとした。

フランスは１９４０年6月にドイツに降伏したが、その少し前に陸軍が日本国際航空工業（株）を通じ、ライセンス製造権を取得させていたのである。そして、住友のハミルトン式を装備す

↑→驚異の前翼（エンテ）型形態を採用した、海軍最後のピストン発動機搭載戦闘機、九州 十八試局地戦闘機「試製震（しん）電（でん）」。写真はその試作1号機で、形態同様に異色の6枚プロペラ（直径3.4m、重量310kg）を装備している。推進式形態なので当然だが、プロペラのピッチは通常の牽引式形態機とは逆になる。

る予定だった三菱九七式重爆撃機二型の一部が、量的不足を理由に、ラチエ式定速3枚プロペラを併用していた。

ラチエ式も、ドイツのVDMと同じく電気式制御システムにより、ピッチ変更を行なうタイプであった。前述の通り住友／VDMは、その電気式調速器が製造できずにハミルトンの油圧式システムと〝合体〟させたが、日本国際航空工業は果敢にもオリジナルと同じ方式に固執し、特に四式戦用として『ペ三二』と命名した4枚羽根のプロペラをつくった（次ページ図参照）。

『ペ三二』は、九七式重爆二型の一部が装備した『ペ三Ⅱ』と異なり、羽根を4枚にした他、ピッチ変更速度を毎秒1.2度から6.6度に速めたことが大きな違いだった。『ペ三二』は幸いにして四式戦の実機が現存し、整備・取り扱いに関する当時の一次資料も残っていて、詳細に知ることができる。

しかし、日本国際航空工業の努力にもかかわらず、四式戦に装備された『ペ三二』は、電気式制御系統に故障、不具合が頻発し、発動機『ハ四五』（海軍名称『誉』）の不調とあわせ、性能、稼働率を著しく損ねた。〝大東亜決戦号〟の勇ましい称号にそぐわない実績しか残せなかったのは、悲痛としか言いようがない。

↑陸軍四式戦闘機「疾風」のラチエ式「ペ三二」4枚プロペラ。ピッチ変更は電気式に行なう点で、ドイツのVDM、アメリカのカーチスと同じであったが、設計はやや劣った。しかもライセンス生産を担当した日本国際航空工業に、このシステムを信頼性の高い製品に仕上げる技術がなく、何より、そのプロペラ直径を3.1mという極小値に設定したことは空力上の大失策だった。

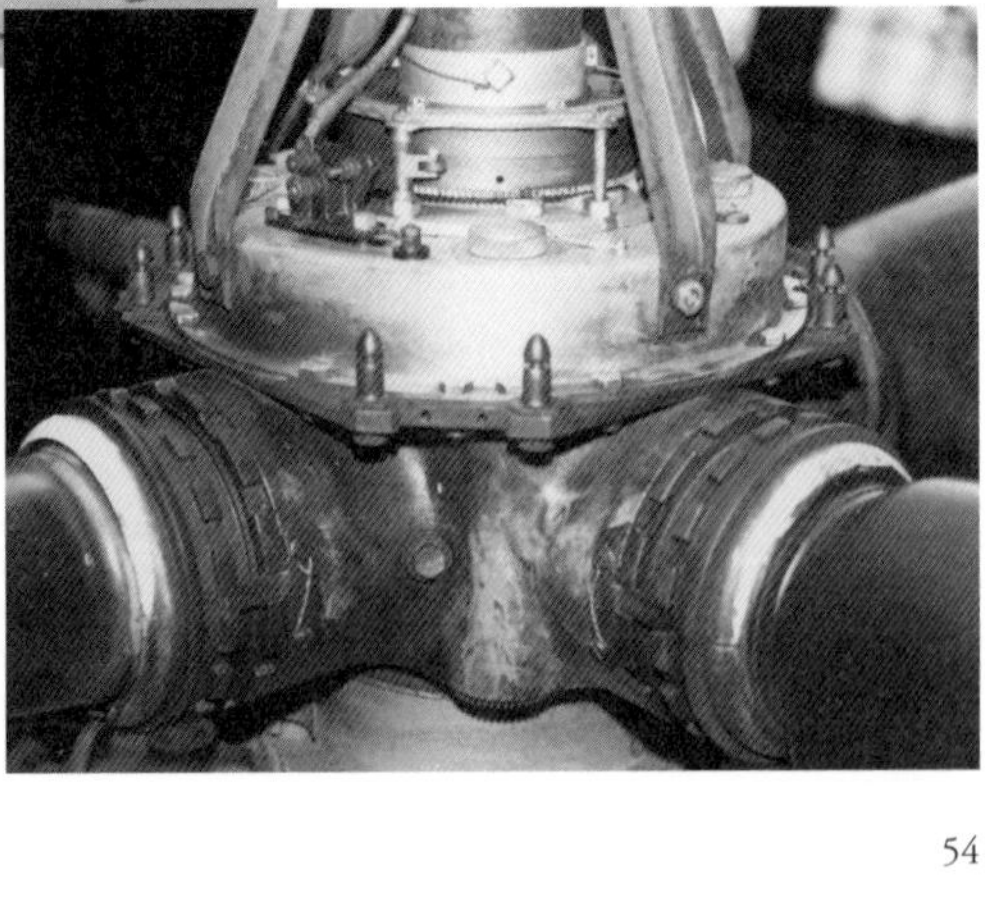

→ハブまわりのクローズ・アップで、画面上方が前方。上端の筒状部分内にピッチに変更の動力となるモーターがある。この「ペ三二」の重量は185kg、ピッチ変更範囲は32~60度。

総括、日本のプロペラ事情

かえりみて、日本陸、海軍は、ピストンエンジン軍用機にとって性能発揮の源であるプロペラ、それも金属可変ピッチ・プロペラに関し、独自の研究、開発をほとんど行なわなかったことがわかる。

これは戦闘機の射撃照準器、機銃、無線帰投方位測定器などの艤装品についても同じことが言える。欧米航空先進国に比べ、どうしても後塵を拝しているという負い目があり、機体、発動機の設計技術向上にのみ努力を傾注し、それ以外の副次的テーマをなおざりにした面は否定できない。

当事者たちの回想録をみると、それを官、民双方の航空技術陣の総体的な余裕のなさのせいだと片づける向きもあるが、筆者が思うに、航空技術に対する意識の偏重こそが、根本的な原因と考える。

ラチエ式『ペ三二』定速プロペラ構成図

陸軍四式戦闘機「疾風」が装備した、ラチエ式『ペ三二』定速4枚プロペラの、本体構造および電気式ピッチ変更メカニズム。発動機により駆動される調速器は遠心式で、発動機の回転が所定より過大になると、機体側の電源を高ピッチ用刷子に連結し、+（プラス）電流を高ピッチ用遮断器を介して電動機に送り、プロペラ羽根付根歯車を右回転（付根側から見て）させて高ピッチにする。発動機回転数が所定より下がったときは、低ピッチ用刷子が連結して、-（マイナス）電流を電動機の低ピッチ端子に流し、プロペラを低ピッチにする。現実には電気式制御系統に不具合が多く、四式戦の重い足枷になってしまった。

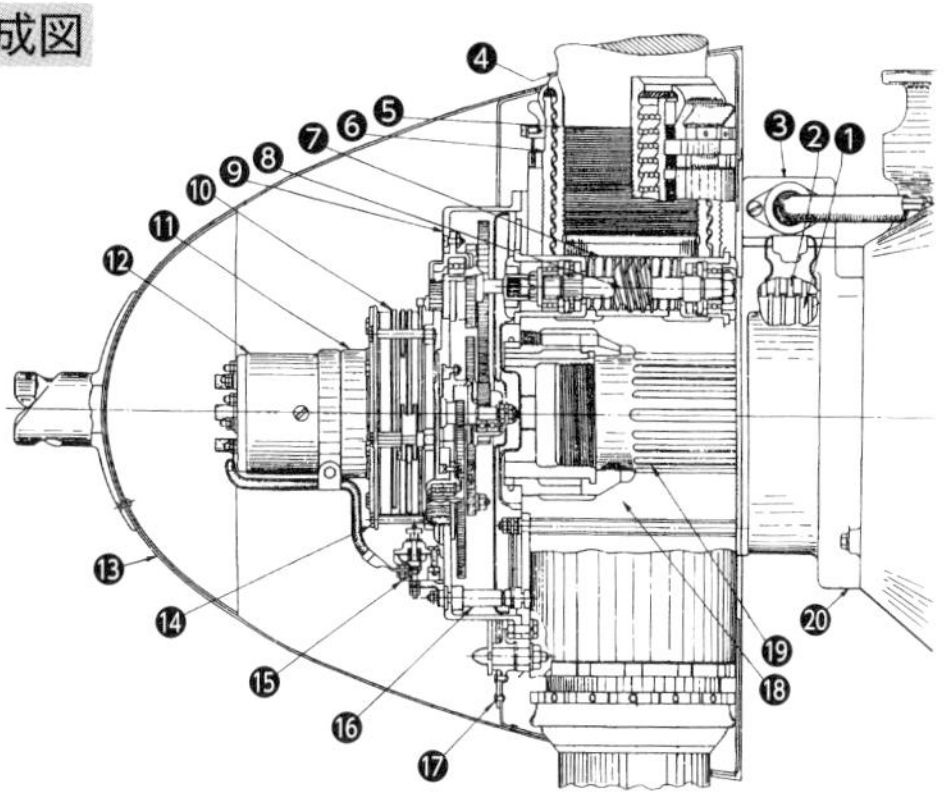

↗❶集電子❷刷子（ブラシ）❸刷子保持器❹プロペラ羽根❺ハブ円筒❻ハブ外筒❼プロペラ羽根歯車❽プロペラ羽根ウォーム歯車❾歯車室❿カム⓫歯車室前蓋⓬電動機（モーター）⓭プロペラ・スピナー⓮電流遮断金具⓯電流遮断器⓰歯車室接続栓⓱歯車室取り付けフランジ⓲ボス金具⓳プロペラ取り付け軸⓴刷子支持盤

『ペ三二』ピッチ変更メカニズム概略図

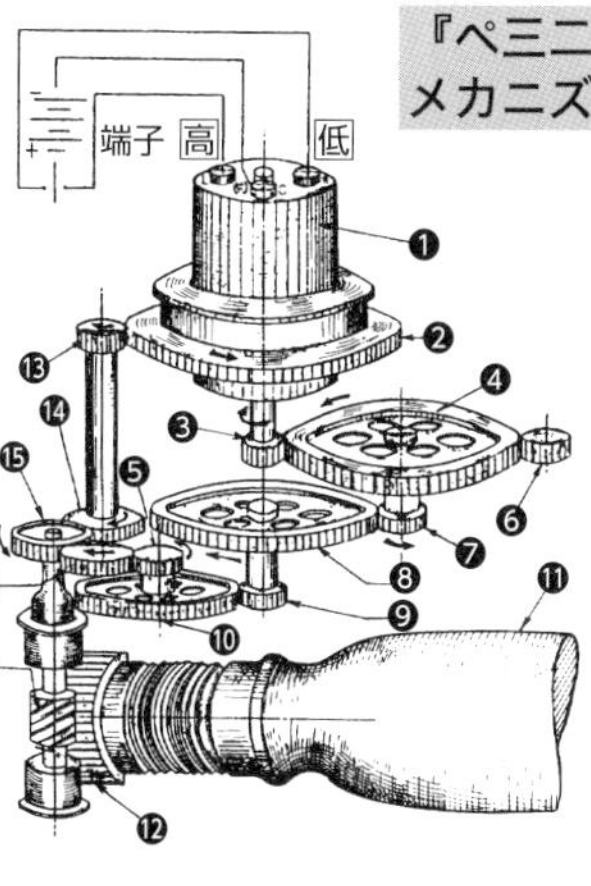

→❶電動機（モーター）❷カム歯車❸電動機歯車❹第一大歯車❺第三小歯車❻油歯車❼第一小歯車❽第二大歯車❾第二小歯車❿第三大歯車⓫プロペラ羽根⓬プロペラ羽根付根歯車⓭カム小歯車⓮カム伝導歯車⓯二重歯車⓰中間歯車⓱プロペラ羽根付根ウォーム歯車

一例を示せば、日本陸、海軍機、とりわけ1500馬力以上の発動機を搭載した単発戦闘機のプロペラ直径が、異常に小さく設定されていたこと。

そもそも理想のプロペラとは、できるだけ大きな羽根を、少ない回転数で回すことであり、これによって高い推進効率が得られる。とはいえ、搭載する発動機の出力、機種ごとの諸条件を満たすために、それなりの制約があり、プロペラ直径をむやみに大きくすることはできず、自ずから現実的な値に落ち着くのだが……。

それでも、第二次大戦中に登場した欧米の2,000馬力級単発戦闘機のプロペラ直径は、3枚羽根の場合で4m前後、4枚羽根で3.8m前後が普通だった。

ひるがえって、日本海軍の『誉』発動機（1,900馬力）を搭載した『紫電（改）』の住友／VDM4枚プロペラは、直径3・3m。同系発動機『ハ四五』を搭載した陸軍四式戦の『ペ三二』4枚プロペラは、なんとわずか3.1mに過ぎなかった。

一説によれば、四式戦のプロペラは主脚をできるだけ短くし、重量を軽く仕上げるために、あえて直径を小さく設定したともいわれる。だが、これではエンジンの出力を自らロスしていることになり、本末転倒であろう。

速度、上昇力を優先する戦闘機にとって、プロペラ直径が不適切だとこれらの性能に大きな影響を与える。紫電(改)、四式戦の性能が、他に諸々の原因があったにせよ、発動機出力に比べていまひとつ性能が振るわなかったのは、プロペラ直径の過少のせいだ。

つまるところ、日本の官、民双方の航空技術者たちは、プロペラ効率に関し、真に理解していなかったのではないだろうか。VDMにしろ、ラチエ式にしろ、電気式ピッチ制御システムが精緻に過ぎ、こなしきれなかったのは基礎工業技術力の欠如以外の何ものでもない。なればこそ、軍側がこれを真摯に受け止め、もっと早い時期に民間メーカーを指導し、地道な研究、開発に取り組ませるべきであったろう。

独自開発の金属可変ピッチ・プロペラの不作は、そのまま日本航空技術史の負の一断面である。

←1940（昭和15）年5月の原型機(写真)初飛行という時点で、日本の単発戦闘機では夢想だにしなかった、直径4mのハミルトン・スタンダード製大プロペラを装備していた、アメリカ海軍のヴォートF4Uコルセア。

第三章　陸、海軍機の降着装置

脚の重要度

航空機、とりわけ軍用機は、飛行性能の良し悪しこそが評価を決める最大のポイントである。だが、その優秀な飛行性能を如何なく発揮するためには、地上からスムーズに離陸し、かつ安全に着陸できなければならない。

航空機パイロットにとって、飛行中の諸操作もさることながら、離着陸はそれ以上に神経を集中しなければならない作業である。なんとなれば、不慮の事故の大半はこの離着陸時に起きているからだ。

この難しい離着陸を安全に行なうのに、きわめて重要なのが降着装置、すなわち『脚』である。現代と異なり、単なる草原を飛行場にしていた第二次大戦機までは、脚の良し悪しが、その機体の成否に直結したといっても過言ではない。

機体を構成する主要部品の中で、発動機を除けば最も大きい〝重量物〟となる主脚の設計にあたっては、どんな設計者も『可能な限り軽く、しかも頑丈で、出し入れ操作もスムーズに』といった理想を追求し、うまくまとめるのに大層腐心した。なるべく短い脚にするのが成功への近道だったが、エンジン出力が向上するにつれてプロペラ直径も増すので、地面とのクリアランスを確保する必要上、むやみに脚を短くもできない。あえてプロペラ直径を切り詰めて——などと本末転倒すれば、性能ロスというキツいしっぺ返しを喰らう。航空機開発に際して『脚』とはそれほどに重要なファクターだった。

複葉機時代の固定脚

１９０３年12月、アメリカのライト兄弟が人類史上初の有人動力飛行に成功したとき、彼らの複葉機に『脚』と呼べるものは付いておらず、主翼下面と前翼（昇降舵）をつなぐ木製の構造材を、橇《そり》（スキッド）代わりにして着地した（離陸はレールを敷いて、その上を滑走）。

しかし、構造材を地面にこすりつけると破損しやすく、やがてイギリス、フランスなどに出現した進歩的な複葉機には、自転車のそれを模した車輪が付けられるようになり、１９１０年頃には、これが標準化した。

もちろん、これらの車輪にはまだ緩衝機構もブレーキも付いておらず、ただ地上滑走するためにのみ存在したと言ってよい。

降着装置の最初の革新は、車輪に緩衝機構（英語でOleo：一般的に言うとショック・アブソーバー）が付いたことだろう。なにせ当時の航空機が離発着する場所、すなわち飛行場といえば平坦な草っ原などが当たり前であり、当然、人工的に整備されているわけではないから、かなりの凸凹があった。

こうした悪路を、時速１００㎞／h未満の低速とはいえ滑走するわけで、さらに着陸するとなれば機体は相当に揺れ、乗員に耐え難いほどの振動も伝わってくる。

そこで、各国の設計者たちが等しく考えたのが、主車輪の車軸と脚柱の接点に、太めのゴム紐をグルグル巻き付け、荷重が加わるとゴム紐が伸びて衝撃を吸収するという方法である。

１９１４年に第一次大戦が勃発したとき、当事国の実戦用機には、ほぼこのゴム紐式緩衝機構が普及していた。

ちなみに、第一次大戦期の軍用機の多くは、尾脚は橇式だったが、こちらの緩衝機構は脚柱中央部をシーソーを逆さにしたような可動状態で機体に取り付け、脚柱の上部と機体を２本のゴム紐で結び、荷重がかかると、ゴム紐が伸びて衝撃を吸収するという方法を採った。

第一次大戦も中期頃になると、ドイツ、イギリス、フランスの列強三国には双発以上の大型爆撃機が就役し始め、これら総重量が３トンを超える機体にはゴム紐の緩衝機構はとても耐え切れなくなった。

そこで考え出されたのが、車軸と脚柱の取り付け部、もしくは脚柱内部に

→図はドイツのアルバトロスD.Ⅴの緩衝装置。ゴム紐を順序よく巻き付けているが、機体によっては適当にグルグル巻きにしたものもある。たいていはゴム紐巻きの上に、保護用カバーを被せておくので、外部からゴム紐が見える例は少ない。

[緩衝部詳細]

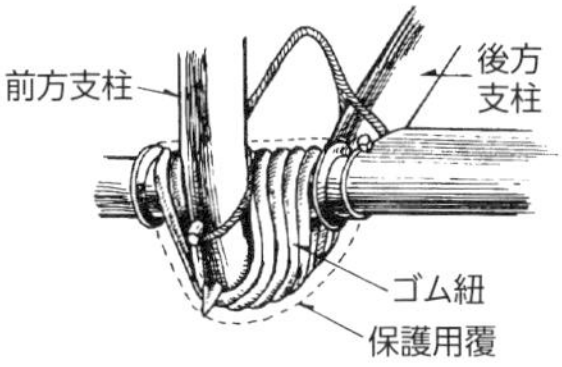

第一次大戦期単発機の主脚構成例

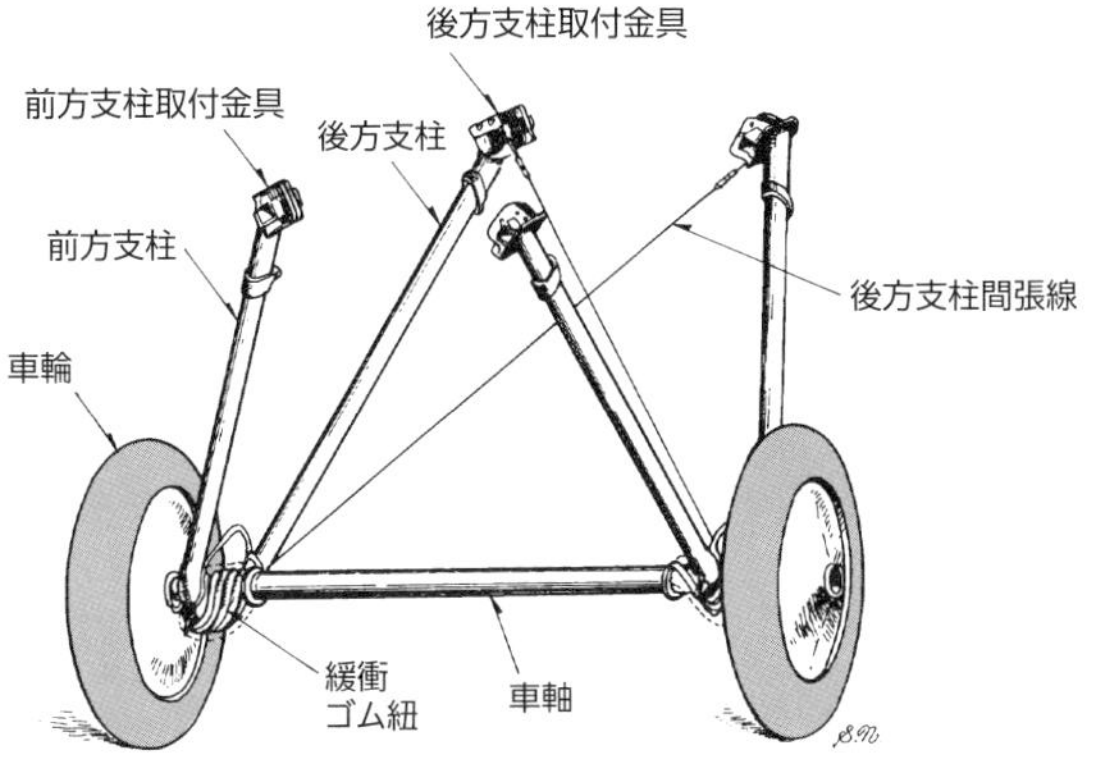

←陸軍が、大正８年(1919)にフランス航空教育団の招聘にあわせ、同国から輸入、後に国産化したニューポール81Ｅ２複座練習機。第一次大戦期の単発機形態の典型であり、ゴム紐式緩衝機構を持つ降着装置を備えている。

コイル・バネを仕込む方法である。前者の例としては、ドイツのA.E.G.G.Ⅳ、後者の例はイギリスのブラックバーン〝カンガルー〟、ハンドレーペイジO/400などが知られる。

第一次大戦期の日本陸、海軍航空は、まだ独自設計の第一線機を開発する力がなく、大戦終結を待っていたように陸軍は主にフランスから、海軍はイギリスからそれぞれ各種軍用機を輸入し、それらをもって戦力構成した。したがって大正時代末までの日本軍用機が独自開発の脚構造を持つことはなく、すべてが欧米諸国のそれと同じだった。

空気／油式緩衝機構の普及

エンジン出力が増し、性能が向上して滑走スピードが速くなり、また機体の大型化、重量の増大という航空機の進歩の前には、ゴム紐、コイル・バネの緩衝機構では耐久力に限界があった。

そこで、1920年代なかば頃にドイツなどでは、直径の異なる2本の金

空気／油と発條(バネ)を併用した緩衝機構の例

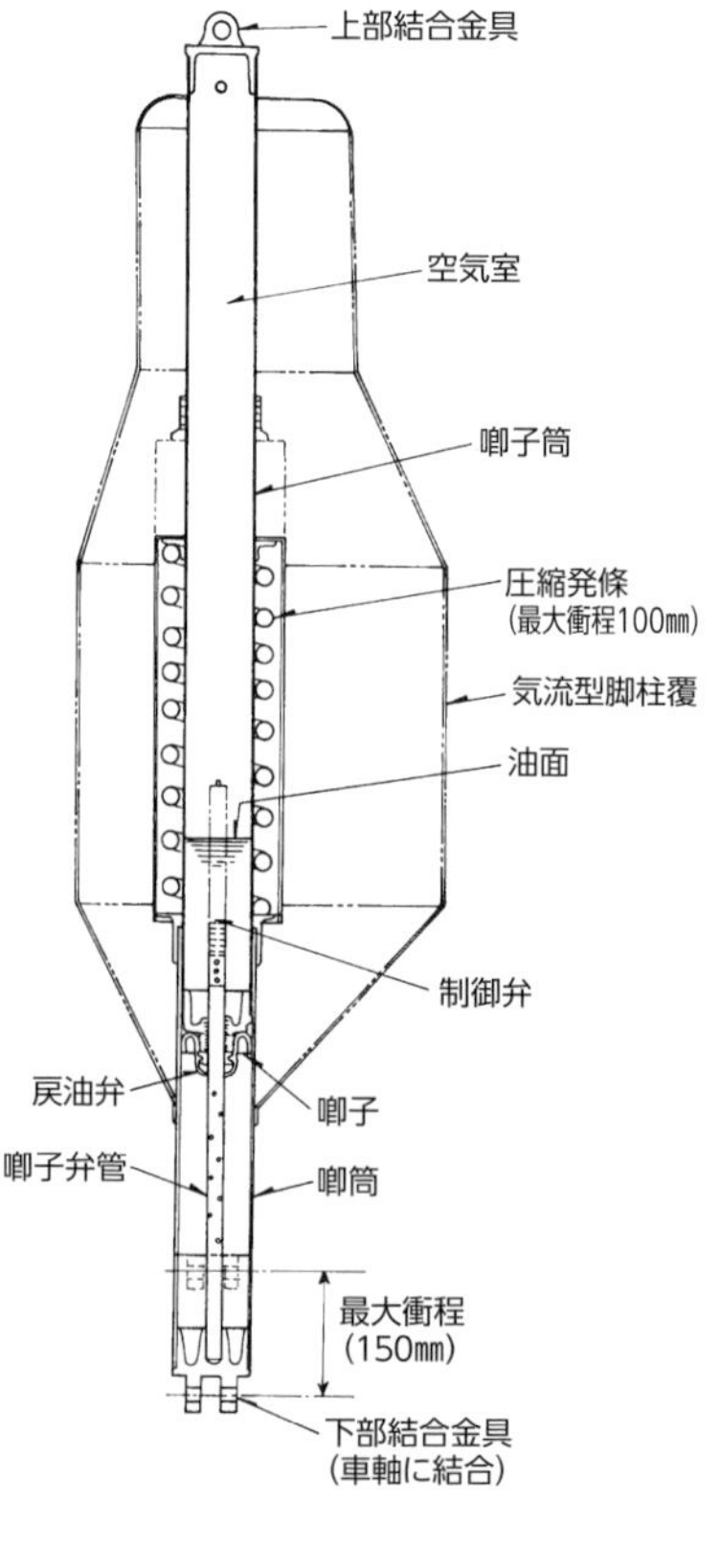

→右図は九〇式機上作業練習機の緩衝機構で、緩衝筒(図中では海軍式呼称の喞子筒〈しょくしづつ〉)の周囲に圧縮発條(コイル・バネ)を巻いて、その補助としている。筒内部は、飛行中(無荷重)は車輪などの重みで油が喞筒の方に移動している。着陸時に車輪が接地すると、衝撃により油が強圧され、喞子弁管を経由して制御弁を圧開、喞子筒内に移動する。この油の動きが緩衝の働きをする。喞筒に接するバネも押し上げられて縮み、緩衝を補助する。本機以降の空気／油式緩衝機構も、細部の"進化"はあれ、基本的には同じ原理である。

↑従来までのゴム紐、コイル・バネ式に加えて、新しい空気／油式の緩衝機構を併用した海軍制式機のひとつ、三菱九〇式機上作業練習機。むろん固定脚である。車輪の上に垂直に連結する太い部分(黒く塗ってある)が、その緩衝部。

属筒を使い、一方を中に差し込んでテレスコープのように摺動《しょうどう》させ、内筒と外筒の内部隙間に圧縮空気と油を詰め、着地、滑走中の衝撃を、油の移動と空気が縮むときのバネ作用により吸収する、新しい緩衝機構が実用化した。

　日本の航空機メーカーに、この新しい緩衝機構の情報がもたらされたのは昭和に入ってからのことと思われ、海軍機では昭和５（１９３０）年に完成した三菱九〇式機上作業練習機、陸軍機では同６年秋に制式採用が決定した中島九一式戦闘機が、実用機としては最初の導入例と思われる。

　この両機の、主脚緩衝機構を示したのがP．60、61図である。一見してわかるように、まだ空気と油だけで機能させる自信がないため、九〇式機作練は外筒の周囲にコイル・バネを、九一式戦は外筒上部にゴム盤を取り付け、衝撃吸収の補助としている。

　もっとも、すべての実用機にこの空気／油式緩衝機構が普及したわけではなく、重量の軽い単発戦闘機や練習機などは、なおしばらくの間、ゴムやコイル・バネを使った従来までの方式で通した。

空気／油とゴム盤を併用した緩衝主脚の例

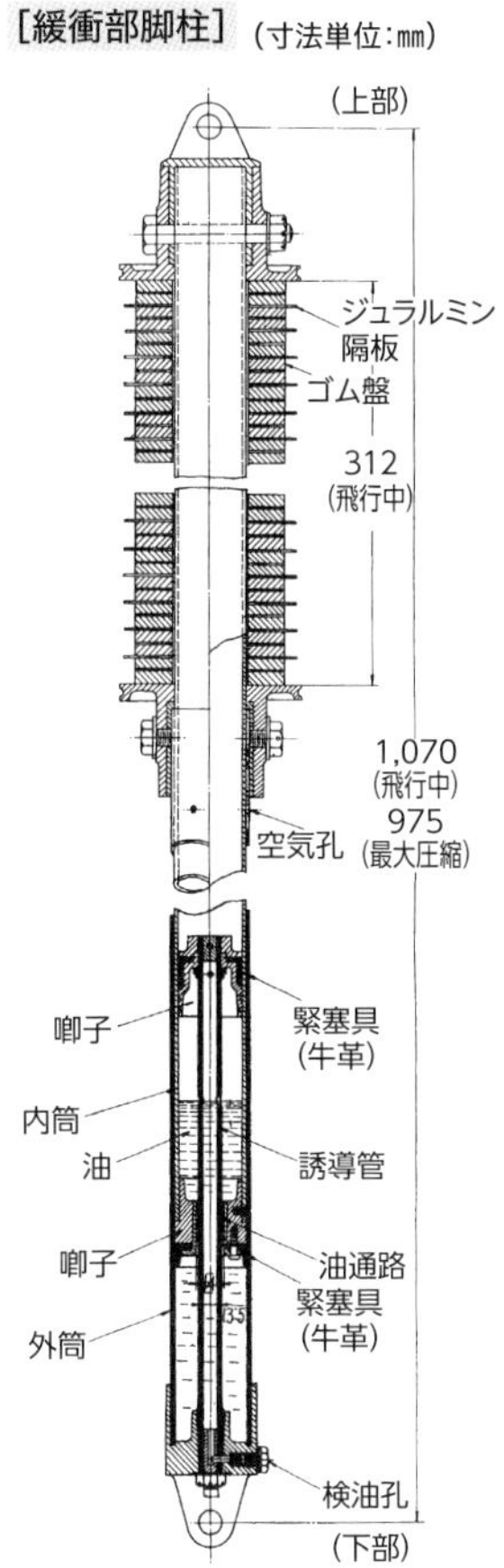

←左図は陸軍の九一式戦闘機の緩衝脚柱内部構造を示す。九〇式機作練と基本は同じだが、補助緩衝材にコイル・バネではなく、ゴム盤を使っている点が異なる。このゴム盤は、間に何枚ものジュラルミン製隔板を挟み込んで取り付けてある。筒内部のそれぞれの部品名称は、喞子を除いて陸軍式呼称になっている。無荷重状態の飛行中と、地上での最大荷重時の差、すなわち衝程値は約95㎜である。

↑海軍の九〇式機上作業練習機と異なり、新しい空気／油式緩衝機構の補助としてゴム盤を併用した、陸軍の中島 九一式戦闘機、片側３本の脚柱のうち、外側の幅広い支柱が緩衝脚柱。そのメカニズムは左図のようになっていた。

制動器（ブレーキ）の導入

重量、スピードともに増してゆく新型機は着陸後の滑走距離もそれだけ長くなり、一定距離内に抑えるためには車輪の内部に制動器（ブレーキ）を設ける必要が生じてきた。

具体的な資料がないので正確な導入時期は不明だが、海軍機では昭和11（1936）年に制式採用の、九六式艦上戦闘機と九六式艦上爆撃機が制動器を備えており、陸軍機では同10年に制式採用の九五式戦闘機がすでに備えていたことが、取り扱い説明書で確認できる。

これら各機が採用した制動器は、いずれも「ドラム式」と呼ばれるタイプで、車輪ホイール内部に二分割した制動帯を組み込んであり、操縦室内の方向舵ペダルと鋼索でつながっていた。ペダルを踏むことによって鋼索が引っ張られ、制動帯は外側に広げられて、回転する車輪の内側金属壁に接触、そ

↑海軍最後の固定脚戦闘機、九六式艦戦。ただし、固定脚とはいっても緩衝機構は純粋の空気／油式となり、空気抵抗を極限まで抑えた、洗練された外観に仕上げてある。写真は最後の生産型となった、四号型。

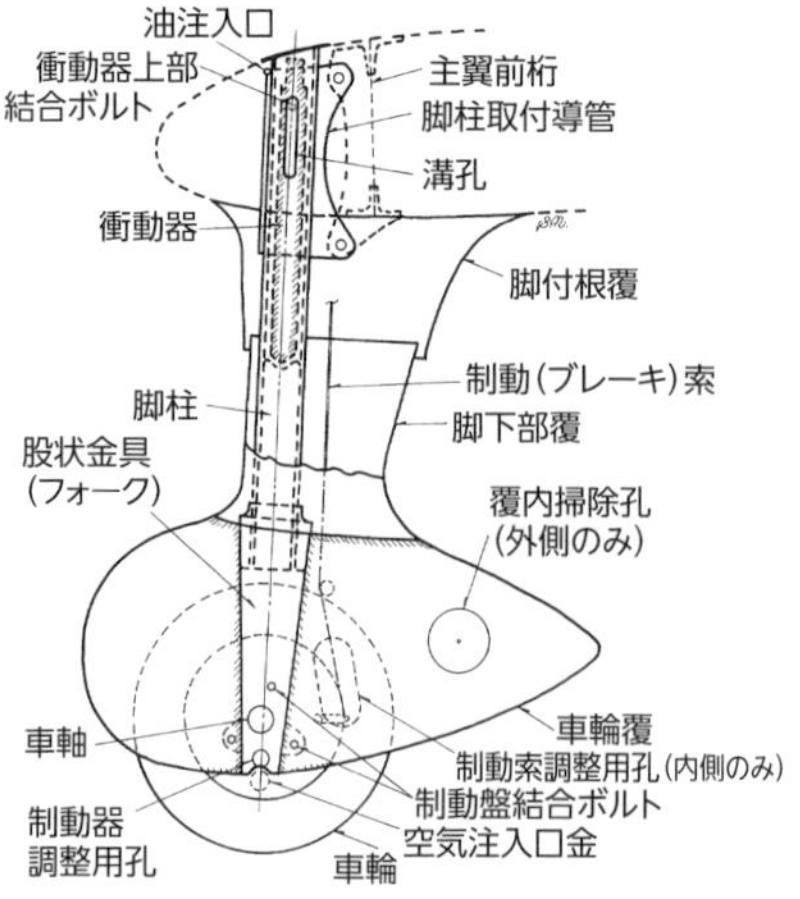

空気／油式緩衝機構を持つ固定脚の例

←九六式艦戦の脚には、コイル・バネ、ゴム盤などの補助緩衝材を使わない、純粋の空気／油式緩衝固定脚が採用されていた。脚柱自体が緩衝脚柱１本のみの片持脚に進化している点がポイント。脚柱が１本だと固定されていない内筒が廻ってしまう難点があり、対策として後年、緩衝部（英語名はOleo）の両筒をつなぎ止める「捩り止め（トルク・アーム）」が普及する。しかし、図に示した九六式二号一型艦戦の頃はまだ普及しておらず、結合ボルトで内筒頭部を脚柱取付導管とつなぎ、回転を防いだ。ドラム式制動器（ブレーキ）が導入されたのも、海軍戦闘機では本機が最初だった。

の摩擦で回転を制動するという仕組みである。

もっとも、航空母艦に着艦する海軍艦上機は、拘捉鈎《こうそくこう》（フック）によって制止されるので、制動器は陸上基地に着陸する際、あるいは発動機試運転中のパーキング・ブレーキ代わりに使用した。

この制動器を備えた固定式主脚の例として、P.62に九六式艦上戦闘機のそれを示しておく。ちなみに、本機の緩衝機構はゴム、コイル・バネを併用しない純粋の空気／油式に〝進化〟している。

引込式降着装置への進化

地上駐機中や離着陸時に、必要欠くべからざる重要な存在の降着装置も、航空機がいったん空中に浮いてしまえば、その飛行性能発揮という面においては、まったく無用の長物になってしまう。それでなくても主翼や胴体下に突き出る固定脚は、小さからぬ空気抵

中島 九七式戦闘機の主車輪の比較

←↙海軍の九六式艦戦に1年半ほど遅れて就役し、同様に支那事変（日中戦争）期の陸軍主力戦闘機として君臨した、中島 九七式戦は陸軍最後の固定式主脚戦闘機となった。本機は、大陸の最前線の不整地飛行場での運用を容易にするため、標準の主車輪に比べて、直径、幅を増し、タイヤ空気圧を少し低くした、低圧車輪を装備可能にしていた。写真上の浜松陸軍飛行学校機が標準（覆は取り外している）、下の飛行第一戦隊機が低圧車輪で、これは軟弱地盤にめり込みにくく、凸凹地面の衝撃も緩らいだ。

抗源となって速度性能向上の妨げになった。

ならば離陸した後に、降着装置を胴体、もしくは主翼の内部に引き上げて収納してしまえばよいではないか、という考えが出るのは必然で、1920年代末期になると、引込式降着装置の研究が欧米各国で行なわれるようになり、やがてそれを実現した新型機がポツポツと登場した。

その兆候は、まず民間航空界に現れ、1930年5月に初飛行したアメリカ・ボーイング社製「モノメール」郵便機が、実用機として世界最初の引込式降着装置を採用した。軍用機としては、

↓↘1930年代前半期の各国引込式主脚導入機にみられた、ハンドル廻しの手動出し入れ機構の例。図の九六式陸攻の場合はハンドルを約100回、右廻しにすると傘歯車と回転伝達軸、および螺歯車を介して左・右主脚の作動槓桿に回転が伝わり、脚柱上部の傘歯車を廻し、主脚は後方に引き上げられる。所要時間は約55秒と取り扱い説明書に記されている。主脚を出すときは、ハンドルの下方にある踏棒を踏んでロックを外し、ハンドルを静かに左廻しに約100回廻す。脚出し入れ操作は120kt（222km/h）以下の速度域で行なうべし、とも記されている。

三菱 九六式陸上攻撃機の手動式引込脚

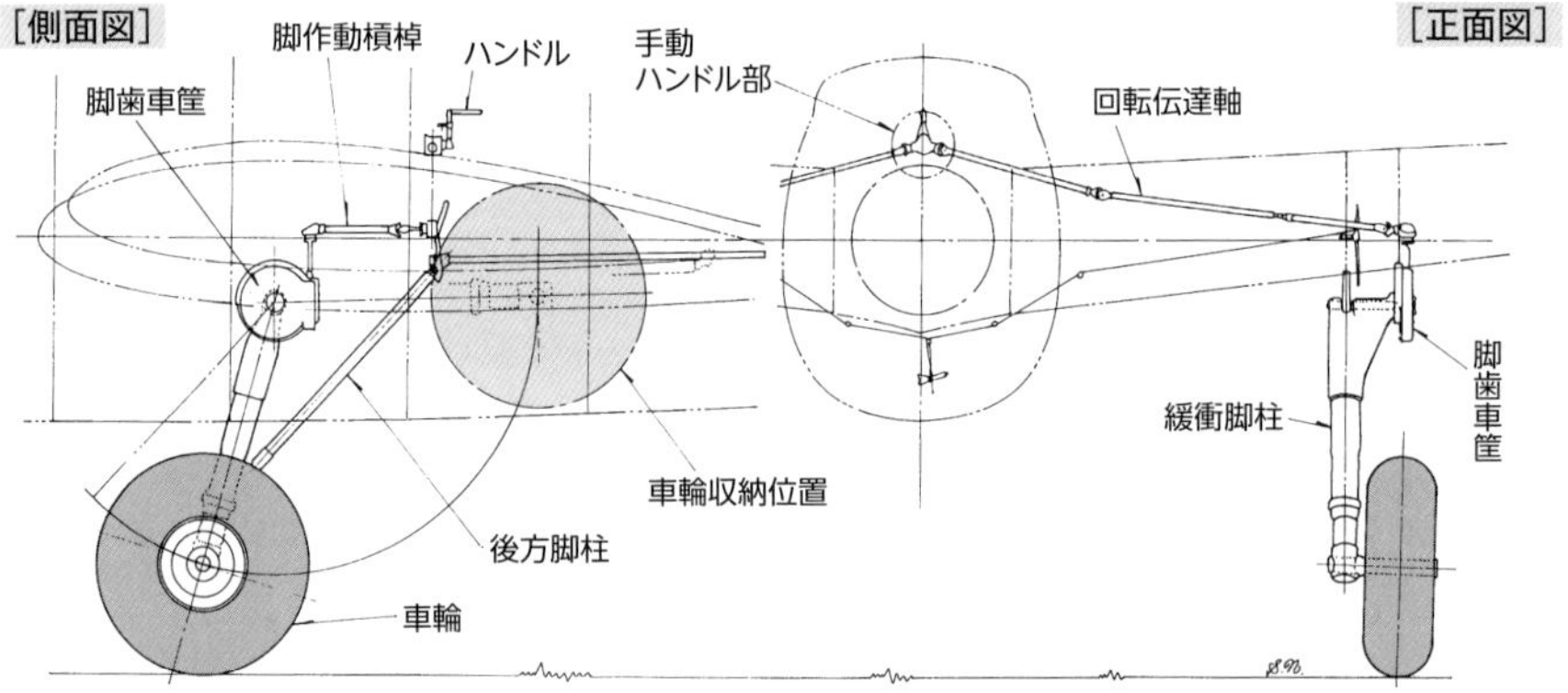

→三菱の八試特殊偵察機を母胎に開発され、海軍機として最初に引込式の主脚を採用した同九六式陸上攻撃機。緩衝機構は、もちろん空気／油式だったが、その出し入れ操作は乗員がハンドルをぐるぐる廻して行なう人力頼みのシロモノだった。

翌年春に完成したアメリカのダグラス社製Y1B－7双発爆撃機が最初の導入例である。

こうした引込式降着装置の情報は、やがて日本にも入ってきた。昭和8（1933）年4月に完成した海軍の三菱 八試特殊偵察機が、我が国最初の導入例となった。本機は翌9年度に改めて九試中型攻撃機として試作発注され、後に九六式陸上攻撃機に発展したことは承知のとおり。

陸軍における引込式降着装置の導入は、海軍より少し遅れて昭和11（1936）年10月、中島がフランス人技師の指導を仰いで完成させたキ一二試作戦闘機が先鞭をつけたものの、国産の実用機としては翌12年12月制式採用の、三菱九七式重爆撃機まで待たねばならなかった。

この当時の引込式降着装置の出し入れエネルギーは、まだ油圧や電動モーターによる方式が広範に普及しておらず、歯車と回転伝導槓桿《こうかん》でつながった脚を、乗員室のハンドルを何十回もエッサエッサと廻して行なう〝マニュアル操作〟が多かった。P．64にその一例として九六式陸攻のそれを示す。

しかし、ハンドル操作による出し入れは、いざ実戦となり一刻を争う状況下ではとうてい好ましい方法とはいえず、やがて油圧をエネルギーとする方式が普及した。

この油圧エネルギーによる出し入れを最初に導入した機体の一つが、ドイツはハインケル社の高速旅客機He70で、1932年12月1日に初飛行し、当時の列強国戦闘機をも凌ぐ377km／hの最大速度を出して、世界中の航空関係者をアッと言わせた。

昭和10年代に入り、引込式降着装置は新型機の必須条件となった感もあっ

↓新しい油圧式引込脚、とりわけ単発機のそれの設計に試行錯誤していた日本の航空機メーカーにとって、得難い教材となったアメリカからの輸入機、ヴォートV-143試作戦闘機。九七式艦攻、零戦、一式戦などは、本機の降着装置を参考に設計がまとめられた。機首まわりの処理なども、零戦、一式戦は大いに参考としている。

たが、日本の各航空機メーカーは独自の油圧引込式をなかなかモノにできないでいた。

この窮状を救ったのが、昭和12年に陸、海軍がアメリカから研究用に共同して1機購入した、ヴォート社製V－143試作戦闘機である。

同機は全金属製応力外皮構造の機体設計もさることながら、諸艤装面の処理法もきわめて優れており、とりわけ油圧引込式降着装置のまとめ方は、官、民技術者に深い感銘を与えた。

昭和10年度の十試艦攻（のちの九七式艦攻）で初めて油圧式引込主脚を採用した中島は、試作1号機のそれが不満足な出来だったところ、V－143を参考に改修を施し、どうにか実用に耐えるレベルまでもっていき、三菱機との競争試作に勝利する大きな決め手の一つとすることができた。

そして同12年度に相次いで試作発注された、海軍の十二試艦戦（のちの零戦）、陸軍のキ四三（のちの一式戦『隼』）は、最初からV－143の降着装置を充分に検討して設計に入り、それぞれが最初の油圧引込脚戦闘機として、大きな名声を得ることに成功するのである。

もっとも、零戦と一式戦は航空母艦と陸上基地という、運用条件に根本的な違いがあり、同じV－143を参考にしたといっても設計には明確な違いがある。

それは、充分な滑走距離が得られる陸上基地と異なり、空母の狭い飛行甲板を離発着する零戦は、着艦の際に三点姿勢（左、右主車輪と尾輪を同時に接地した状態）で落下させるように降りるため、それだけ降着装置に大きな負荷がかかる。したがって、その負荷に耐えうる構造と強度が要求され、尾脚も含めた外観はかなり趣を異にしていた。当然、脚柱内の緩衝部に注入される空気圧は零戦の方が高めに設定してある。P.67、68図に両機の主、尾脚構造図を示したので、参照されたい。

なお、当時のニュース映画などに登場する零戦、一式戦の離陸シーンを見

海軍最初の引込式主脚を持つ戦闘機となったのがこの零式艦上戦闘機。写真は初期の主力型となった二一型。本機は、参考としたV-143に倣って尾脚も引込式にしており、設計陣の強い意気込みを感じる。

→零戦の、油圧引込式主脚のメカニズムを示す。V-143のそれをじっくり検証しただけに、三菱技術陣の初挑戦とは思えない、ソツのない仕上がりである。収納時に車輪の下半分を覆う胴体側の覆は、独自の開閉装置は持たず、車輪の出し入れの際にアームを引っ掛けて開閉する。高い強度が要求される脚柱は、発動機取付架と同じく、クロームモリブデン鋼によって造られるのが普通で、海軍機の場合は、車輪を含めて岡本工業(現オカモト)や、横浜護《ご》謨《む》など、それぞれの専門材料メーカーに発注して製造した。

零戦の主脚引込機構

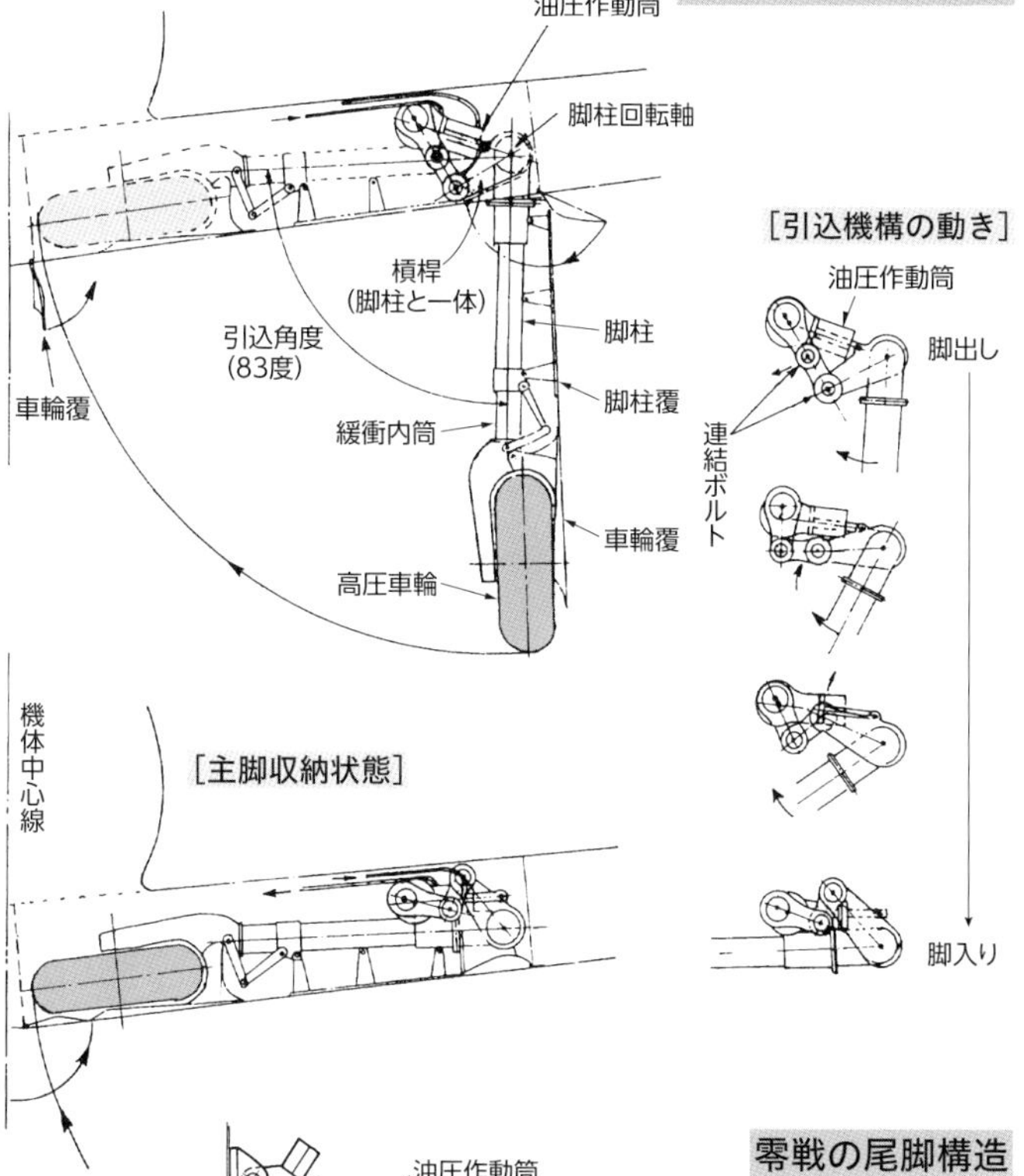

零戦の尾脚構造

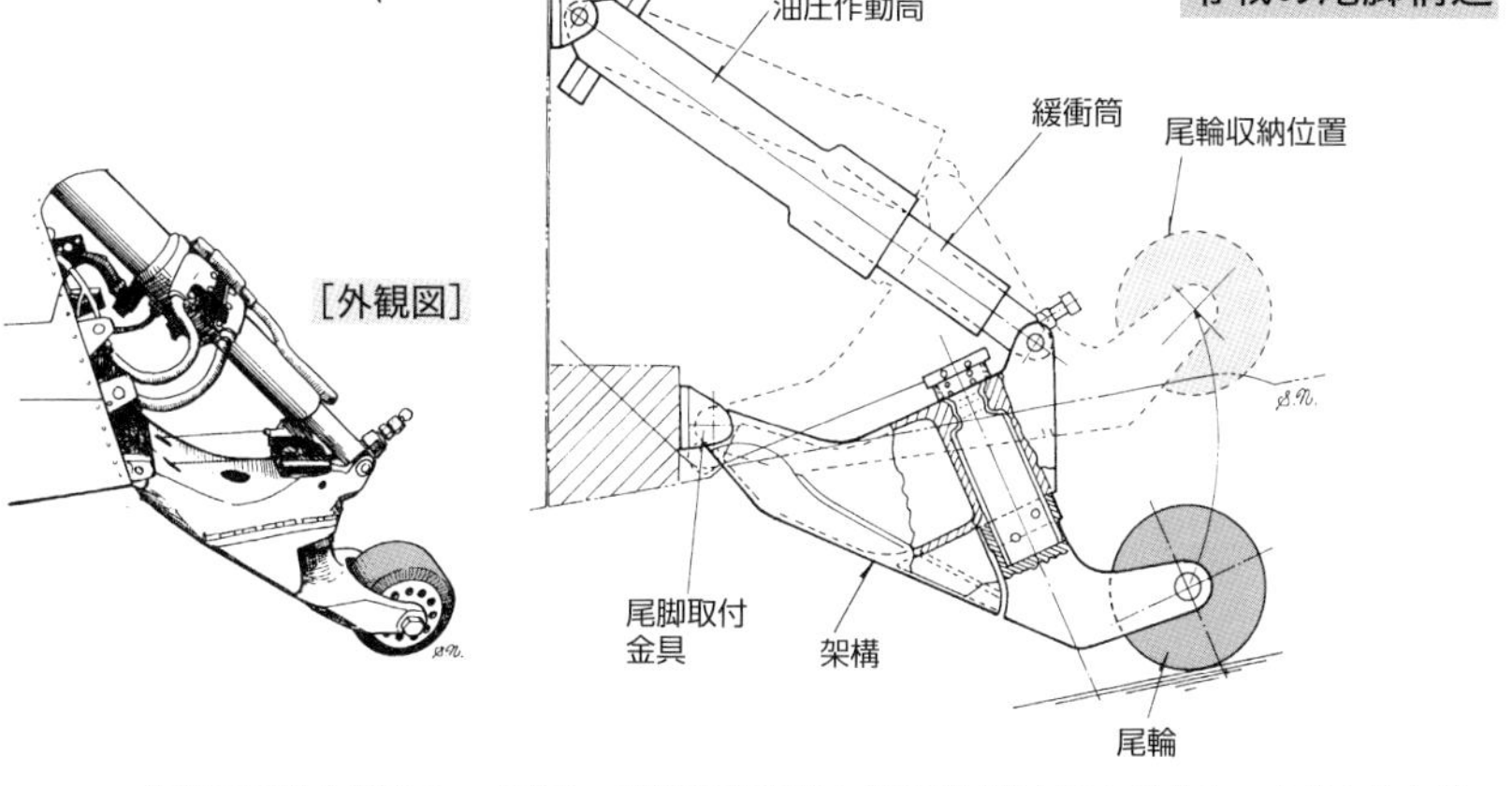

海軍の零戦と陸軍の一式戦は、運用場所が艦上(航空母艦)と陸上基地という根本的な違いもあって、降着装置のまとめかたも異なる(次ページの一式戦の図参照)。上図は零戦の尾脚で、落下式着艦に耐えられるよう、尾輪はジュラルミン鋳造製の強固な「架構」と呼称したパーツに固定され、固有の油圧作動筒によって出し入れされた。通常の空気タイヤでは落下式着艦の衝撃でパンクする恐れがあるので、尾輪はムクのゴム製ソリッド・タイヤを用いている。

一式戦闘機一型『隼』の主脚・尾脚構成

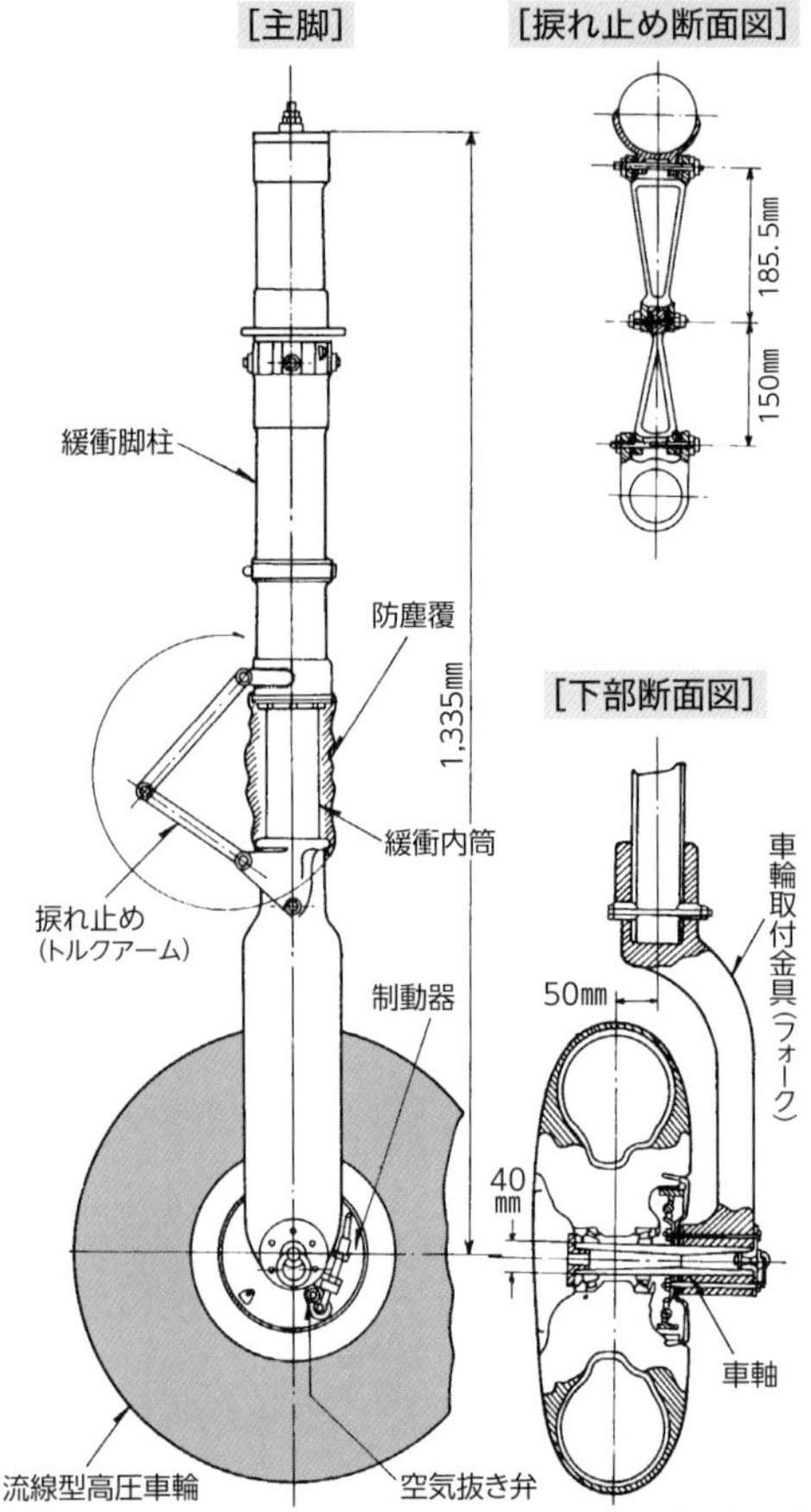

←↓陸軍一式戦の主、尾脚。主脚の緩衝脚柱はともかく、車輪の取付金具(フォーク)は、零戦のそれに比べて華奢な造りで、車輪は直径、幅ともに少し小さい(陸軍は、このタイプの車輪を「流線型高圧車輪」と呼称した)。タイヤ内の空気圧は、零戦と同じ3.5気圧である。尾脚も、1本の細い脚柱にソリッド・ゴムタイヤの小車輪を付けた固定式で、脚柱上部に連結する緩衝筒も、やや古めかしい空気/油式と発條(コイル・バネ)の併用である。

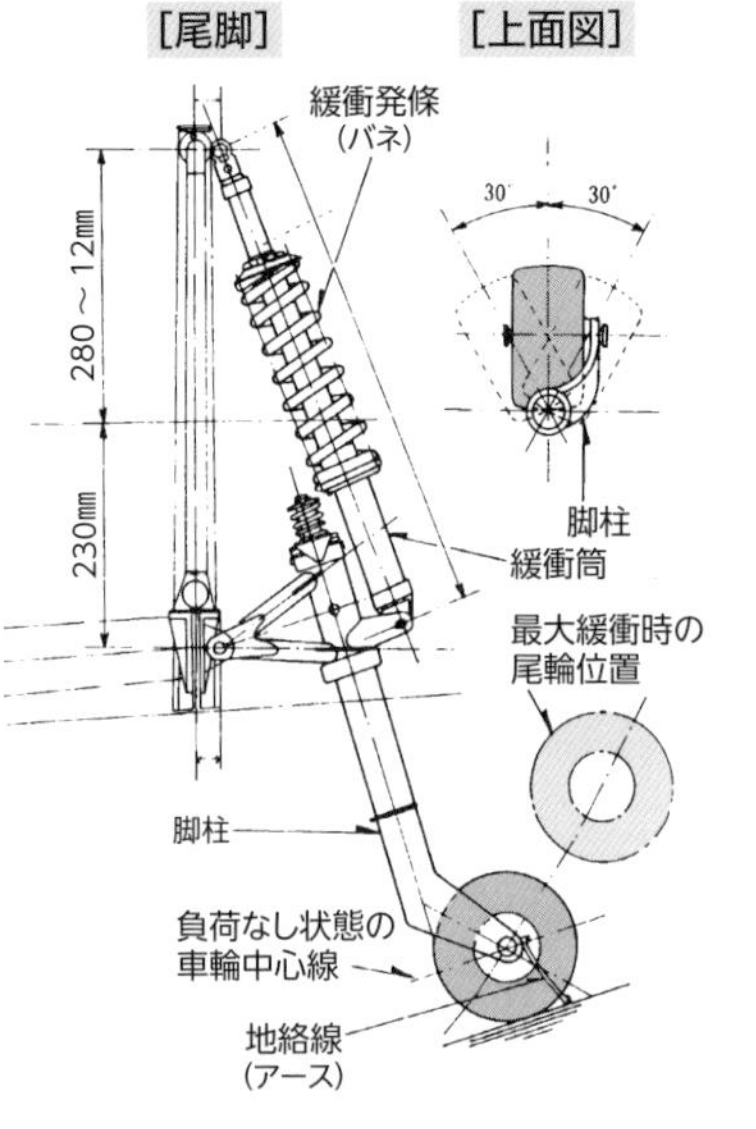

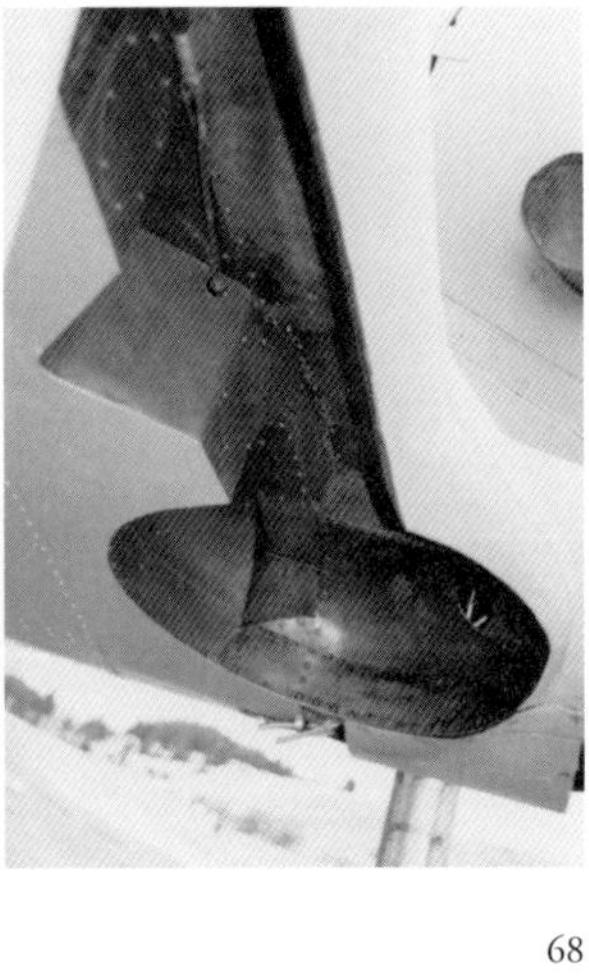

→一式戦一型『隼』の右主脚および、その収納部(写真は復元機でタイヤはオリジナルではない)。零戦とほぼ同時期に開発され、同じくV-143を参考にまとめられた脚だが、艦上機の零戦とはやはり趣を異にしている。車輪を覆うカバーはなく、収納時も車輪は露出していた。収納部にメカニズムらしきものはなく、単なる溝のみといってよい。

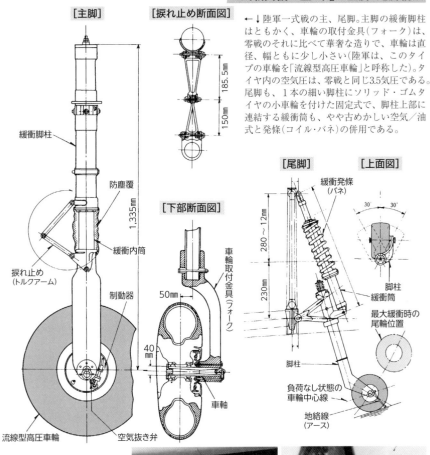

零戦も含め、日本軍用機の制動器（ブレーキ）は、大半が「ドラム式」と呼ばれるタイプを用いた。このタイプは、車輪のホイール内部に２枚の制動帯を組み込み、ブレーキ・パイプを通して送られる油圧により外側に広がって、回転する車輪の金属製内環に接触、その摩擦によって制動するという仕組みである。図は零戦のもの。

日本軍用機の制動器（ブレーキ）構造例

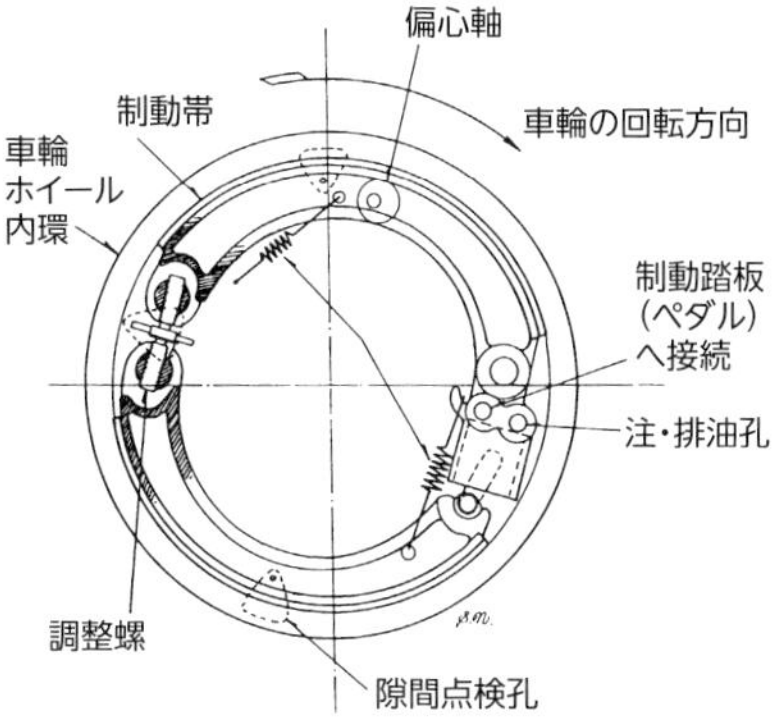

↓図は日本軍用機の引込脚としては、革新的ともいえる電動モーターによる引込機構を採用した、海軍の一式陸攻の主脚を示す。ハンドルの代わりに電動モーターを使った以外は、九六式陸攻のそれとメカニズム的な変化は少ない。大きな違いは九六式陸攻とは反対に、車輪を前上方に引き上げる点。緩衝脚柱が車輪を挟んだ２本立てになったのは、九六式陸攻の８トン（二型）から9.5トン（一一型）に増加した機体重量対策である。

一式陸攻の電動式引込脚のメカニズム

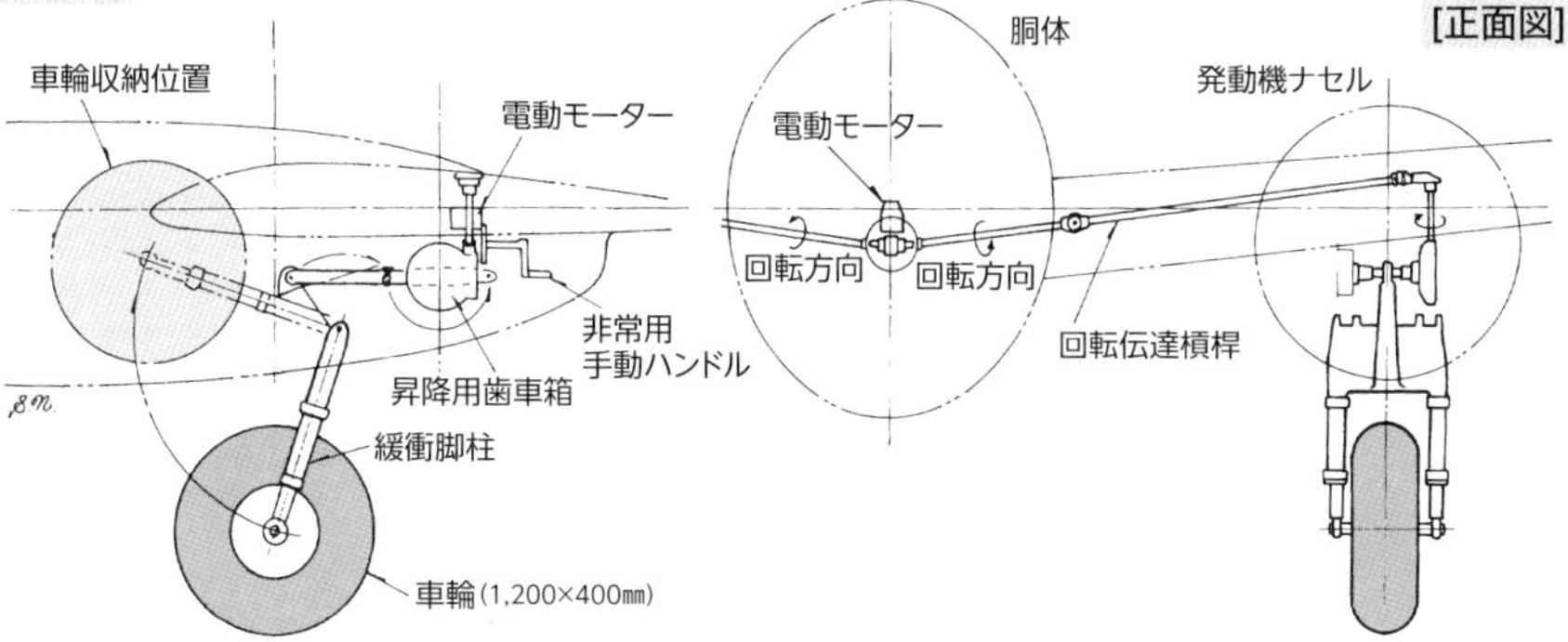

→零戦とほぼ併行して開発されながら、日本では前例のない電動モーター式揚降機構の引込脚を採用した、海軍の三菱 一式陸上攻撃機。不満はあったものの、とにかく試行錯誤でなんとか実用できるものに仕上げた三菱技術陣の功績は、称えてよいだろう。

ると、左右の主脚は同時ではなく、少し時間差をつけて収納されることに気づく。これはメカニカル的に意図したことではなく、油圧装置をできるだけ小型にまとめ、重量増加を防ぐようにしたため、左右同時に収納する油圧力がなかったことに他ならない。

電動式引込機構の出現

降着装置に限ったことではないが、日本の油圧装置は工業技術基盤の未熟のせいで、故障、油漏れ、圧力の不均等など信頼性に欠けたことは否めなかった。それをカバーする手段の一つとして検討されたのが、電気モーターによる作動方法である。

この方法を、降着装置の出し入れエネルギーに利用した最初の機体が、昭和12（1937）年、海軍から三菱に試作発注された十二試陸上攻撃機、すなわち後の一式陸攻である。

機構の概略はP．69図に示した通りで、胴体内部の主翼後桁位置の床下に0．6馬力の電動モーターが設置されており、これに接する大歯車と、左右に伸びる回転伝達軸、さらには左、右主脚に接する歯車をつなぎ、その回転によって脚の揚降を行なった。

モーターの能力が小さいため、尾脚の揚降用には別途もう1個のモーターを胴体後部に備え、専用エネルギーにした点に注目。前作の九六式陸攻が、ハンドル廻しの手動で主脚の揚降を行なっていたことを考えれば、一式陸攻の電動システムは格段の進歩と評価すべきであるが、モーターの能力不足など必ずしも満足のいくものではなかったようだ。ちなみに、一式陸攻はフラップの上げ下げも別途電動モーターにより行なった。

一式陸攻に続いて、電動モーターによる降着装置揚降法を採ったのは、同じ三菱の十四試局地戦闘機、すなわち後の『雷電』である。本機の場合は単発機ゆえに主脚も軽いせいか、操縦室床下に設置した一つの電動モーター（12ボルト、0．8馬力）で、左、右主脚、尾脚の揚降を賄っている。

同じ電動モーターによる降着装置揚降法を採った、ドイツ空軍のフォッケウルフFw190単発戦闘機の場合は、左右主脚それぞれに専用の電動モーターが付いており、日・独の技術ポリシーの違いがわかる。素人目に見ても、筆者にはFw190の方に一日の長を感じる。

しかし、油圧式に代わる新しい揚降システムと期待された電動式も、一式陸攻、雷電以外の日本軍用機にはほとんど普及しなかった。それは電動システム自体の能力、信頼性にも少なからぬ問題があったこともあるが、やはり使い慣れた油圧式の方が安心できたということだろう。これは日本に限らず第二次大戦期までの各国に共通した事態だった。

ところで、引込式降着装置と一口に言っても、単発機と双発以上の大型機では、その収納方法に明確な違いがあった。

単発機では、大抵の機が左、右主翼

下面に主脚を取り付け、内側に引き込むようにしたが、欧米各国ではドイツ空軍のＢｆ１０９戦闘機、イギリス空軍のスピットファイア戦闘機のように主翼の構造上の制約などから、外側に引き込む変則的手法を採った例もある。

また、アメリカ海軍の艦戦部門を独占したグラマン社の歴代機は、時代とともにその手法を変化させていき、メカニカルな面白さを提供していた。零戦のライバル、Ｆ４Ｆまではなんと胴体に主脚を取り付けて、上方に引き込み、次のＦ６Ｆでは左、右主翼に主脚を付けたものの、収納時は後方に引き上げ、その際に車輪を90度回転させて水平状態にするという凝ったメカニズムだった。

そして最後のレシプロ艦戦Ｆ８Ｆは、長い主脚を主翼内側に引込むため、収納時に脚の上部を折り畳み、全長を短縮してから引き込むという、ひとクセのある手法を採っている。

日本軍用機の中にも、主脚を短縮してから引き込むという手法を採った単発戦闘機があった。陸軍の川崎キ六〇試作戦闘機と、海軍の川西 局地戦闘機『紫電』である。だが当時の日本の工業技術力では、このような凝ったメカニズムを実用性の高いレベルにまとめるのは難しく、両機とも評価は芳しくなかった。とりわけ紫電は実用機として配備された後、この複雑で故障の多い主脚が深刻な足枷となり、ついには全面的に再設計されることになった。脚が長くなる原因だった主翼取り付け位置を胴体中ほど（中翼）から下部（低翼）に改めるなど、改良を加えて『紫電改』に生まれ変わったのである。

一方、双発以上の大型機では、左、右主脚は取り付け部の発動機ナセル内に収納する方式を標準にしたが、前、

零戦のライバルとして、太平洋戦争中期まで激闘を演じた、アメリカ海軍の艦上戦闘機グラマンF4Fワイルドキャット。同じ艦上機でも、複葉時代の慣習をそのまま踏襲したＦ４Ｆの主脚配置は、機構的にも実用上からも好ましくなく、この面では零戦に比べてはっきりと劣った。その出し入れエネルギーもパイロットのハンドル廻しによる“人力”である。

後方いずれに引き上げて収納するかは取り付け位置とナセル内のスペース配分等により決まった。

大戦後期の降着装置

日本軍用機に限ったことではなく、航空揺籃期を除き、第二次大戦期までの各国ピストンエンジン機の降着装置は、ほとんど「尾輪式」だった。つまり左、右の主脚に、胴体後部下面に付く尾脚、という構成である。

だが、1930年代後半に至り、アメリカ陸軍の新規開発単発戦闘機、双発、四発爆撃機などの各分野で、尾脚のかわりに機首下面に前脚を配置する、いわゆる「前輪式」の降着装置を採る機体が相次いだ。

確かにB－25、B－24、B－29といった双発以上の大型爆撃機が、その機体重量の大きさゆえ、着陸時の機体にかかる負荷を考えて前輪式にするメリットは理解できる。

尾輪が取り付く胴体後部は構造材の

→［右2枚］ほぼ同率縮尺で捉えた、海軍の川西 局地戦闘機「紫電」一一型（上）と、改良型の同二一型“紫電改”の正面写真。中翼配置に起因する長い主脚を、伸縮式の複雑な機構にした一一型は、折損事故、故障、整備の煩雑さに悩まされ、結局は二一型の低翼配置への改設計に合わせ、ノーマルな主脚構造に改められ、ようやくその悩みを解消することができた。

強度が高くなく、大重量機になると、着地の衝撃に耐えるために尾脚、構造材ともに強度を高める必要があるが、前輪式にすると、ある程度強度が高い胴体前部なので、構造材は前脚取り付け部周囲の補強だけで済むからだ。

また、尾輪式のように大きな機首上げ姿勢で着陸するわけではないので、前脚への衝撃は尾脚ほど大きくない。さらに爆撃機、輸送機にとって重量積載物の荷役作業時に、地上姿勢が水平に近い前輪式機は万事好都合である。

しかし、Ｐ－39のような単発の小型戦闘機まで、敢えてコスト高になるだけと思える前輪式を採ったのは、設計技術者の〝見栄〟と言えなくもない。なぜなら尾脚だと単に細い脚柱と車輪だけで済むが、前脚は主脚に準じた構造（緩衝装置も含めて）、それに出し入れ機構も必ず付けねばならないからだ。当然、取り付け部構造材の補強に伴う重量増加のリスクも、大型機より高い割合となる。

総じて前輪式機は、着陸アプローチの際、大きな機首上げ姿勢をとらなくて済み、前方視界が広くなって着地は容易である。だが、反動として着陸速度は速くなり、着地後の滑走距離も長くなった。これは空母の飛行甲板という限られたスペース内に確実に着艦する必要がある艦上機にとっては大問題であり、艦上機はフックを制動索に引っ掛けるためにも尾輪式が重大要素といえた。前輪式は、尾輪式に絶対勝るというものでもないのである。

ただし、この前輪式降着装置は大戦末期に登場した革命的なジェット軍用機にとっては不可欠の要素となる。その後、今日に至るまで全ての航空機の〝定番〟形態となったのである。理由は簡単、従来までの尾輪式では機体姿勢が斜めになるためジェットエンジンの排気が地面に当たってしまい、推力ロスを招くばかりか、滑走路をも傷めてしまうからであった。

日本軍用機の中で、最初に前輪式を採用したのは、昭和13（１９３８）年に海軍が中島に試作発注した四発の十

↑海軍最初の大型四発陸上機でもあった、中島 十三試大型陸上攻撃機（のちの「深山」）の試作1号機。アメリカのダグラスDC-4旅客機を参考に設計したことで、日本軍用機として最初の前輪式降着装置を持つ機体にもなった。ただ、中翼配置に変更したため脚柱は前、主脚ともにDC-4のそれに比べてそれぞれ200㎜長くなった。

三試陸上攻撃機（後の『深山』）だった。これは初めての四発機ということもあるが、設計の参考にしたアメリカからの輸入機ダグラスDC－4E旅客機が前輪式だったからに他ならない。しかしDC－4Eは、重量過大と整備性、経済性の悪さから失敗作の烙印を押された機体であった。

当然の帰結というべきか、十三試陸攻は失敗作となり、前輪式国産機の実用例にはならなかったが、中島が本機に続いて開発した十八試陸上攻撃機『連山』は、独自設計の前輪式を採っており、時期を同じくして開発着手された驚異の「エンテ型（前翼型）」単発戦闘機、九州 十八試局地戦闘機『震電』も、その発動機／プロペラ位置からして前輪式が必然になった。

起死回生の望みを一身に背負い、敗戦直前に初飛行した日本最初のジェット軍用機、海軍の中島 特殊攻撃機『橘《きっ》花《か》』も、当然のごとく前輪式を採ったが、開発を急ぐために主脚は零戦の、前車輪は『銀河』の尾輪を、それぞれ

→結果的に性能不足などを理由に輸送機に転用され、わずか6機の製作で打ち切られた十三試陸攻の雪辱を期し、中島が昭和18（1943）年に開発受注し、同19（1944）年10月に試作1号機が初飛行した「試製連山」。独自設計の前輪式降着装置を備えていたが、戦局の悪化により、4号機をもって試作中止となった。写真はその4号機。

→胴体後部に発動機を固定し、推進式のプロペラで飛翔するという、前例のない「前翼型」形態の単発戦闘機として開発された「試製震電」。必然的に前輪式降着装置とせざるを得ず、それも異様に長いものとなった。写真は試作1号機で、結局、敗戦までに完成したのは1機のみに終わった。

転用する苦し紛れの対処だった。

そのツケは、二回目の試飛行時にまわってきた。離陸を断念したパイロットが、滑走停止させようとブレーキを踏んだものの、零戦に比べて全備重量が８００キロ以上も重い橘花には、その主脚ブレーキの制動能力はひ弱すぎ、機体はそのまま木更津基地の滑走路端を越えて海岸まで突っ走り、砂浜に擱座して大破、すべてが夢と消えるのである。結局、新時代の定番といえる前輪式降着装置は、日本軍用機に最後まで根付くことはなかった。

なお、引込式降着装置が当たり前になった大戦後期の実用機、試作機の中には、それぞれの理由により、敢えて固定式を採った機体があった。

よく知られるところでは、陸軍の異色の対潜哨戒機、国際三式指揮連絡機がその筆頭だろう。これは開発当初の目的だった地上軍支援任務、いわゆる〝空飛ぶジープ〟に徹するために、ドイツ空軍のフィーゼラーFi１５６『シュトルヒ』に倣った結果である。

→日本海軍が最後の望みを託した、特殊攻撃機「試製橘花」の試作１号機。敗戦４日前の昭和20年８月11日、２回目の試飛行に出発する直前の撮影である。ジェット機の定番ともいえる前輪式降着装置を採っていたが、そのパーツの多くは零戦、銀河の転用だった。

→地上軍支援という開発目的から、最前線の不整地における離着陸を考慮し、独特の固定主脚を採用した陸軍の三式指揮連絡機。しかし、その就役が戦争末期となり当初の運用場面は失われ、陸軍機としては異色の対潜哨戒機に転用された。

最前線の不整地でも容易に離着陸できるよう、主脚は思い切った〝ガニ股〟スタイルを採り、大相撲力士がグッと足を踏ん張ったような姿は、多少の荒地くらいは屁とも思わぬ気概を感じる。しかし、この健脚も、戦況の悪化により本来の持ち味を活かすことなく、まったく〝畑違い〟の対潜哨戒機への転用によって埋もれてしまった。

また、技術的には論評するにも値しない対象だが、戦争末期の断末魔の中で生まれた、陸軍の体当たり特別攻撃専用機、中島キ一一五『剣（つるぎ）』も、日本軍用機の降着装置を語る上で、一言ふれてもよいだろう。

生還の可能性がない上に、完全なる消耗兵器ということもあって、主脚は主翼の下に着脱式に固定し、離陸後は〝用済み〟、とばかりに切り離してしまうのである。したがって降着装置という名称は、当てはまらないかもしれぬ。

戦争の最後になって、キ一一五のような技術的には〝邪道〟ともいえる機体が生まれたというところに、日本航空史の負の一面を見る思いがする。

↑↓追い詰められた日本が、戦争末期に登場させた“断末魔”の兵器のひとつ、陸軍の自爆攻撃専用機、中島 特殊攻撃機キ一一五「剣」。緩衝機構もない粗末な鋼管骨組の主脚は、離陸後に投下する。しかし、草地の飛行場では滑走中に激しくバウンドして危険なため、下写真の如く、四式重爆の尾脚緩衝機構を流用した主脚も一部造られたが、幸いにも実戦には使われずに敗戦となった。

第四章　操縦室の発達史

全身を気流に晒した揺籃期

航空機の歴史において、人間と機体の接点でもある操縦室は、機体の性能、機能を発揮するための重要部位であり、航空機の技術、戦術面の発達の様子を象徴する一面を有している。

明治時代末期に草創された日本の陸海軍航空は、大正10（1921）年代に至るまでの揺籃期の保有機の大半を、欧米航空先進国からの輸入機、もしくはそれらの国産化（国内生産）機で賄っていた。

陸軍最初の輸入機であるフランス製のアンリ・ファルマン機は、操縦士が複葉の下翼の中央部にただ座るだけで周囲を囲うものは何もなく、操縦室と呼べるような構造ではなかった。ゆえに操縦士は、飛行に際して全身に気流を浴びた。

やがて「1912年型」と呼ばれるモーリス・ファルマン機が輸入されると、乗員2名がタンデム（縦列）式に

アンリ・ファルマン1910年型飛行機

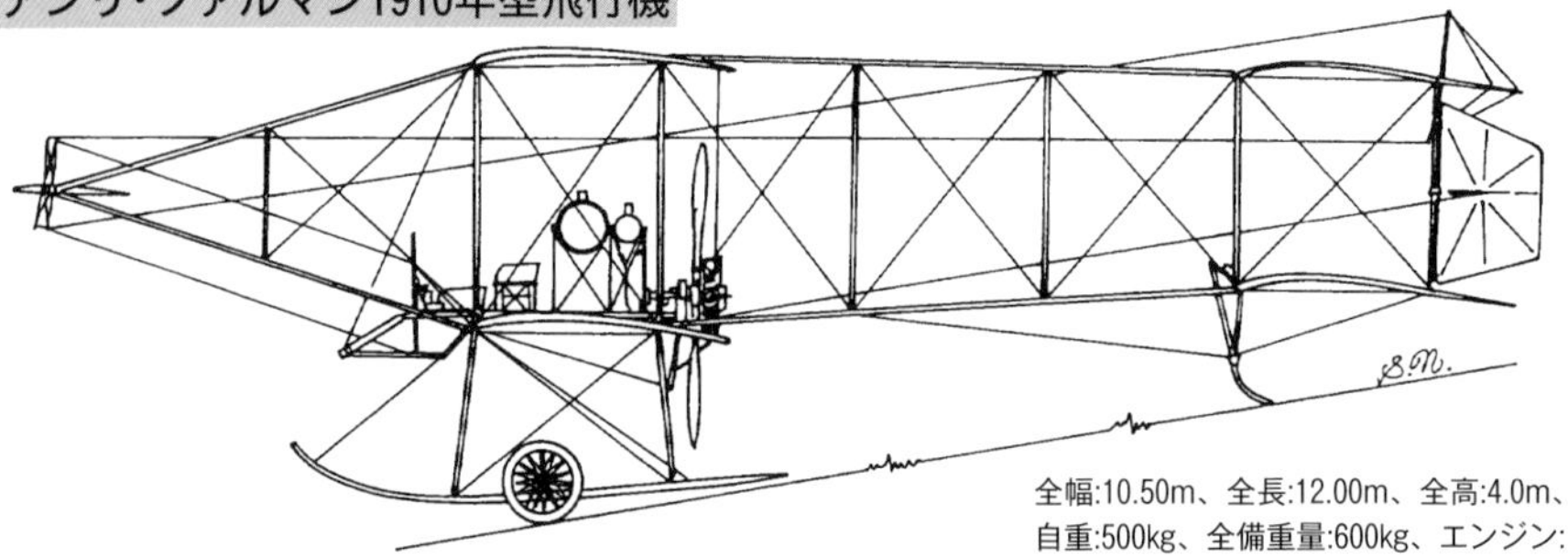

全幅:10.50m、全長:12.00m、全高:4.0m、自重:500kg、全備重量:600kg、エンジン:ノーム空冷回転式星型7気筒50hp×1、最大速度:65km/h、航続時間:4時間(最大)、乗員:2名。

←明治43（1910）年12月、日本最初の公式飛行記録を成し遂げた陸軍の徳川好(よし)敏(とし)工兵大尉が、フランスのアンリ・ファルマン飛行学校で操縦教育をうけていた当時の写真。アンリ・ファルマン1910年型飛行機に搭乗したフランス人教官と、後方の徳川大尉は、何の囲いも無い下翼の中央上面に設けた簡易座席に座っただけで、操縦室と呼ぶべき設備はまだ見当らない。のちに陸軍が輸入して公式飛行に使用したのも、この1910年型と同じ型式だった。徳川大尉の後方に燃料、潤滑油タンクがあり、その直後にルノー50hpエンジンと推進式に付けた2枚プロペラがある。

座る下翼中央に、キャンバスで囲った操縦室らしきものが造られ、その原型ができた。しかしこの簡易操縦室も下半身が隠れる程度の高さしかなく、乗員は上半身を気流に晒したまま飛行した。

第一次大戦による大きな進化

大正3（1914）年に、欧州で第一次世界大戦が勃発すると、航空機はたちまち兵器としての地位を確立。平時とは比べものにならないスピードで急速な進化を遂げた。各種軍用機は、従来のフレーム構造むき出しの構造ではなく胴体を有するようになり、上下翼（複葉機の場合）間中央付近に乗員座席区画を設けて諸装置を設置した。

周囲は羽布《はふ》、合板または金属外鈑で覆われるようになったが、風防（キャノピー）はまだ考案されておらず、乗員は肩から上を気流に晒す状態だった。

もっとも、1915年に入り単発戦闘機の最大速度が150km／h前後に

モ式四型機

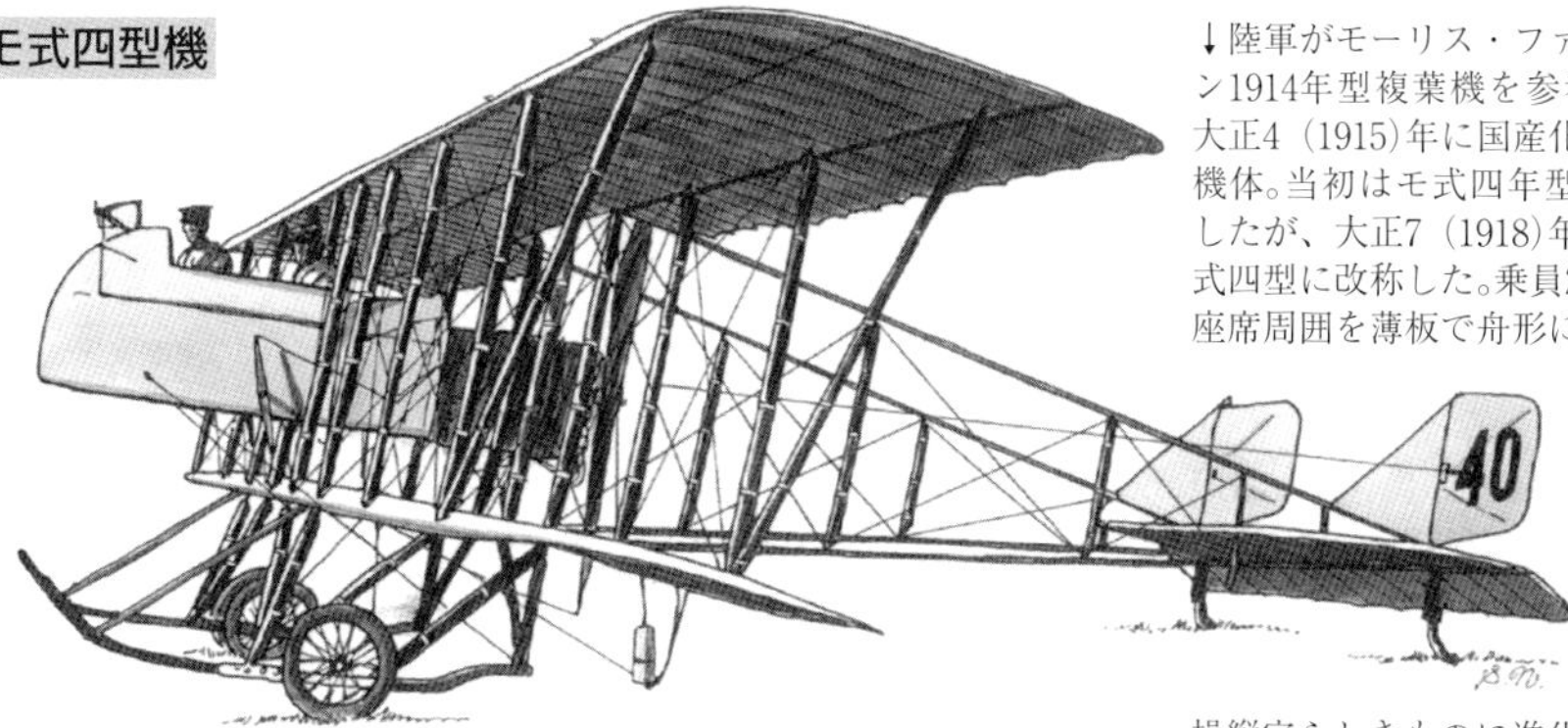

↓陸軍がモーリス・ファルマン1914年型複葉機を参考に、大正4（1915）年に国産化した機体。当初はモ式四年型と称したが、大正7（1918）年にモ式四型に改称した。乗員2名の座席周囲を薄板で舟形に囲い、操縦室らしきものに進化した。

ソッピース・パップ単座戦闘機の操縦室

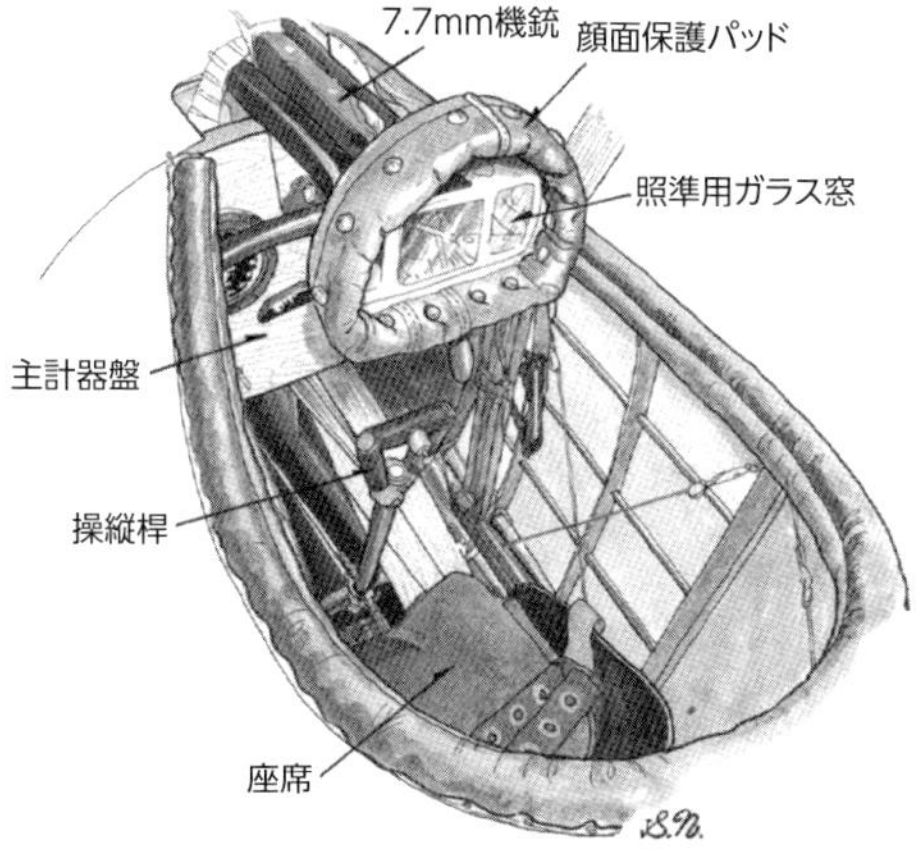

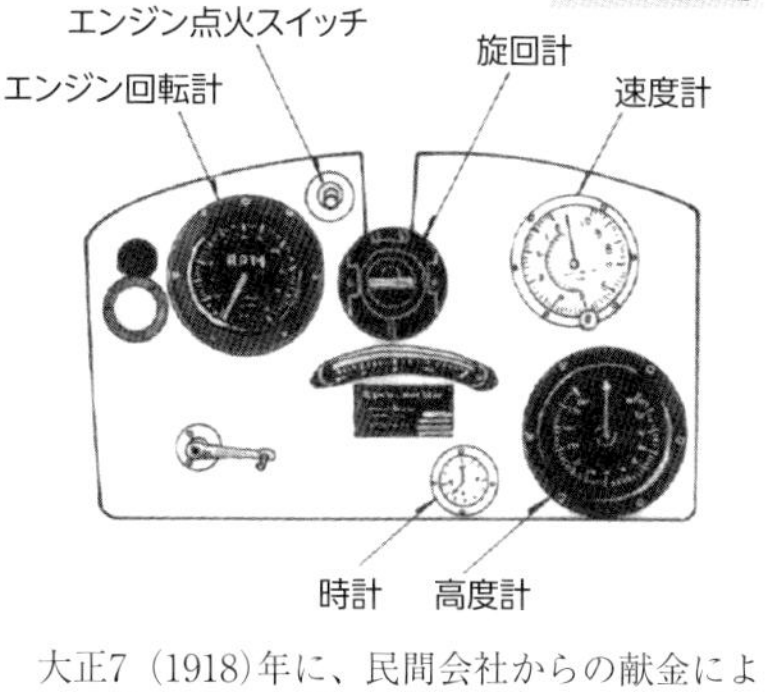

大正7（1918）年に、民間会社からの献金によって陸海軍がイギリスから輸入したパップは、第一次大戦前期のイギリス航空隊の主力戦闘機だった。当時の単発戦闘機の典型的な操縦室で計器類も含めて必要最少限の装備。

向上すると、操縦士が飛行中の風圧に耐え難くなったため、操縦室の正面上部に遮風板（金属フレームにガラスをはめ込んだもの）を設けることが常套化した。

　この頃になると、操縦室内部にエンジン回転数、燃料残量、飛行状態を知るための各種計器（回転計、燃料計、速度計、高度計、旋回計など）が常設されるようになり、操縦室の高機能化が加速した。黎明期のように五感頼みではなく、目視で機の状態を把握できるようになり、飛行の安定、安全性への配慮も高まっていったのである。

　操縦装置については、基本三舵のうち補助翼と昇降舵は操縦桿の前後左右の動きで、方向舵は両足によるフットバー（踏棒）の踏み込みでそれぞれ操作するのが、機種を問わず共通の操作方法だった。

純国産機の普及と操縦室の充実

↑フランス人技師の指導を仰いだとはいえ、陸軍最初の独自設計による制式採用戦闘機となった、中島 九一式戦闘機。昭和3（1928）年から同9（1934）年までに約450機つくられた（試作機含む）。

九一式戦の操縦室正面

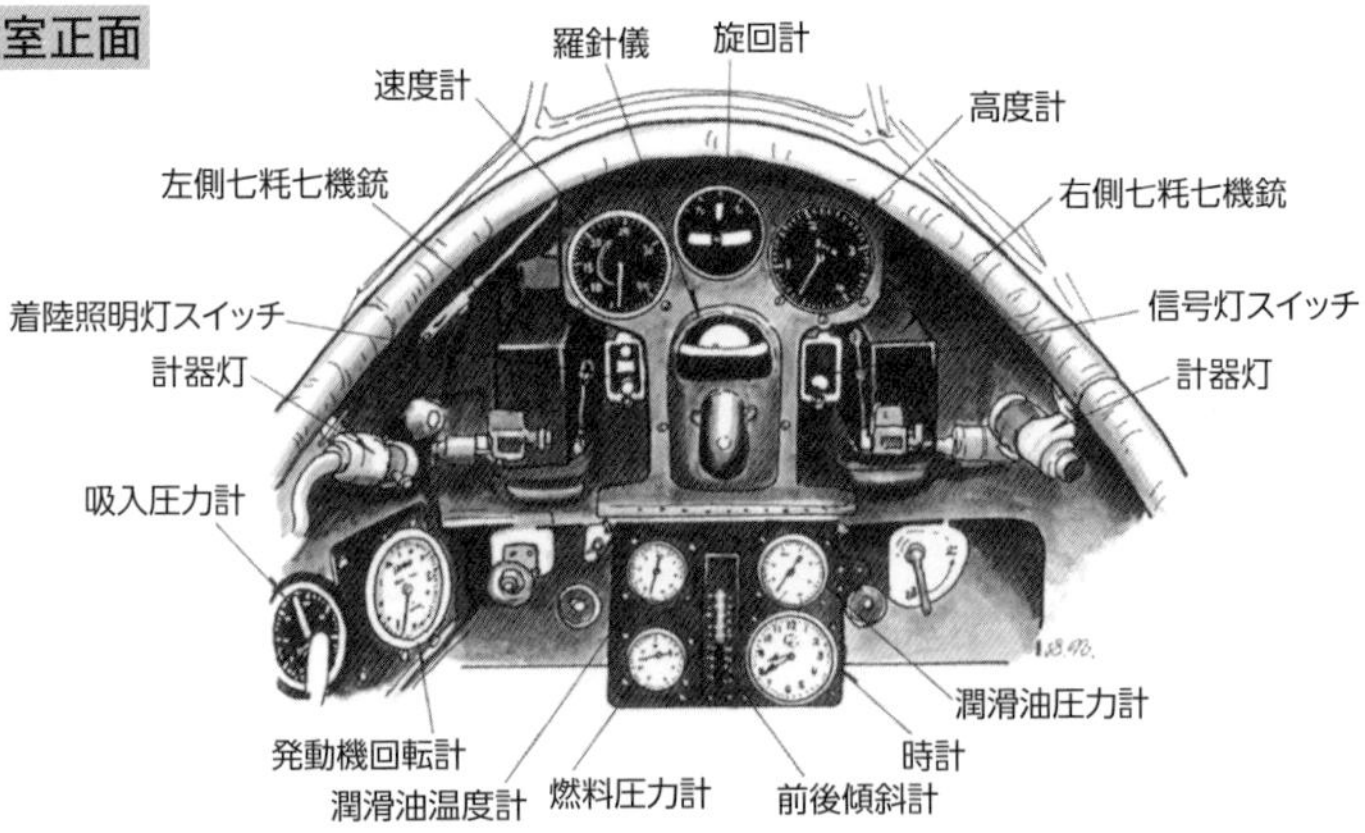

→前頁のパップ輸入当時から約10年後に登場した九一式戦は、操縦室内の各種計器類の数も格段に増え、その間の航空機発達を如実に示している。

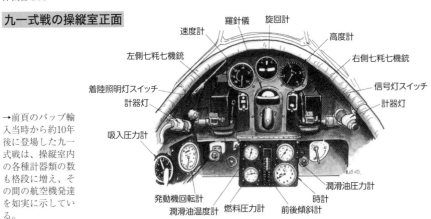

昭和に入り、軍用機の性能向上は一段と進み、新しい機器の導入が相次ぐのと併行して、操縦室内の装備も複雑化し、乗員の負担も増して行く。

昭和６（１９３１）年に制式採用された、陸軍最初の国産戦闘機、中島 九一式戦闘機を例にすれば、計器盤（前頁図）には速度計、高度計、旋回計（機体の左右傾斜）、発動機回転計といった従来からの基本計器に加え、燃料圧力計、潤滑油圧力計および同温度計といった発動機関係の新たな計器が追加され、航法用の羅針儀（コンパス）、機体の前後への傾きを知る前後傾斜計が装備されていた。

また、この頃になると、以前は原則的に飛行しなかった薄暮、黎明時間帯などの飛行に支障をきたさぬよう、操縦室内の計器盤を照らすスポット式の照明灯が追加された。のちに紫外線灯が導入されると、計器の目盛りに特殊塗料を塗って判読し易くするなどの配慮がなされていく。

灯火類の装備は室内灯だけでなく、飛行中に自機の存在を他機に知らせる翼端《よくたん》灯、尾灯、さらには夜間着陸灯などが標準化した。これは編隊を組んでの運用や、他機種で構成された編隊との共同作戦など、複数の機体による運用が常態化するといった、戦術面での進化にも対応したものでもあった。

こうした電気関係装備の増加に伴い、スイッチ類を収めた配電盤が操縦室内の左右いずれかに設置されるようになったのも目立った変化である。

昭和12（１９３７）年制式採用の陸海軍九七式各機種から、標準化が進んだのが引込式降着装置である。これは脚を格納部から出し入れする作動エネルギーとして油圧を利用したことから、操縦室内に油圧計と油量計、非常時用手動ポンプおよびその操作棒が加えられた。海軍の零式艦上戦闘機を例にすれば、座席の右側床にポンプが設置され、正面計器盤の右に操作棒が格納してあった。

また無線機と酸素マスクも新たな装備として加わった。単座戦闘機として

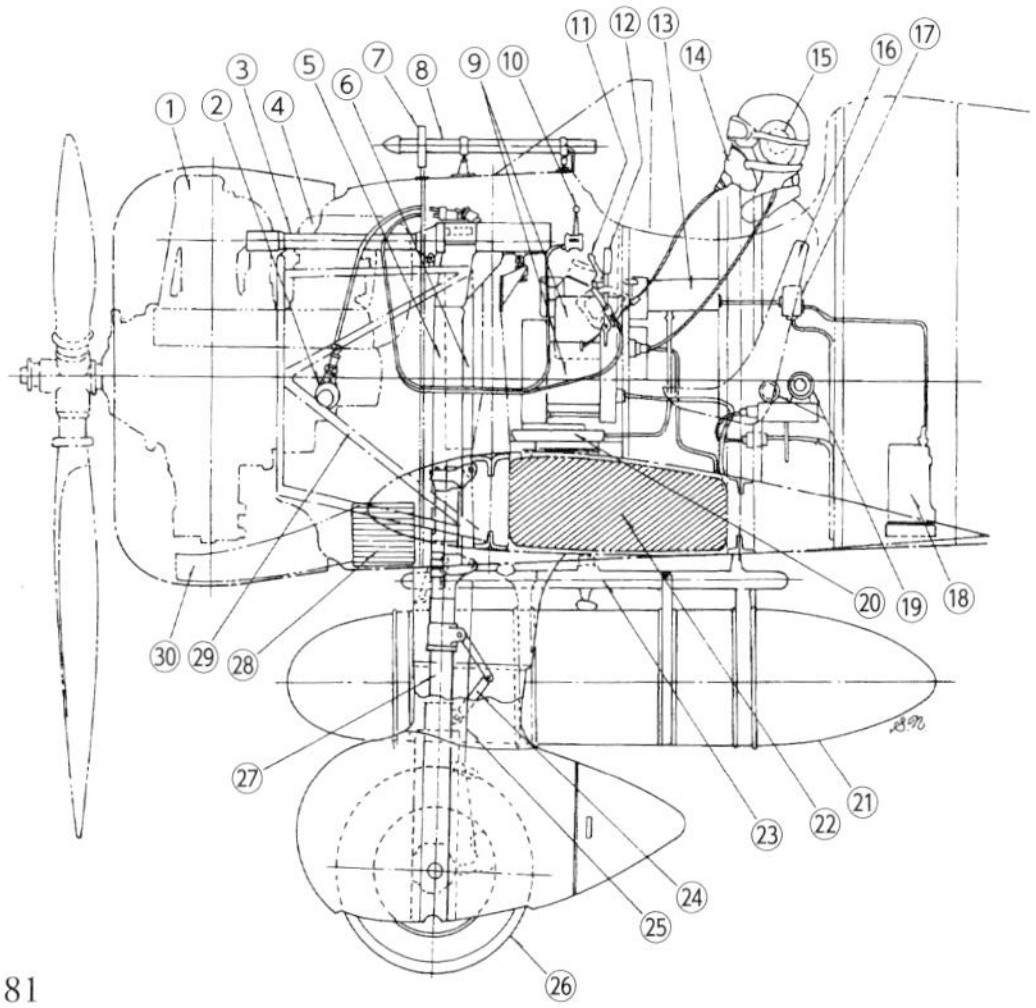

九六式艦戦の開放式操縦室周囲の内部配置

①『寿』三型発動機、②九五式プロペラ同調発射器、③毘式（九七式）七粍七機銃、④気化器空気取り入れ口、⑤七粍七機銃打殻放出筒、⑥弾倉、⑦八九式環状照準器、⑧OEG望遠鏡式照準器、⑨九六式空一号無線機送受信機、⑩機銃安全装置、⑪機銃発射レバー、⑫スロットル・レバー、⑬配電盤、⑭送話口、⑮受聴部、⑯座席、⑰電気配線接続箱、⑱蓄電池、⑲発電機、⑳制御箱、㉑210ℓ入落下式増槽、㉒主翼内燃料タンク、㉓増槽懸吊架、㉔トルク・アーム、㉕ブレーキ・パイプ、㉖650×122mm車輪、㉗脚柱オレオ部、㉘潤滑油冷却器、㉙発動機取付け架、㉚潤滑油冷却空気取り入れ筒

は陸軍の九七式戦闘機、海軍の九六式艦上戦闘機が初めての装備機となったが、当時の単座戦闘機用小型無線機は感度が悪く、両機種とも運用された支那事変（日中戦争）期はほとんど使用されなかった。

九六式艦戦の送受信機は操縦室内正面計器盤の下方に設置され、そこから酸素マスクに組み込まれた送話口、および飛行帽の受聴部（イヤホーン）がコードで繋がっていた（P.81図）。

酸素マスクの装備は、航空機の性能向上に伴って作戦飛行高度の上限が高くなったことに対応したものだ。飛行高度が3,000mを超えると、酸素濃度が低下し、操縦士の脳の働きが鈍化する。適切な判断ができなくなるばかりでなく、意識低下などを引き起こすことから、酸素マスクを介して稀薄になった分の酸素を吸引する方法が普及したのである。

酸素は、操縦室直後の胴体内に設置したボンベに蓄えておき、これをパイプで操縦室内のレギュレーター（供給器）と連結。これに酸素マスクのホースを接続して吸引した。

密閉式操縦室の時代の到来

航空機発祥以来、一部例外はあったが、乗員が外気に晒される開放式の操縦室は、日本に限らず1930年代始め頃まで継承されてきた。しかし、速度性能の向上にともない、開放式操縦室は乗員にとって耐え難いものになり、全体を枠にはめ込んだガラスで覆う密閉式操縦室の必要性が高まった。

日本では、陸軍の九三式重爆撃機二型（昭和8〈1933〉年制式採用）、海軍では九六式陸上攻撃機（昭和11〈1936〉年制式採用）が、最初の導入例（完全密閉型として）になった。

もっとも、戦闘機に限れば密閉式風防には運用側からの拒否反応があった。海軍の九六式艦上戦闘機では、二号型で導入を試みたものの、開放式に慣れた搭乗員からは「視界を制限する」と

→時代の趨勢に沿い、開放式だった操縦室を3番目の生産型である海軍の三菱 九六式艦上戦闘機の二号二型が、鋭意導入した密閉式の風防。しかし、開放式に慣れた搭乗員から視野が遮られると不評を買い、生産の途中で解放式に戻されてしまった。

反発を受け、以後の生産型では開放式に逆戻りしている。ようやく密閉式風防を受け入れたのは零式艦上戦闘機からであった。

陸軍の場合は海軍より少し早く、昭和12年2月制式採用の九七式戦闘機が、当時としては進歩的な水滴形状の密閉式風防を導入したものの、空中戦では視界を広くするために、中央の可動風防を開けることが常態化していた。空戦において格闘戦が主流だったこの時代は、戦闘機操縦者にとっては外気に晒される苦痛よりも、視界を制限されることのほうが問題だったのだ。

とはいえ、最大速度が500km／h前後に向上した零戦、一式戦闘機以後、風圧は密閉式風防でなければ耐えられるものではなくなった。形状にも工夫が加わり、枠を少なくし、サイズもコンパクトに作られた水滴状風防が陸海軍戦闘機の標準となった。

←乗員室の密閉化が進む過渡期の昭和8（1933）年に登場した、陸軍の三菱 九三式重爆撃機一型。操縦室は密閉式の風防で覆ったが、胴体先端と同後方上面の銃座は開放式のままだった。

←密閉式の操縦室（風防）を採り入れた、陸軍最初の制式戦闘機、中島九七式戦闘機。ただし、写真の通常飛行時も含め、空中戦の際には必ず可動風防を開いて、視野を広くしておくのを原則とした。これは、のちの太平洋戦争前期の一式戦まで継承された。

進化を続ける操縦室内装備

1930年代末以降、1，000馬力級発動機が主流となり、以後もその出力向上が進んだ。これにともなって速度や高高度性能の向上などの改善が進むと、操縦室内には発動機関連の調整機構であるＡＭＣ（自動混合気調整）、過給器二速切り換えやプロペラ・ピッチ調整等のレバーが追加装備されるようになった。

これらは航空機の性能向上に伴う、やむを得ぬ操作機構の増設であったが、乗員の負担はさらに増加して行く。

単座戦闘機の場合、これら発動機関係の操作レバーは操縦室左側壁のスロットル・レバーに近接して設置されたが、双発以上の大型機では、並列した正、副操縦士席の間に設置される例が多かった。

ちなみに、このスロットル・レバーの操作は陸軍機と海軍機では正反対で、発動機の回転数を上げる場合、陸軍機では操縦士の手前側に引き、海軍機では逆に前方に押す操作を行なった。

操舵系にも新たな機構が加わった。

昭和12年制式採用機以降の陸海軍機には、航空機の速度が向上するにつれて風圧の強さが増し、各舵の初動が鈍くなったことへの対策として、基本三舵に修正舵（バランス・タブ）が設けられ、操縦室内にその操作輪が設置されるようになった。修正舵とは各舵の後縁に設けられた小さな可動部で、これを舵の動きとは反対方向に動かして風圧を受けさせ、その反動を利用して舵の初動を軽くするという仕組みであった。

単発、双発機の場合、陸海軍ともに操縦士席の左側壁に操作輪を装備するのが標準であった。

基本三舵のように通常飛行には必要ないが、単発戦闘機が空中戦の際に旋回性能を高めるために、一種の揚力向上手段として開発した日本独自のメカニズムが「空戦フラップ」である。

フラップは、主に主翼下面内側に設けられる揚力補助装置で、座席サイドのレバー操作により任意の角度に下げ、空気抵抗を増すことで離着陸時に必要とされる揚力を補うものである。

これを空戦に用いる方法を最初に考案したのは中島飛行機の陸軍機担当技術者で、通常は離着陸時しか使わないフラップを、空中戦の最中にも操縦桿頂部に設けた押しボタン操作で最大15度まで下げられるようにした。

フラップの種類としては後方に摺動《しょうどう》しながら下がる、一種のファウラーフラップで、その摺動の様から「蝶《ちょう》型下げ翼」と呼称され、一式戦闘機『隼』、二式戦闘機『鍾馗《しょうき》』、四式戦闘機『疾風《はやて》』に装備された。

この蝶型下げ翼をヒントに、海軍機メーカーの川西が開発したのが自動空戦フラップで、水上戦闘機『強風《きょうふう》』、局地戦闘機『紫電』、『紫電改』に装備された。操縦桿の押しボタン操作は同じだが、空戦中にピトー管から入る動圧、静圧および旋回時の重力の度合い

零戦二一型の操縦室内各操作器配置図

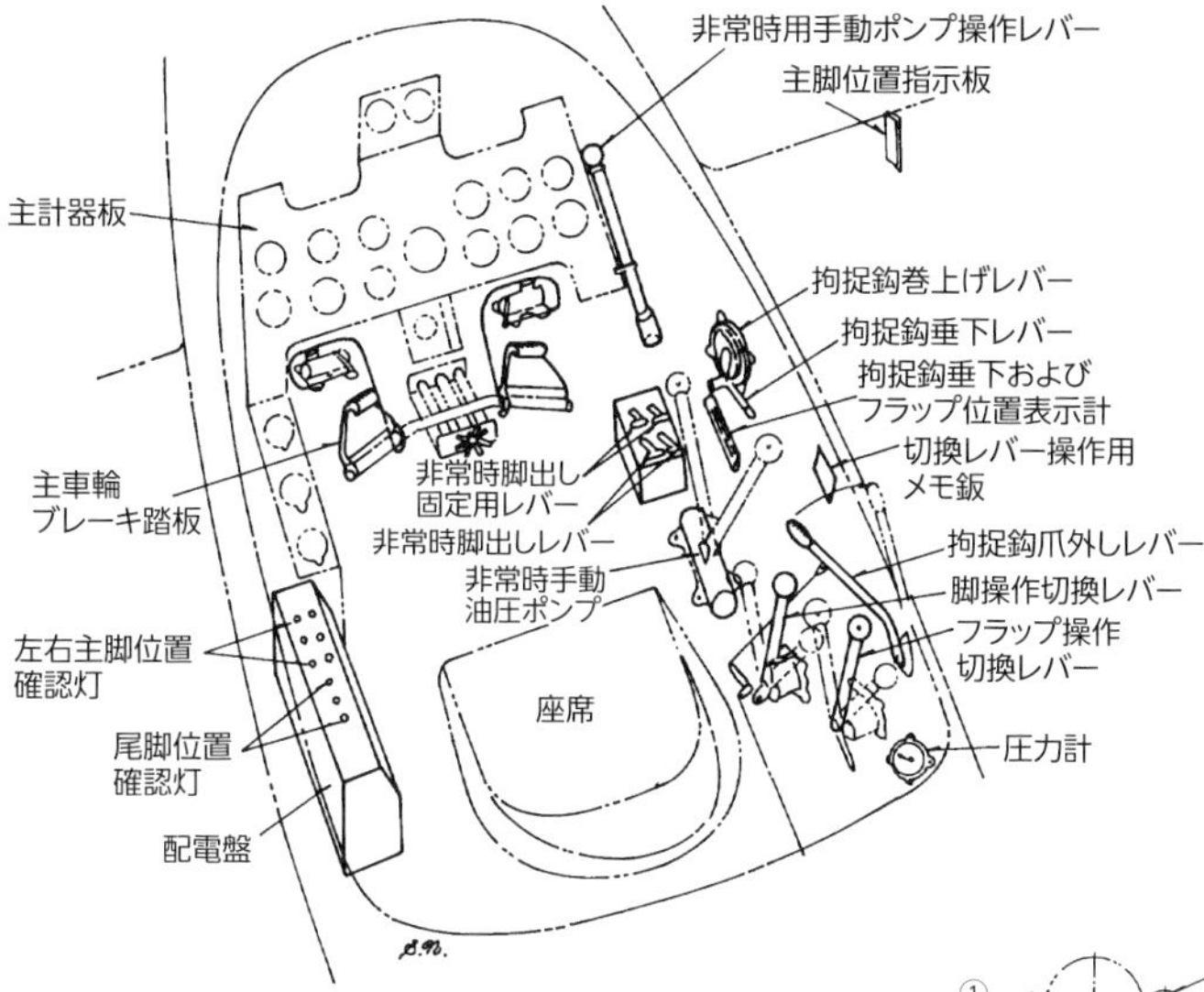

昭和12（1937）年10月に試作発注された三菱十二試艦上戦闘機（のちの零戦）の操縦室内アレンジは、当時の欧米列強国の新型機と比較しても遜色のない装備レベルだった。ただし、パイロットの命を守るべき防弾対策をまったく講じなかったことが、のちの太平洋戦争で大きな欠陥として露呈する。

十二試艦戦の主計器板配置図

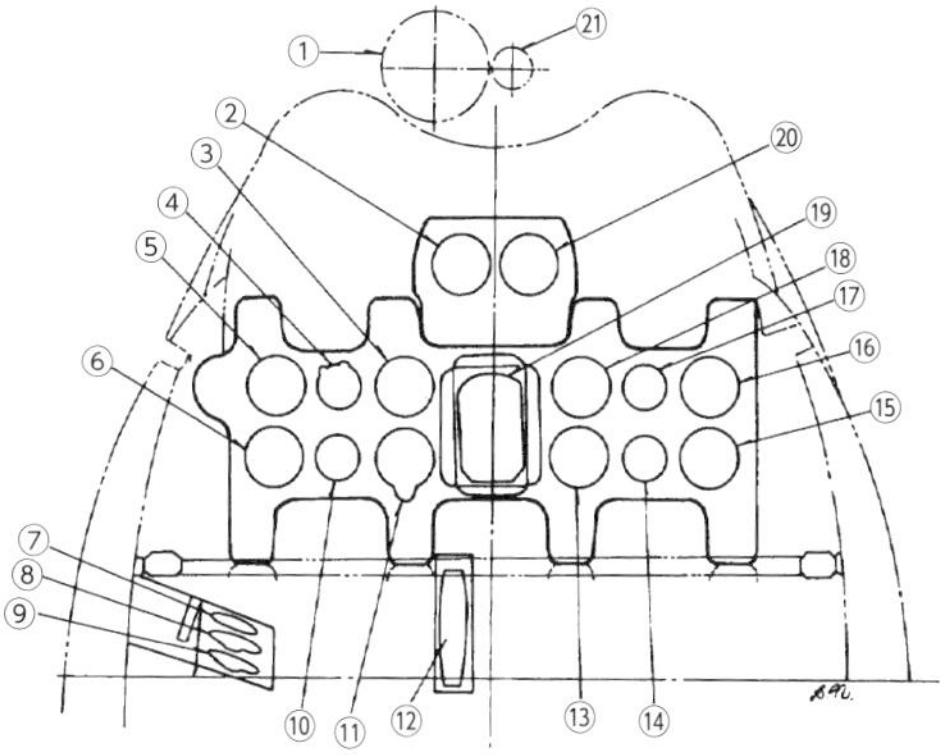

①環状照準器　②水平儀（二型）　③速力計（一号三型）　④航空時計　⑤混合比計（七型）　⑥吸気温度計　⑦航空計　⑧胴体燃料タンク残量計　⑨主翼内燃料タンク残量計　⑩電路切断器　⑪高度計（三型）　⑫前後傾斜計　⑬シリンダー温度計　⑭温度計（一型）　⑮ブースト計（二型）　⑯回転計（二号三型）　⑰燃料／潤滑油圧力計（三型）　⑱昇降度計　⑲九二式航空羅針儀（二型）　⑳旋回計　㉑オイジ（OEG）照準眼鏡

↖←左の写真は零戦二一型の操縦室で、上が座席の左側、下が同右側（無線機などの装備品の一部は欠落）を示す。

双発機の操縦室例（海軍 三菱一式陸上攻撃機二二／三四型）

双発以上の航空機には、操縦士が正、副2名搭乗するのが普通で、戦闘機を除けば操縦室に並列に配置された座席に座り、それぞれの席の前方に操縦桿が設置された。欧米機の場合、左側に正操縦士、右側に副操縦士が座るのが基本だが、日本陸海軍ではその逆で、右側に正、左側に副操縦士という配置だった。

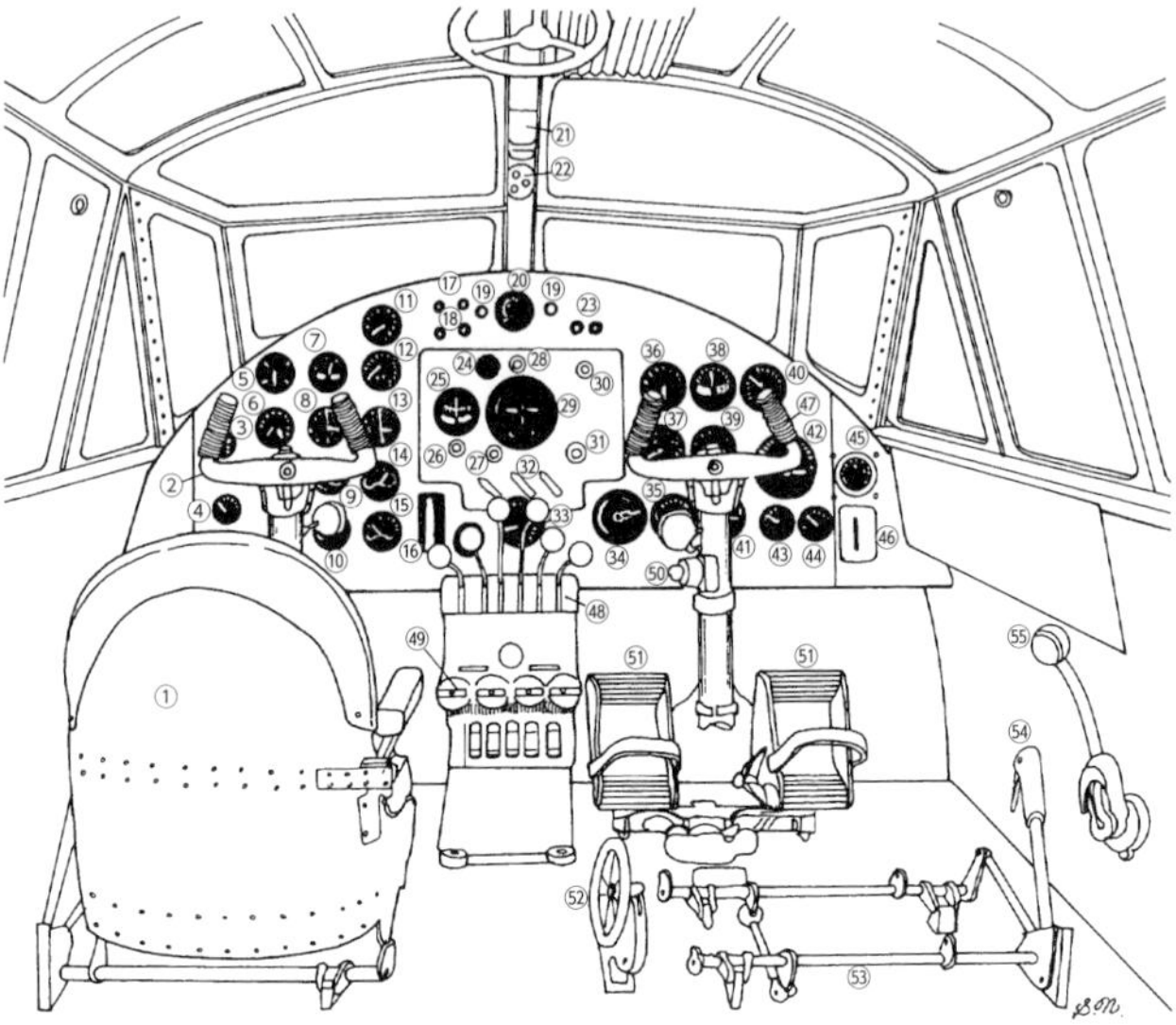

①副操縦員席　②操縦桿　③航空時計　④油温計　⑤高度計　⑥混合比計　⑦旋回計　⑧左吸入圧力計　⑨左排気温度計　⑩左シリンダー温度計　⑪回転同調計　⑫速度計　⑬右吸入圧力計　⑭右排気温度計　⑮右シリンダー温度計　⑯電気式回転計　⑰水メタノール圧力警報灯　⑱水メタノール残量警報灯　⑲電動起動装置灯　⑳航路計　㉑主脚出し入れ操作開閉器　㉒主脚位置表示灯　㉓火災表示灯　㉔真空計　㉕定針儀／剛球式傾斜計（自・操用）　㉖方向調整ダイヤル　㉗制動スイッチ　㉘補助翼調定ダイヤル　㉙昇降舵追従指標　㉚昇降舵調定ダイヤル　㉛水平飛行スイッチ　㉜自・操用三舵調整弁ダイヤル　㉝油圧計　㉞マグネトー・スイッチ　㉟左給気温度計　㊱速度計　㊲精密高度計　㊳旋回計　㊴定針儀　㊵昇降度計　㊶右給気温度計　㊷水平儀　㊸真空計　㊹フラップ角度表示計　㊺脚油圧計二型　㊻前後傾斜計　㊼操縦桿　㊽高度弁、スロットル、プロペラ・ピッチ・レバー（左より2本ずつ）　㊾二速過給器切換え／給入圧力調整レバー　㊿魚雷投下スイッチ　51方向舵ペダル　52昇降舵修正舵操作ハンドル　53正操縦員席取付け金具　54座席位置調整レバー　55主脚ブレーキ用近路弁操作レバー

陸軍 中島一式戦闘機「隼」の「蝶型下げ翼」（空戦フラップ）操作系統

→蝶型下げ翼は、もともと設計段階で翼面荷重が高くなると予測された、中島キ四四（のちの二式戦「鍾馗」）のために考案されたもので、本来が軽戦闘機である一式戦にはどうしても必要という装備ではなかった。実際、一瞬にして状況が変化する空中戦の最中に、蝶型下げ翼を操作している暇はないのが現実で、太平洋戦争中でも使用された例はあまりなかった。

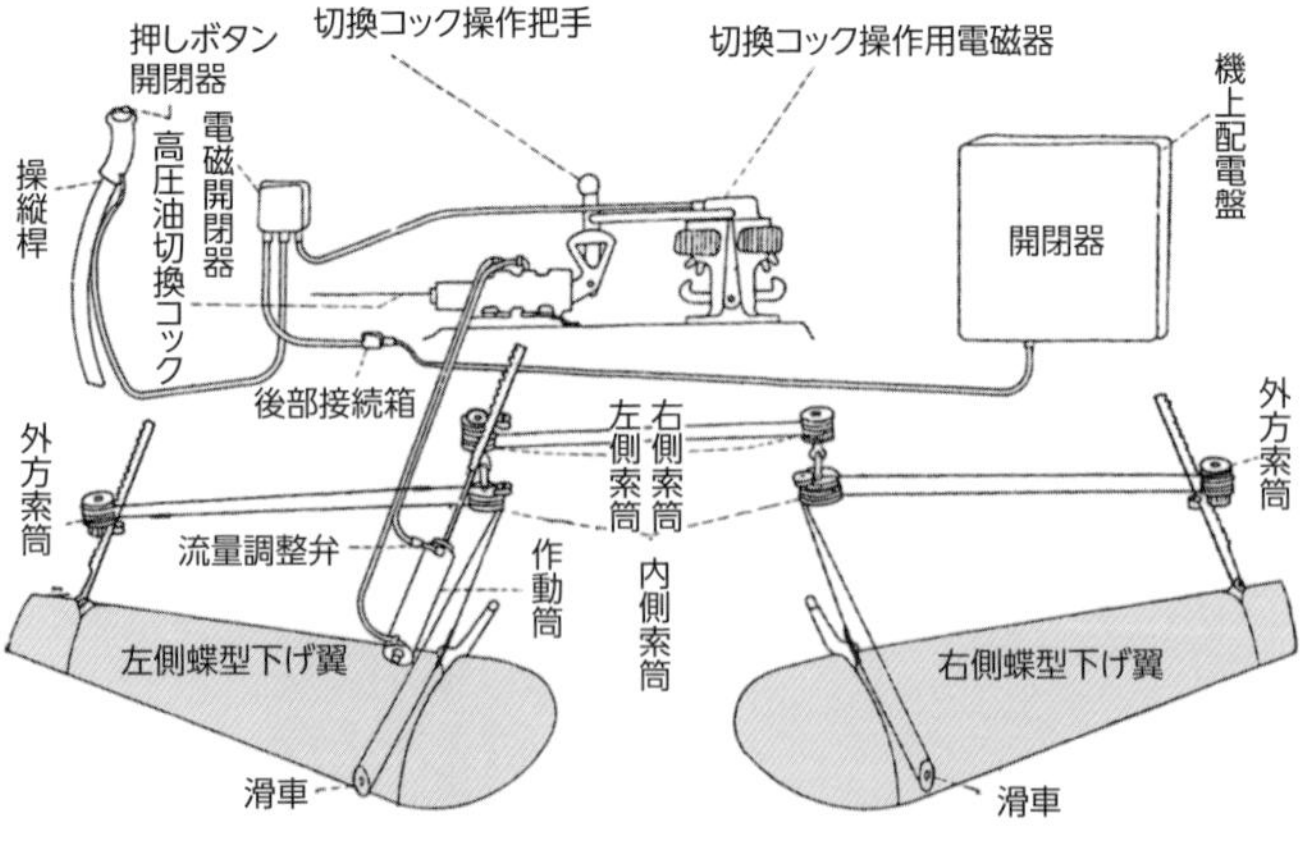

を水銀センサーで感知し、これを電気信号に変えて油圧作動筒（油圧シリンダー）を動かし、フラップを自動的に上げ下げした。手動式に比べて、機の状態を自動検知して微調整できる点が進歩した点と言える。

　両フラップとも、操縦室の装備品としては小さな存在かもしれないが、ボタン操作だけで戦闘機としてもっとも重要な空戦性能を底上げできるという点で、いかにも日本軍機らしいアイデアと言えるだろう。

　さらに大型機の航続力向上に伴って増加した、長時間飛行時の操縦士負担の軽減を目的として、陸海軍ともにアメリカのスペリー社製の装置を国産化し、陸軍は昭和12年採用の九七式重爆撃機、海軍は同11年採用の九六式陸上攻撃機から導入したことが特筆される。

　操縦士は予め直線飛行コースをセットし、自動操縦時の直線飛行の維持は、定針儀、水平儀により検出した偏位の分だけ、空気弁、油弁を介して自動的に基本三舵を動かして修正するという仕組みで、操作部は操縦室正面の計器盤に組み込まれた。

一式陸攻の自動操縦装置関係計器盤詳細

取扱説明書より

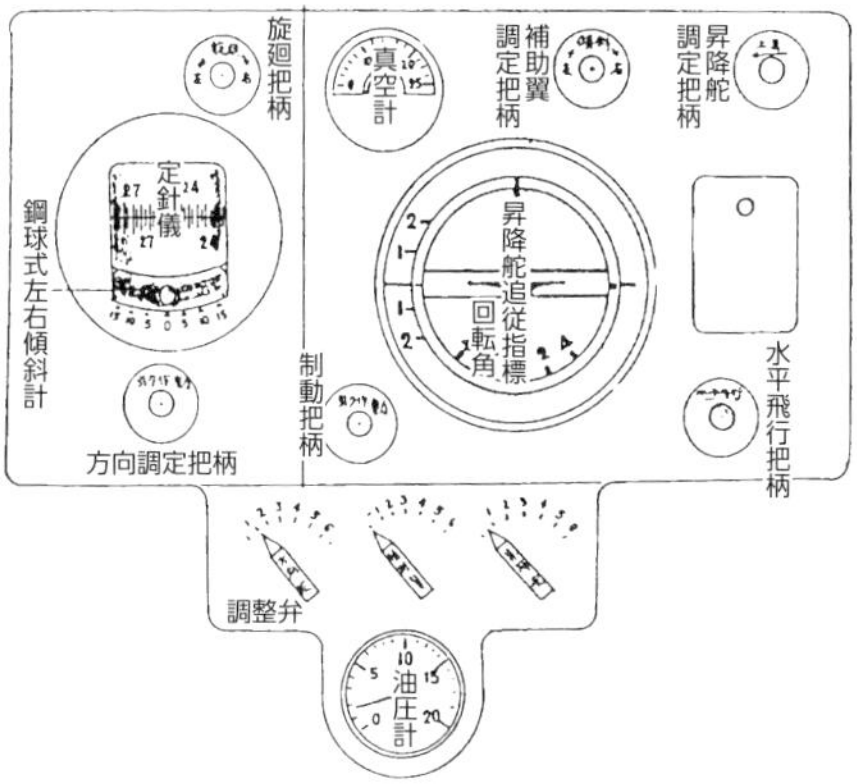

→前頁上図に示した、一式陸攻操縦室の正面計器板中央に配置された、自動操縦装置関係のパネル詳細。取扱説明書からの抜粋で一部名称の文字が判読しづらいのが恐縮だが、前頁上図のkey文字と照合していただけば、大要は把握できると思う。

スペリー式自動操縦装置の概念図

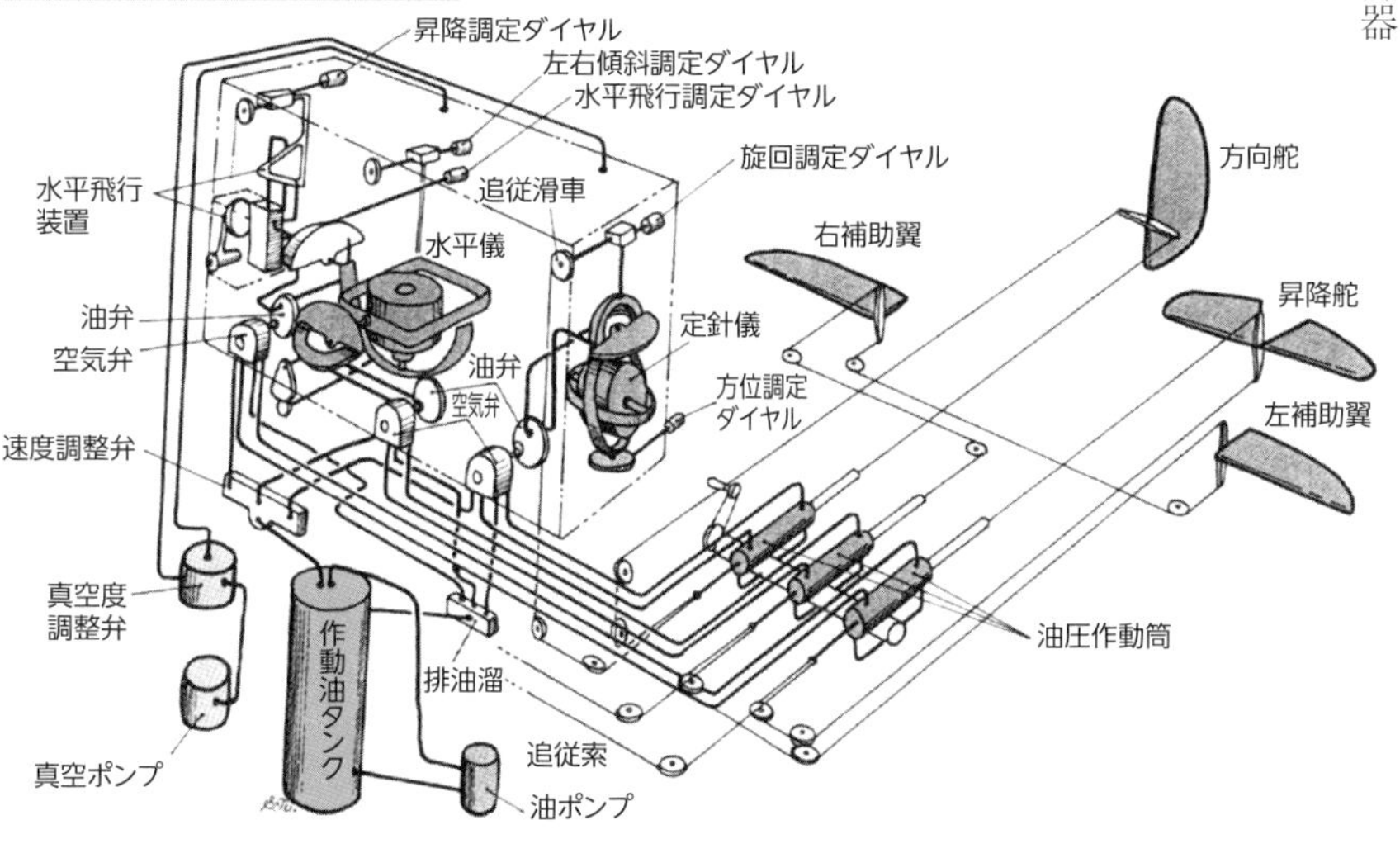

防弾装備に対する意識の違い

昭和12年7月に勃発した支那事変は、日本陸海軍の航空部隊にとって初めて経験する近代航空戦でもあった。

それだけに、各機種開発時のハード、ソフト両面における想定が、実際の戦闘にそぐわないという例が続出した。とりわけ、敵戦闘機の射撃による被弾に弱い乗員や、燃料タンクの防護策を講じる事が喫緊の課題となった。

海軍では、被害が深刻だった九六式陸攻に関して、防弾装備の検討がなされた。しかし、結局は機体重量の増加と、それに伴う飛行性能の低下は認め難いという理由で実施は先送りにされた。そのツケは、太平洋戦争後期に至って一定の改善策が施されるようになるまで、機体と貴重な搭乗員を失う大きな原因となった。

運用現場からの意見具申にようやく耳を傾けた海軍は、燃料タンクへのゴム引き膜防漏処理の導入などの対策を

零戦五二乙型以降の防弾装備

搭乗員（パイロット）を、敵機の射弾から守るための防弾対策をまったく考慮しなかった零戦は、太平洋戦争に入ってからの深刻な被害をうけ、昭和19（1944）年なかばに生産を始めた五二乙型以降、右、下図に示したような防弾装備を追加した。しかし、これによる重量増加に伴なう飛行性能の低下を嫌い、外してしまう例も多かった。

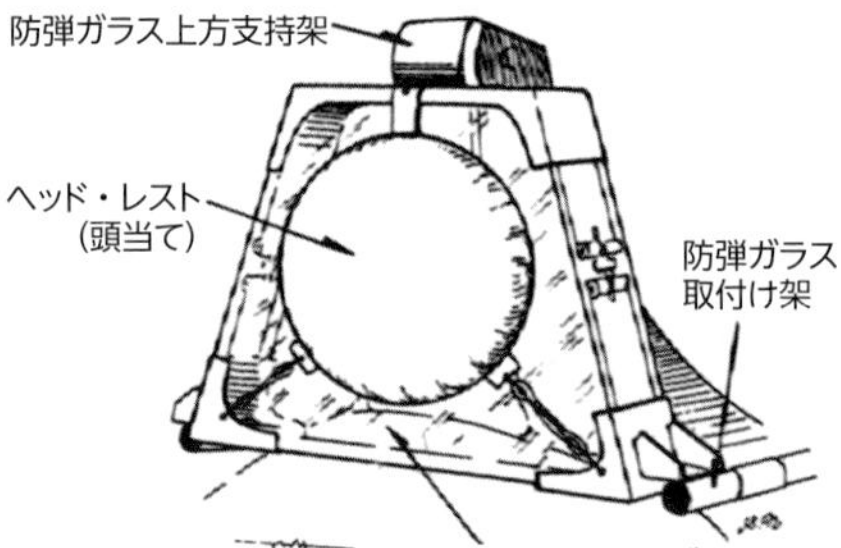

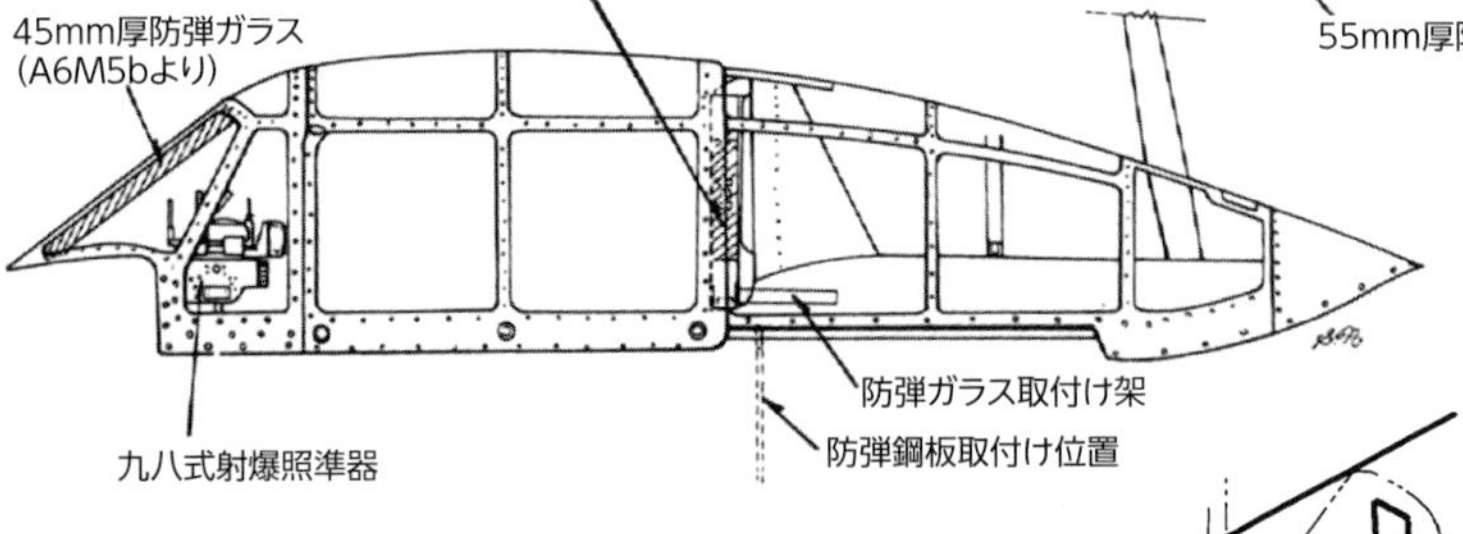

陸軍 三菱九九式襲撃機の防弾鋼板配置

本機が、日本軍用機として最初の本格的防弾装備を要求された背景には、試作発注が支那事変（日中戦争）勃発後になったこと、襲撃機の任務が低空飛行しつつの地上攻撃を専らとすることがあり、敵地上空の対空砲火から身を守るために必須とされたからに他ならない。

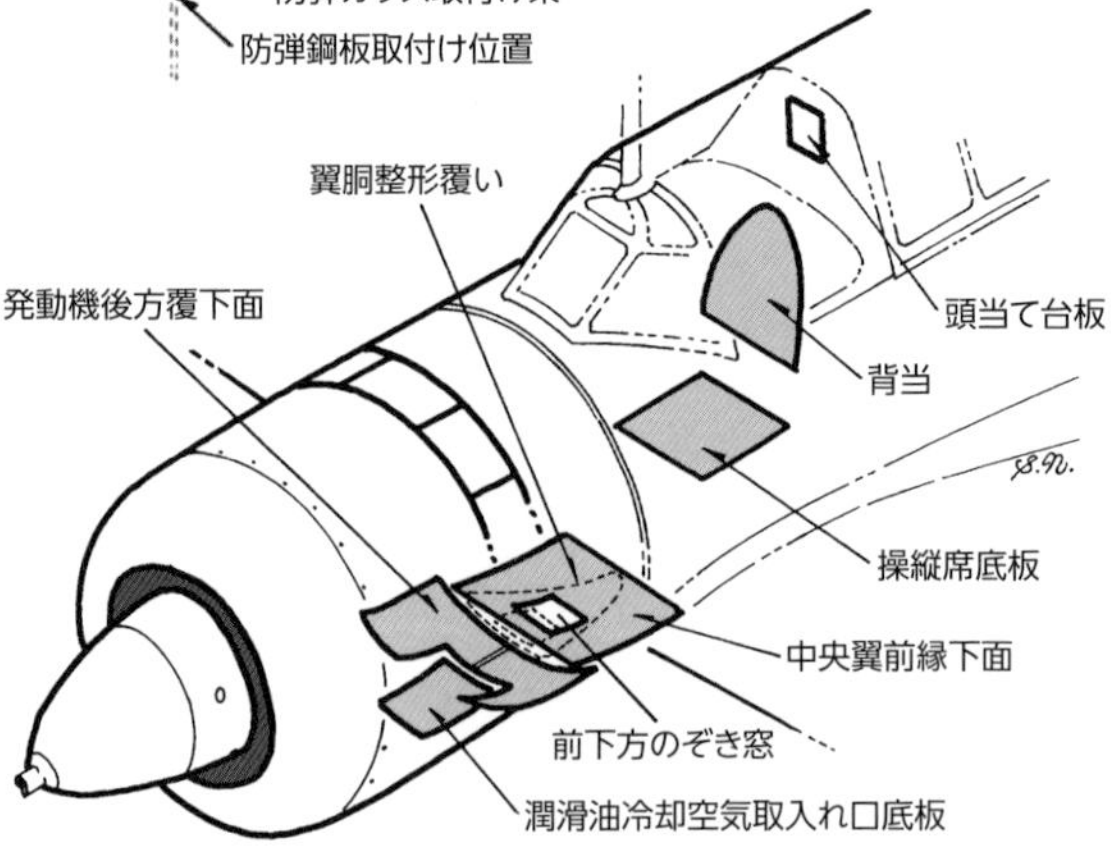

開始した。操縦室への防弾装備については、昭和19（１９４４）年に入り、まず零式艦上戦闘機が風防正面に厚さ45㎜の積層防弾ガラスを組み込んだ。同年末に就役の五二丙型では、座席後方に厚さ８㎜の防弾鋼板、頭当て部分に厚さ55㎜の積層防弾ガラスを追加し、最低限度の対策を講じている。大戦後期の局地戦闘機『雷電』には、座席後方の頭当て部分に厚さ８㎜の防弾鋼板が装着されていた。

　一方陸軍では、防弾対策は海軍に先駆けて着手しており、支那事変初期の戦訓に基づき、まず九七式重爆の燃料タンクにゴム板と絹フェルトの被覆を施し、防弾（被弾破孔からの燃料漏れ、発火対策）を施した。操縦室への対策としては、操縦席の後方に厚さ４㎜の防弾鋼板を設置して、少なくとも7.7㎜機銃弾の被弾に対しては相応の防御効果を持たせたことは評価に値しよう。

　戦闘機への防弾装備導入はやや遅れ、昭和16（１９４１）年４月制式採用の一式戦闘機『隼』からである。

　最初の量産型である一型では、燃料タンクのゴムと絹フェルトよる被覆のみであったが、昭和18（１９４３）年から本格配備が始まった二型では、操縦室内の座席後方に厚さ13㎜、頭当て部分に6.5㎜の防弾鋼板を設置し、操縦士への防護に一定の配慮をした。このような防弾装備は、一式戦闘機以降の二式、三式、四式、五式の各単座戦闘機に踏襲されている。

　陸海軍機を通して初めて本格的な操縦室への防弾装備を導入したのは、昭和15（１９４０）年制式採用の九九式軍偵／襲撃機であった。これは任務の性格上、敵地上軍からの射撃への対策が不可欠だったためである（P.88下）。

座席の進化

　軍用機の座席に関しては、限られたスペースに設置することや、余分な重量は省くという軍用機設計の鉄則とも言える概念などもあって、人間工学的な配慮（快適性など）をする余地は少なかった。材質にアルミ合金板を用いて腰掛けの形に成型し、これを胴体の操縦席部分に固定するだけ、という方法が１９３０年代半ば頃まで続いた。

　しかし、操縦席の前後位置、高さ調節の導入、さらに複座機の後席では防御機銃の操作の利便性向上のため座席を回転式にするなど、機能の向上は徐々に実現し始めた。

　陸軍では、九七式戦闘機、一式戦闘機という中島製の機体で脱出を容易にする機構が盛り込まれた。これは、密閉式風防では不時着時などの機体の転覆で、万一、閉じ込められると脱出が困難になる事態が想定されたためだ。座席の腰掛け部分と背当てを別造りとし、緊急時は背当て部分を後方に倒すことで操縦士は胴体後部に移動できた。胴体の点検扉が内側から開放できるようになっており、自力で脱出できる点がユニークだった。

　川崎航空機の三式戦闘機も同様のセパレート式座席ではあったが、背当てを後方に倒す機構はなく、点検扉からの脱出は想定していなかった。

海軍では、昭和19（1944）年に入り、背負い式の零式落下傘が普及したことに伴い、零戦や『雷電』など戦闘機の座席は、背当て部分が後方に張り出した形のものに改められた。

それ以前の九七式落下傘は、装着時に尻の部分に落下傘嚢《のう》がきたので、そのまま座席に座ればクッション代わりになった。しかし背負い式の場合は当然ながら別途クッションを用意する必要があった。

なお、多座機乗員用の落下傘は、各型式に共通して手下げが付いた携帯型で、各座席の下、後方、横などの空きスペースに置いた。座席を離れて作業する際は、ハーネス（縛帯）に繋げた索の長さの範囲内で動くことができた。

電子機器の追加に伴う多座機の操縦室の変化

欧米列強国では、すでに第二次大戦初期の段階で航空機用のレーダーが実用化されていたが、日本ではこの分野の技術開発が遅れていた。昭和18年後半に入ってようやく海軍が対水上艦船探索用の機上用レーダー「三式空六号無線電信機（略称「H－6」）」を実用化して多座機に搭載した。

陸上攻撃機、飛行艇などの双発、四発の多座機は操縦室と他の乗員席が分離しており、レーダーの送受信機とスコープは、偵察席、無線士席に設置さ

陸軍 一式戦一型の分割式座席

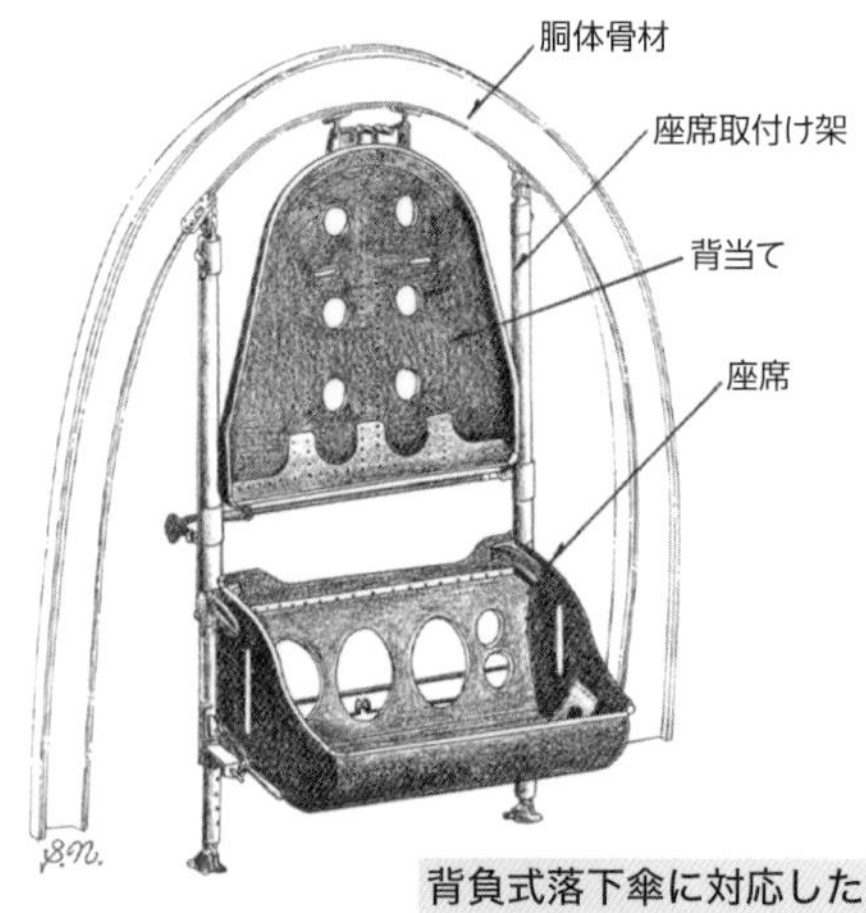

背負式落下傘に対応した末期タイプ

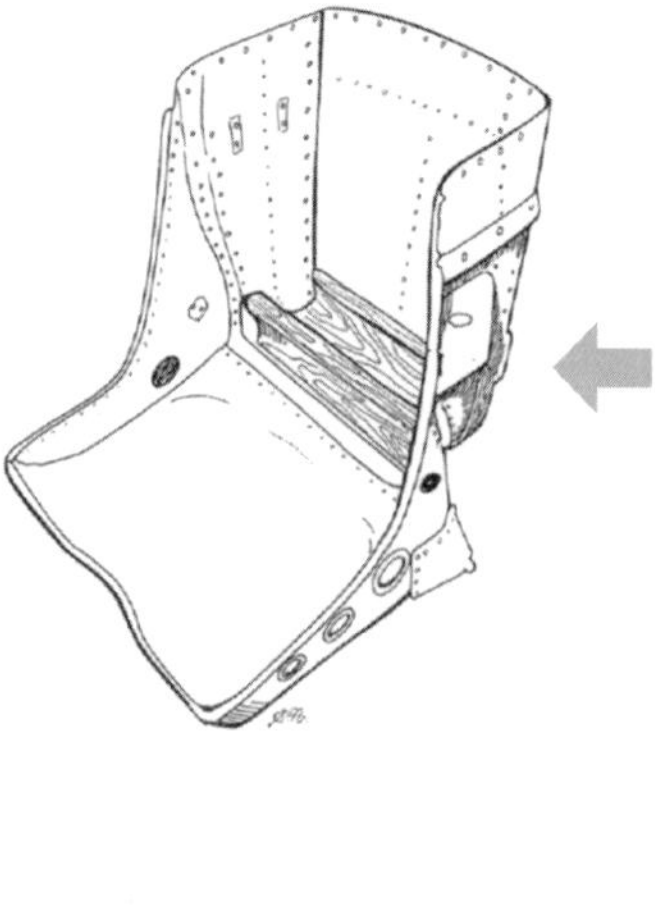

海軍 零戦の座席

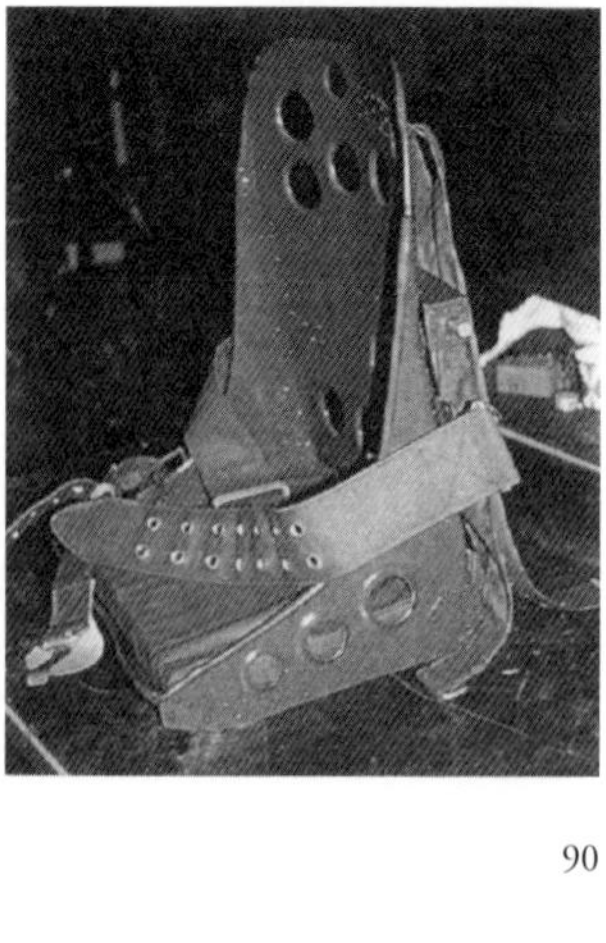

↑→上図の陸軍 一式戦と、右写真の海軍零戦ともに、機体構造の軽量化を徹底したことが特徴だが、その意図は操縦座席にまで表われており、強度上の限界まで"軽め穴"（肉抜き穴）が開けられた。しかし、戦争末期には製造工程の簡略化が顕著となり、右図の零戦のように造りが粗末になった。

れるので操縦士席周辺への機器設置はなかった。単発三座機である艦上攻撃機、水上偵察機の場合はタンデム（縦列）式乗員室の後部電信員（銃手）席の前方にスコープを設置した。

　昭和19年後半になると、海軍の夜間戦闘機『月光』用の空対空迎撃レーダー、「十八試空六号無線電信機（略称「FD－2）」が実用化されたが、送受信機はタンデム式複座の乗員室の前、後席間に、スコープは後席の前方上部に設置された。

　陸軍でも、海軍とほぼ同時期に大型機搭載用の対水上艦船探索レーダー「タキ－一号」、夜間戦闘機用迎撃レーダー「タキ－二号」を完成させたが、前者が昭和十九年後半から実用化されて一定の成果を挙げたのに対し、後者は実用化が遅れ、二式複座戦闘機『屠《と》龍《りゅう》』の一部の機体が試験的に装備した程度で終わった。送受信機、スコープの設置要領は海軍と同様であった。

　電波兵器ではないが、海軍は機上レーダーと時を同じくして潜水艦探知用

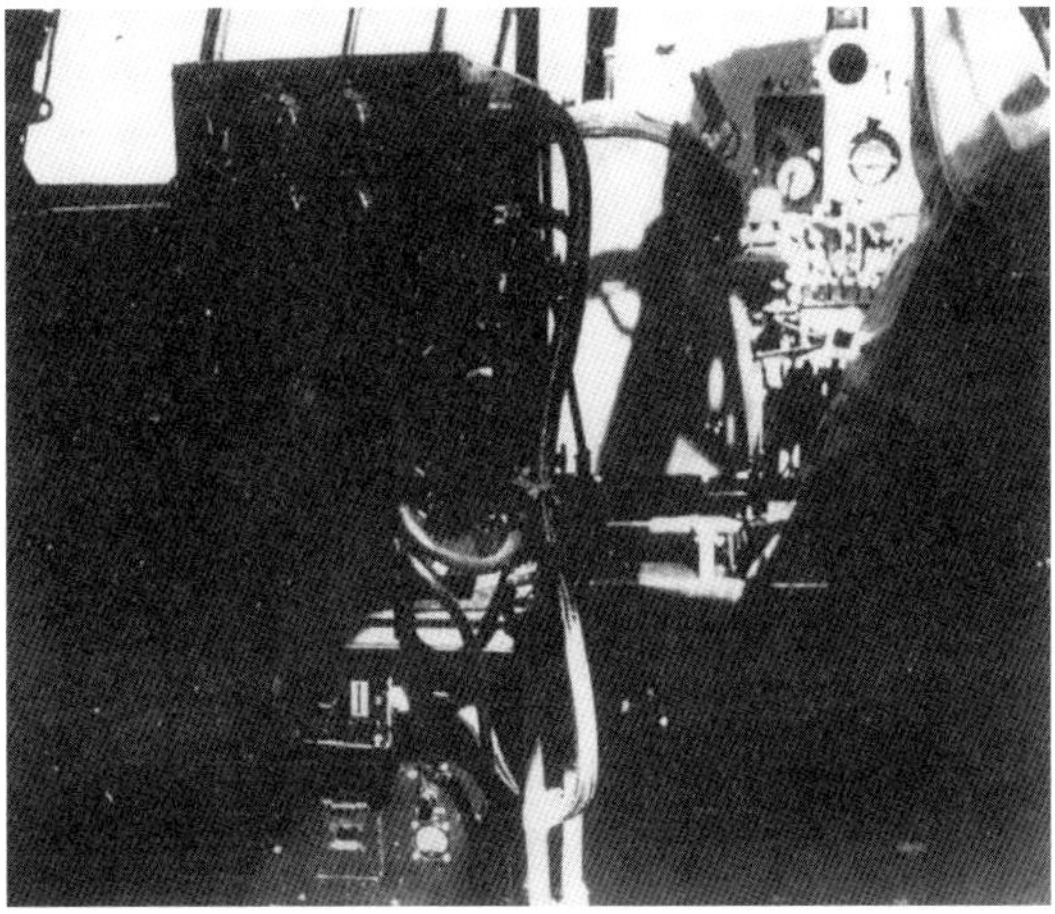

←海軍が昭和18（1943）年にようやく実用化した、唯一の実用対水上艦船探索レーダー「三式空六号無線電信機」（略称「H-6」）を搭載した、一式陸攻二四型の乗員室。画面奥が副操縦員席で、左手前の箱状の機器がH-6の受信機。陰で暗くなりわかりづらいが、上方の4つのダイヤルの下方に、円形のスコープがある。

↓探索用のH-6とともに、戦争末期に実用化した唯一の機上迎撃レーダー「十八試空六号無線電信機」（略称「FD-2」）を搭載した、夜間戦闘機「月光」。機首に4本の送受信アンテナを付けている。装置本体は乗員室の前、後席間にあり、偵察員が操作したが、実際には感度不良で役に立たなかった。

の磁気探知機「三式一号探知機（略称KMX）」を実用化した。

KMXの搭載対象になったのは、対潜哨戒専用機の陸上哨戒機『東海』や零式水上偵察機である。KMXのシステムを構成する主な機材は、無線機と併用する電源用の発電機などを除けば、電気線輪、信号標示管制機、アンプ（増幅器）、ブザーなどで、三座の零式水上偵察機を例にすると、後部胴体内に電気線輪を、乗員室後部の電信員（銃手）席の前部に信号標示管制器と増幅器をそれぞれ設置し、操縦員席、偵察員席には潜水艦探知を知らせるためのブザーが備えられた。

『東海』の場合、その任務からして乗員同士の迅速な意思疎通が重要とされ、日本の軍用機としては例のない、機首先端部に設けた乗員室に搭乗員3名を集中配置するという大胆な設計を採った。下の図で、その近接した配置が理解してもらえるだろう。

軍事機密度が高いせいもあって、三式一号探知器関係の機器配置などは機

海軍 愛知零式水偵の「KMX」関連装備配置図

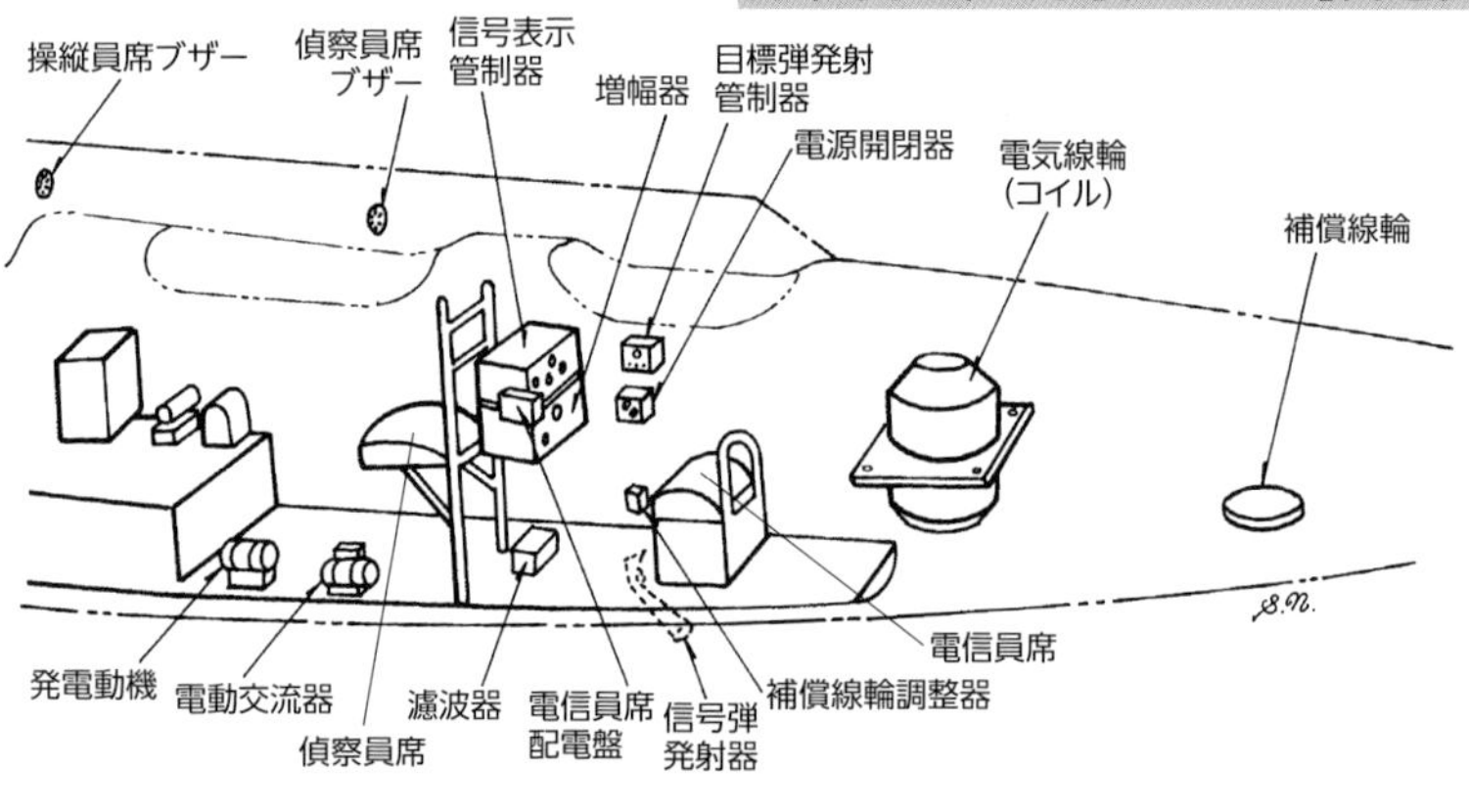

海軍『東海』の操縦室内部配置図（寸法単位mm）

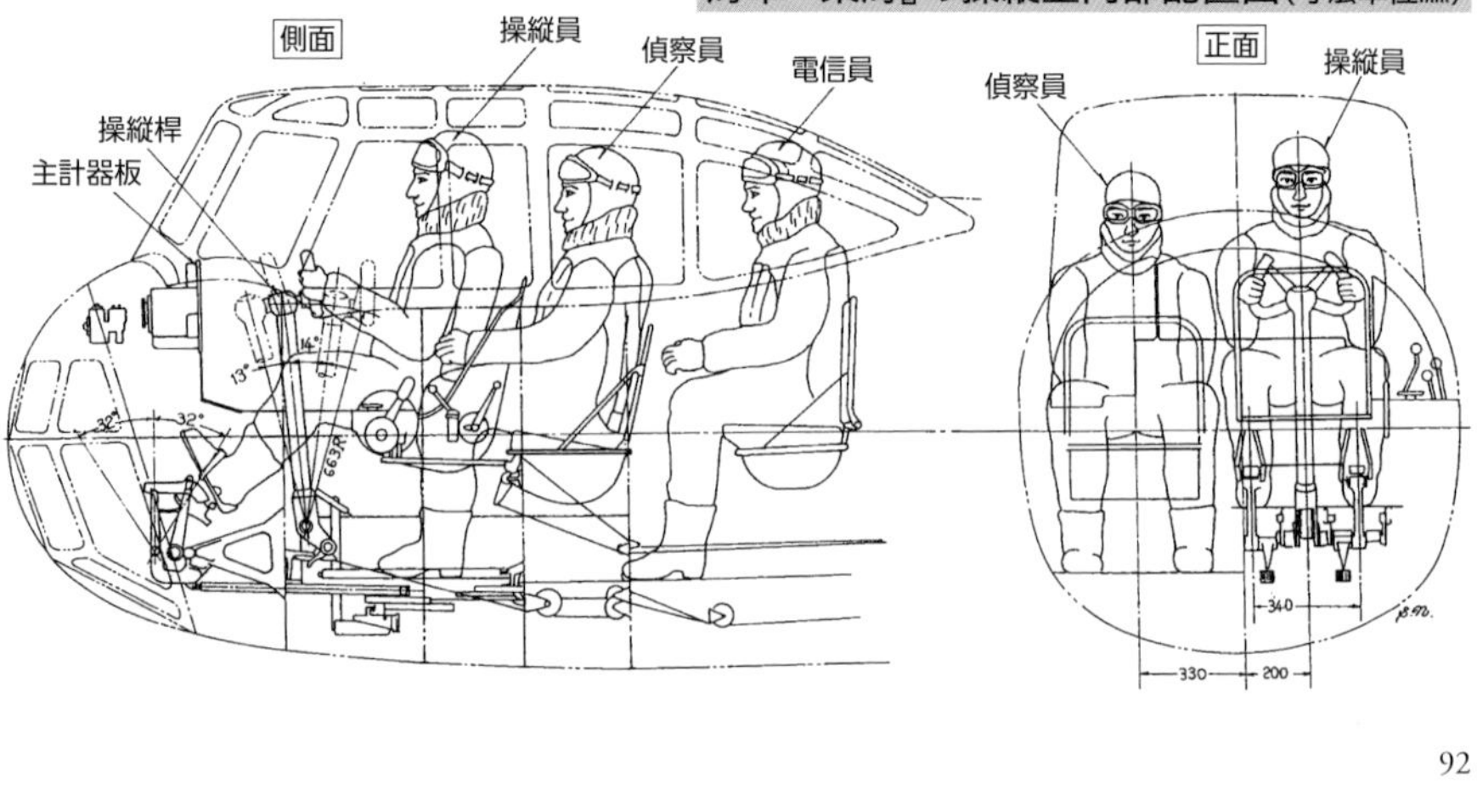

体の取扱説明書にも示されていないが、乗員配置図から推測すれば、電信員席と操縦員席の間、および前者の右側のスペースに設置されたと思われる。『東海』は三式空六号無線電信機も搭載対象にしており、装備機材により尾翼の識別標識が異なった。

与圧気密室の開発

航空機の飛行高度が上がるにつれ、酸素マスクの装着は必須となったが、一方で煩わしくもある酸素マスクなしで居られる与圧キャビン、つまり与圧気密式乗員室の研究も各国で進んだ。

日本においては、陸軍機メーカーの立川飛行機が戦前から与圧気密室の研究を行なっていた。そして昭和16年に至り、与圧気密式乗員室を備える日本最初の軍用機、キ七四遠距離爆撃機の試作に着手した。

キ七四の与圧気密室は、操縦席を含む乗員五名の座席が配置された胴体前半部全体を、円筒形の気密カプセルとする構造だった。気密を保つため、正、副操縦席はタンデム配置とされ、風防のガラス窓が最小限の面積で済むように、機体中心線から左に寄せてコンパクトに隆起する設計とした。空気漏れを防ぐため窓枠を極力減らして小さくしており、操縦席以外の席には小さな丸窓を設けた。

キ七四は敗戦までに14機しか完成せず、実戦には間に合わなかったが、十分な調整のもとで行なった実用テストでは、この与圧気密装置は高高度飛行で正常に機能したといわれる。さらに陸軍では、太平洋戦争末期にB－29迎撃用の高高度戦闘機として、立川に単発単座のキ九四－Ⅱ、川崎に双発のキ一〇八という与圧気密室装備機を開発させた。乗員室の与圧気密を実現し、優れた高高度飛行性能を有するB－29を迎撃するためには、戦闘機にも与圧気密室が必須だったのである。

ユニークだったのはキ一〇八の与圧気密室で、操縦士1名が座れるだけの狭い「まゆ型」カプセルを斜めに設置、

[キ七四の与圧気密室の構造]

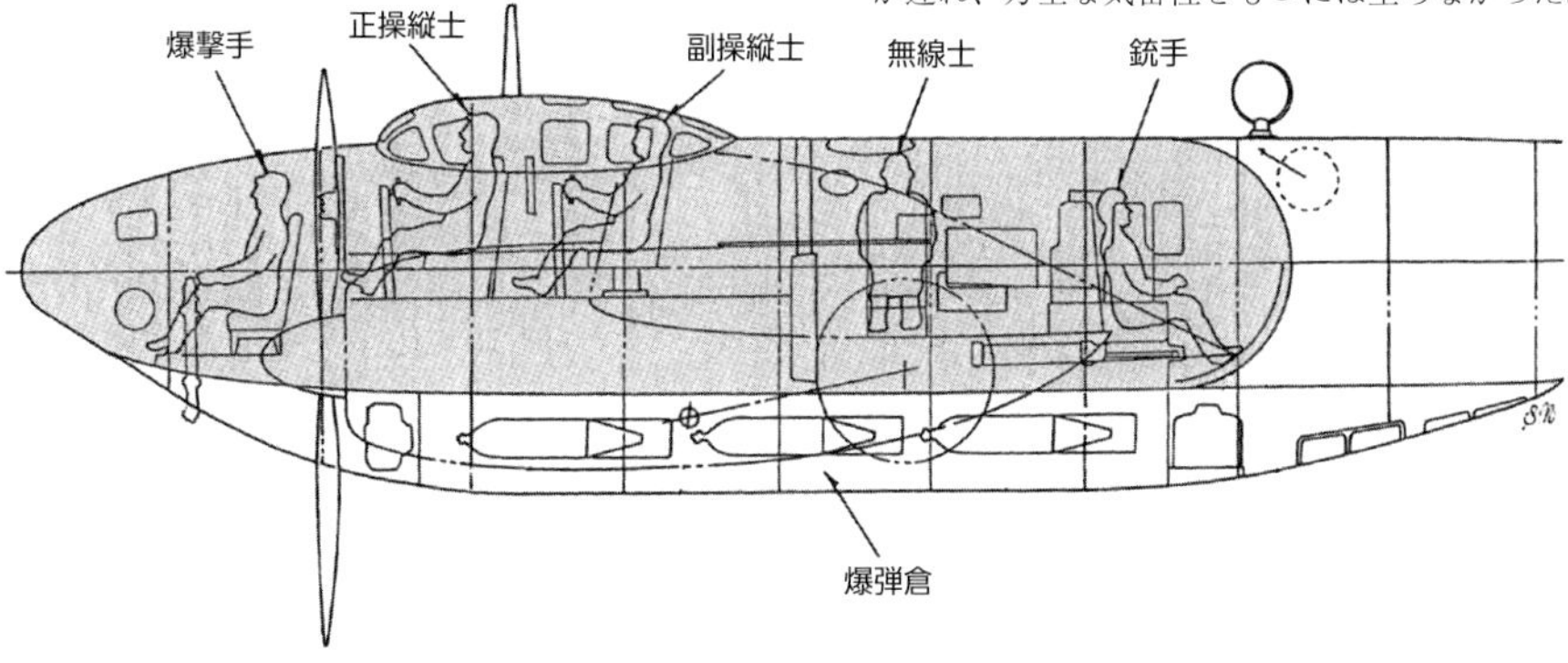

乗員室全体を細長い筒に収めた気密室を装備。与圧用のコンプレッサーの開発や空気漏れ対策が遅れ、万全な気密性をもつには至らなかった。

操縦士は上方のハッチを開いて出入りする構造だった（下写真を参照）。
残念ながら両機種とも開発着手が遅かったこともあり、試作機が完成したところで敗戦を迎えている。

陸、海軍機の操縦室発達を総括

こうして陸、海軍機の操縦室変遷を辿ってみて改めて気付くのは、必要とされる諸計器、装備品などの充足、それらの配置などに関し、とくに欧米航空先進国に比べて見劣りしたという感はない。海軍の磁気探知器、陸軍の空戦フラップ、それを自動化した海軍の空戦フラップなどは、欧米航空先進国にもなかった日本独自の装備であり、大いに誇ってもよいものだろう。

ただ、太平洋戦争という未曽有の激戦に臨んだとき、乗員の保護を目的とした防弾装備、非常脱出装置の開発などに関し、遅れをとったことは否めない。

機体の損耗は生産体制の強化で補えるが、乗員の損失を補うのは簡単ではない。軍に入隊し基礎教育から始め、一人前の乗員としての技倆を習得するには、少なくとも2～3年を要する。その乗員養成システムが欧米列強国に比べて小規模だった日本は、戦力維持という面からして乗員保護対策は最優先の課題として取り組まねばならない筈だった。

それがおろそかになっていたという点で、陸海軍の軍事航空に対する意識が正当性を欠いていたと言える。操縦室の変遷を通して垣間見える欠陥も、そうした負の一断面ではあるまいか。

←陸軍 キ一〇八試作1号機の「まゆ型」気密操縦室を左側上方より見る。窓ガラスが脱落していて完全ではないが、操縦士が出入りする上方ハッチの開状態がよくわかる。広い容積の気密室を製作することが難しかったが故の、苦心の作であった。

第五章 陸、海軍機の燃料タンク史

複葉羽布張り機時代のタンク

明治時代末期の陸、海軍航空草創から、昭和ひと桁時代までを通した各種軍用機の大半は、複葉羽布張り構造であった。のちの全金属製単葉構造機と異なり、断面の厚みも小さい主翼内には燃料タンクは設置しにくく、必然的に胴体内の機体重心位置近くに、二つくらいまでのタンクを設置するのがせいぜいだった。

タンクの位置が重心近くでないとまずいのは、飛行中に燃料が消費されるにつれ重量バランスが変わり、不安定になるのを防ぐためである。

飛行性能の向上は、すなわち発動機出力の向上なしには不可能であり、それは燃費の増加とも比例し、新型機への更新とともに必要燃料量も増加した。しかし、胴体内スペースにも自ずと限りがあるので、むやみにタンク容量を拡大することはできない。これは、機体が小柄な単発機にとっては切実な問

海軍 三式艦上戦闘機の上翼燃料タンク

陸軍 九五式戦闘機の燃料タンク配置

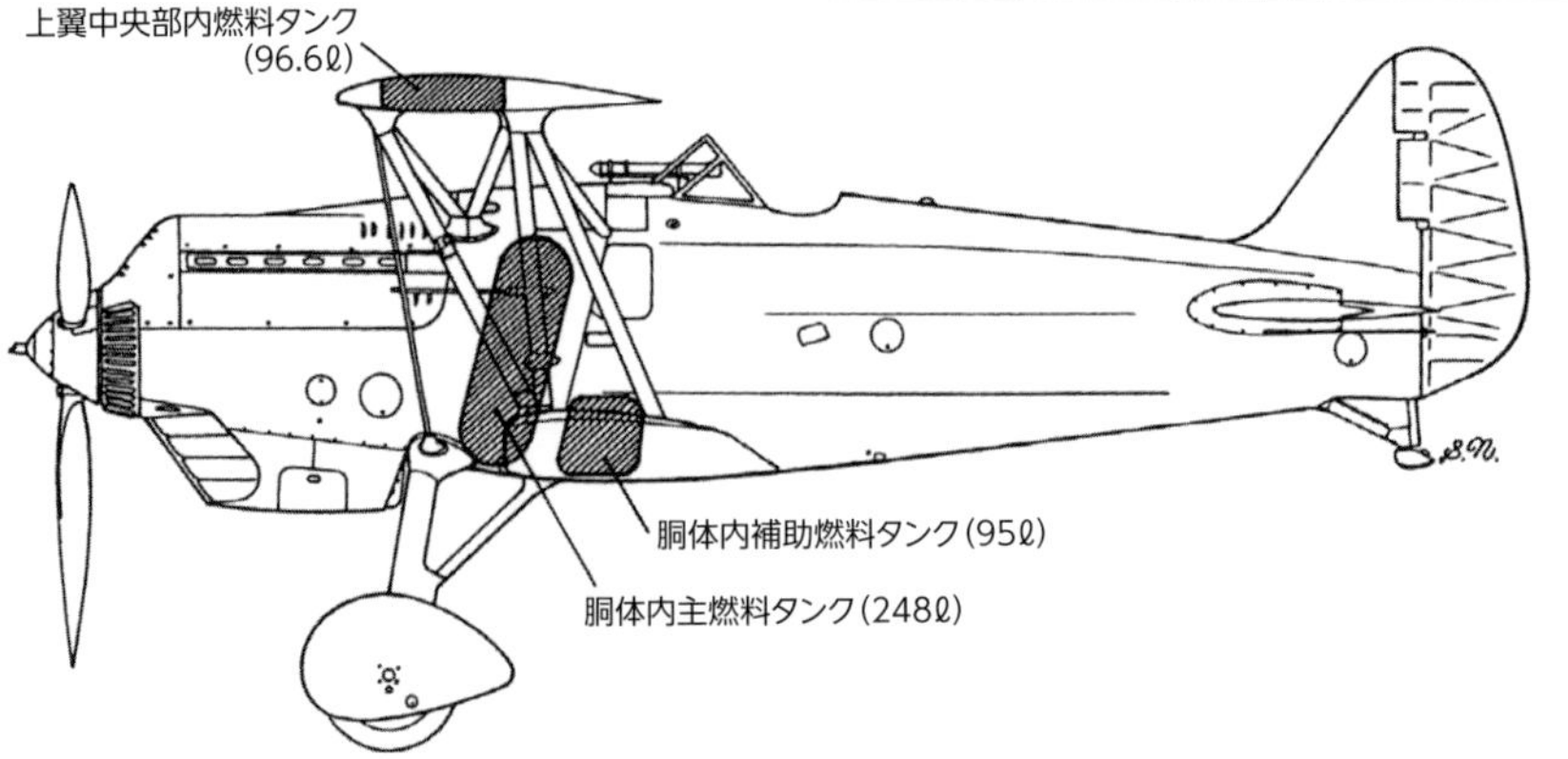

題だった。

こうした、単発小型機の搭載燃料の増加を図る手段のひとつとして考えられたのが、上翼下面に薄いスリッパ状の増設タンクを貼り付ける、もしくは、上翼中央部分を金属製にして、その内部を燃料タンクにする案。

前者の例としてよく知られるのは、昭和４（１９２９）年制式兵器採用の海軍三式艦上戦闘機、翌５（１９３０）年制式兵器採用の同三式陸上初歩練習機など。もっとも、前者はイギリスはグロスター社の「ガムベット」が原型であり、日本独自の案ではなかったが……。

上翼中央部分を金属製にして、その内部を燃料タンクとして利用した機体は、陸軍九五式一型練習機、同九五式戦闘機などがある。

因みに、昭和７（１９３２）年４月に制式兵器採用された、海軍九〇式艦上戦闘機の胴体内タンクは、側面の殻がそのまま胴体外鈑を兼ねる、一種のセミ・インテグラル式タンクとなっていたのが珍しい。このタンクは銅鈑製で錫メッキが施してあり、目止めをハンダ付けとしていた。

艦上機の航続力延伸策

昭和７（１９３２）年１月末、中国大陸・上海で日本海軍陸戦隊と中華民国陸軍が武力衝突し、いわゆる「上海事変」が勃発したのをきっかけに、海軍空母部隊の大陸沿岸部での活動機会が増えた。

これは同時に、空母艦上機の行動域拡大を招き、実用機の航続力延伸を促した。その具体策として採用された案のひとつが、流線形の大きな筒型燃料タンクを、艦上攻撃機の胴体下面に取り付けるというアイディア。

最初にこれを実用したと思われるのが、上海事変勃発直後の昭和7年3月に制式兵器採用された、八九式艦上攻撃機。同様のものは翌８（１９３３）年８月に制式兵器採用された、九二式艦上攻撃機も継承した。

→胴体前方内部の燃料タンクの左右殻が、そのまま外鈑を兼ねる、一種のセミ・インテグラル式タンクとした海軍 九〇式艦上戦闘機。写真に被せた矢印部分が該当部で、機体が小柄なだけに、必要な燃料容量を確保するための工夫であったが、平和な時代だからこその措置である。

昭和12（1937）年7月に、大陸で支那事変（日中戦争）が勃発すると、航空母艦搭載の艦上機も大陸沿岸から内部深くまで飛行して、地上目標への攻撃に任じたが、そうしたときに役立ったのが前述の筒型増設燃料タンク。

その支那事変初期に、九二式艦攻は胴体下面に筒型増設燃料タンク、左、右下翼下面に三番（30kg）、または六番（60kg）小型爆弾各三発という兵装で出撃した。

いっぽう、小柄な九五式艦上戦闘機には、このような大型タンクは取り付けられないため、別途考えられたのが、左、右下翼付根下面に卵を縦に半分カットしたような増設タンクを、密着して取り付ける案。

むろん、のちの落下式増槽のごとき投棄機構はないので、燃料を使い切ったあとは、ただの空気抵抗源になるだけの〝厄介物〟だったが、相応の航続力延伸には寄与し、海上不時着水時には〝ウキ〟の役割りを果たすというメリットはあった。

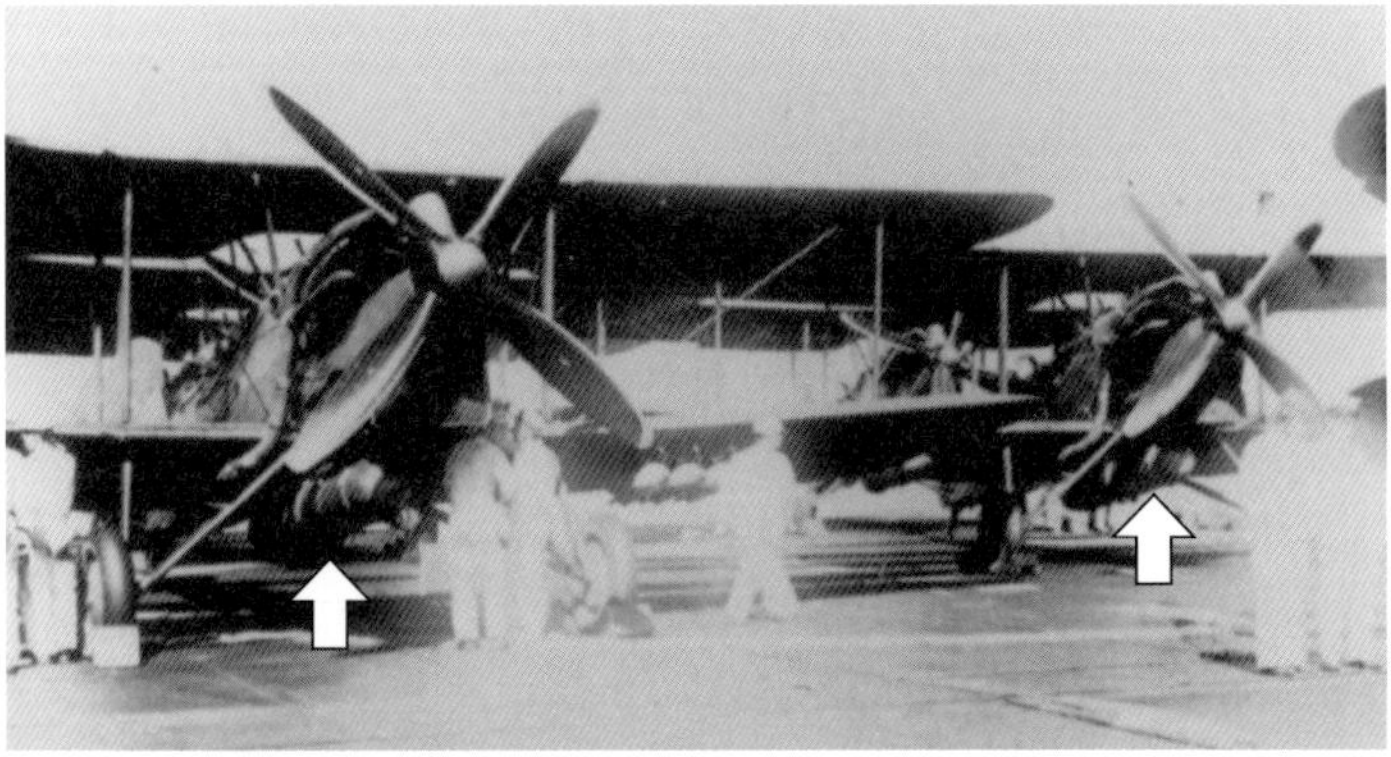

→支那事変初期の昭和12年、大陸沿岸を行動中の空母「龍驤」飛行甲板上で、出撃準備を行なう海軍九二式艦上攻撃機。胴体下面に筒状の増設燃料タンク(矢印部分)が取り付けてある。

→これも、支那事変の初期に大陸に派遣されていた、陸上基地部隊の第十二航空隊所属、海軍 九五式艦上戦闘機。下翼付根下面に、半卵型の増設燃料タンク(矢印部分)を取り付けている。

全金属製単葉機時代のタンク

１９３０年代なかば、列強各国軍用機の主要機種が従来までの複葉羽布張り構造から、近代的な全金属製単葉構造に〝脱皮〟すると、燃料タンクの設置法にも相応の変化が生じてきた。

いちばんの特徴は、それまでタンクの設置に不向きだった主翼内部が、その対象スペースになったことだろう。とりわけ、二名以上の乗員が搭乗する単発の爆撃、攻撃機や双発の同種機では、複葉機時代に比べてエンジン・パワーも大きくなり、それに比例して燃費も増したため、より多くのタンク容量を必要とした。

しかし、胴体内により以上のタンク・スペースを確保するのは難しく、必然的に主翼内部に設置せざるを得なくなった。

通常、燃料タンクはアルミニウム、またはジュラルミン鈑を熔接、もしくはリベット止めして殻状に製作するのだが、主翼骨組みの関係もあり、単体で大きなものは収められず、必要量を何個かのタンクに小分けして設置するのが普通である。

例として、昭和８（１９３３）年仮制式制定（採用の意）の、日本陸軍九三式重爆撃機［キ１］の配置を下に示す。この図中の増設タンクとは、爆弾を携行しない長距離移動時などに用いるもので、普段は使わない。

当然のことながら、これだけ多くのタンクを配置すれば、各タンクと発動機（厳密には気化器）を結ぶ配管系統も相当に複雑となる。

通常、各タンク内の燃料は発動機駆動のポンプによって吸い出され、いったん燃料管制器と称するところに集められ、ここから再びポンプによって気化器へと送られた。

それぞれのタンク内燃料の残量は燃料計に示されるので、それをチェックしつつコックを切り換えてゆく。当然、機体の安定という見地からして、重心点より遠いタンクから順に消費してゆ

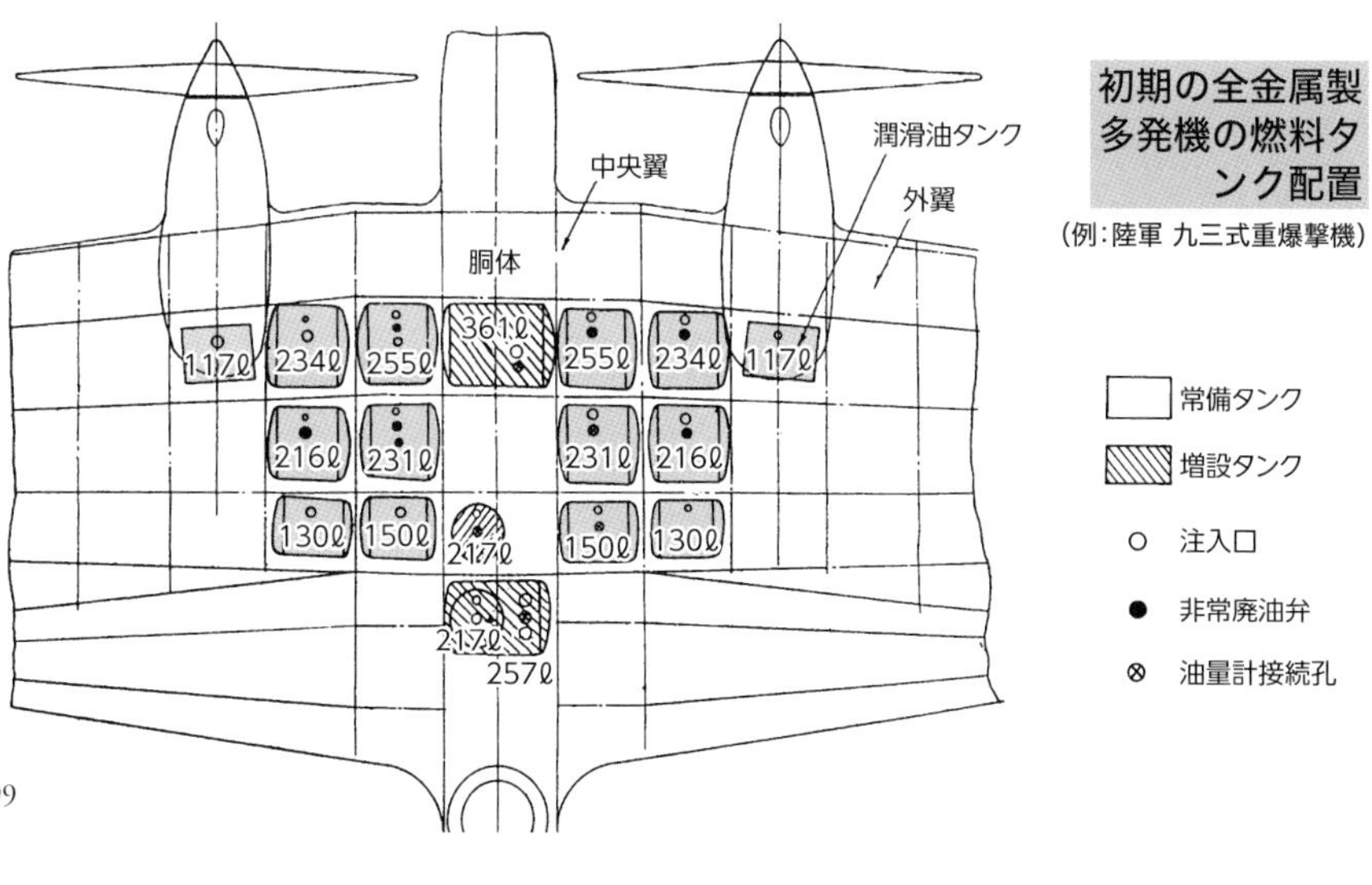

初期の全金属製多発機の燃料タンク配置
（例：陸軍 九三式重爆撃機）

く。

後述する落下（投棄）式増槽／タンクが普及してからの、単発戦闘機を例にすれば、まずその落下式増槽／タンクの燃料から消費し、戦闘空域に入ったら主翼内タンクにコックを切り換えたのち投棄、最後に胴体内タンクに切り換えた。

故障、あるいは戦闘損傷によりポンプが動かなくなった場合に備え、手動ポンプを備えているのが普通で、操縦者は座席近くの把手（レバー）を前後にギコギコと動かして、燃料の供給を滞らせぬようにした。もっとも、これは不時着するまでの応急処置ではあるが……。

インテグラル式タンクの功罪

陸上基地を発進し、遠く離れた洋上で生起する艦隊決戦に馳参じるため、最大4，000㎞という欧米の四発機に匹敵する大航続力を求められた、海軍の九六式陸上攻撃機（昭和11年制式兵器採用）の主翼内燃料タンクは、機体重心点から遠く離れた外翼にまで及んだ。片翼6個、あわせて12個のタンク総容量は合計3，805ℓにも達した。これはドラム缶19本に相当する量である。

この大容量を確保できたのは、タンク数の多さもさることながら、タンク

主翼内燃料タンクの形態バリエーション

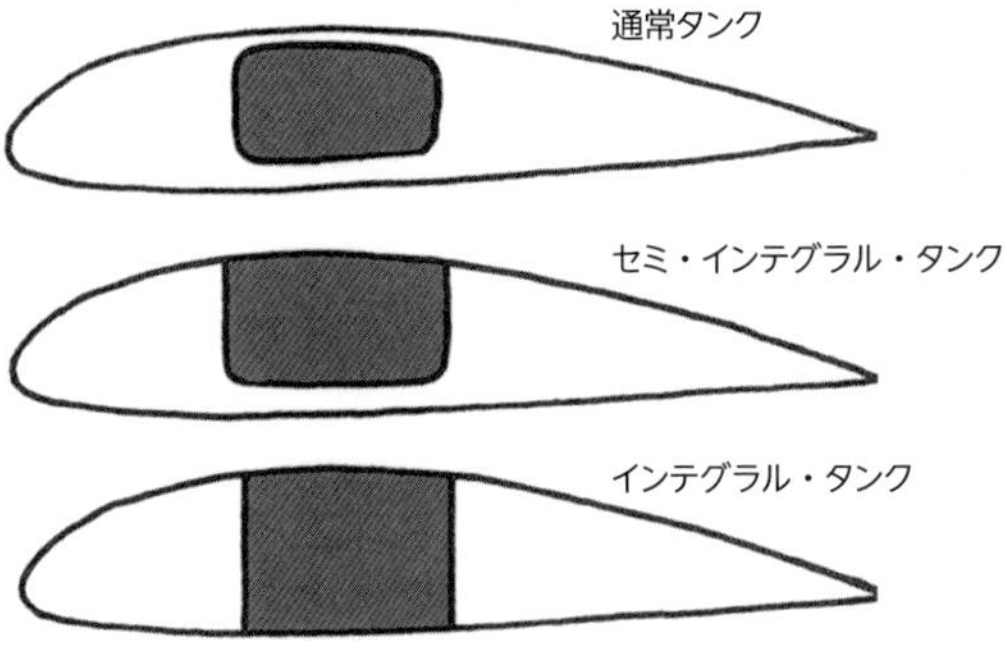

海軍 一式陸攻一一型の主翼内インテグラル式燃料タンク

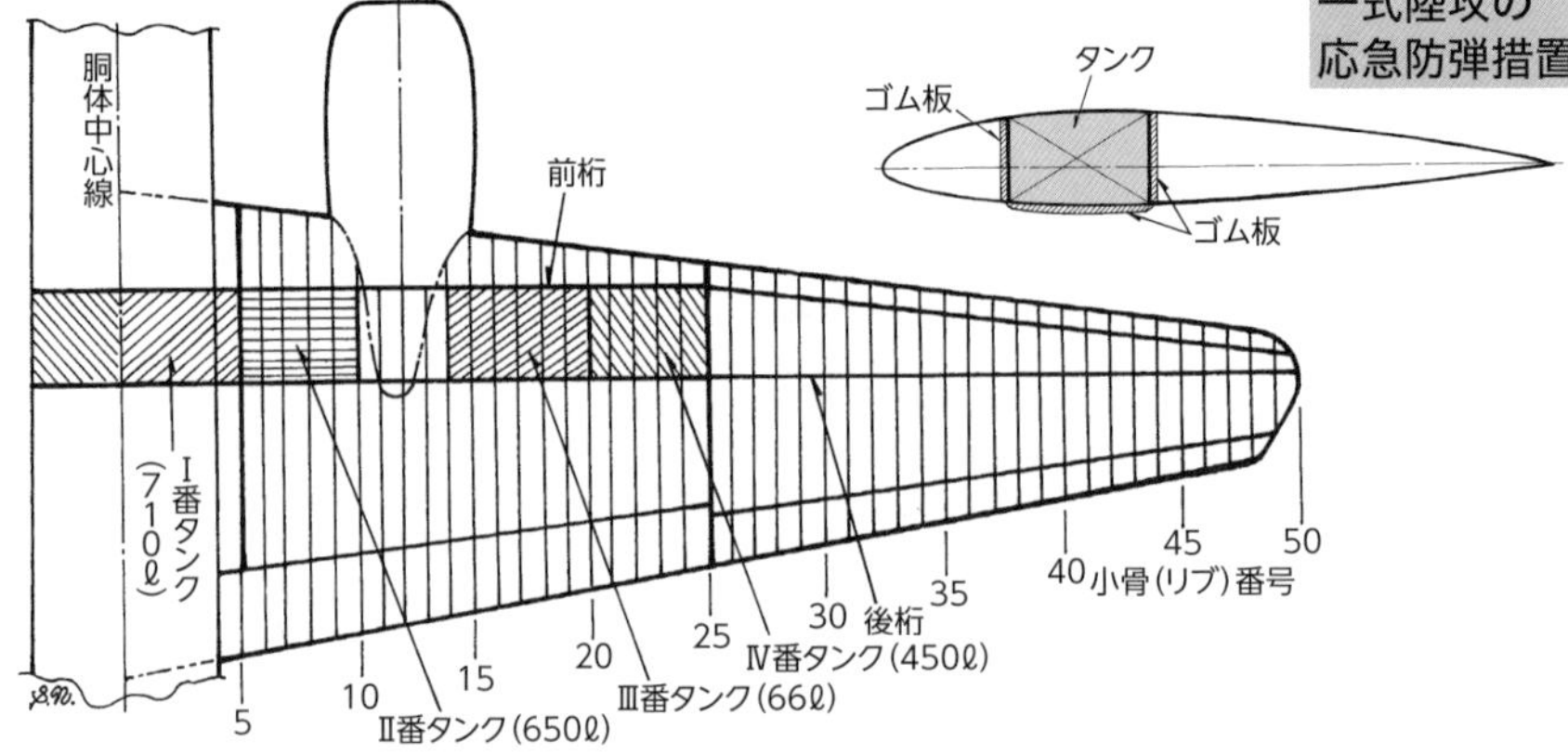

一式陸攻の応急防弾措置

自体を従来までの内部に別途収める方式ではなく、タンクの外殻が主翼外皮の一部を形成する、「セミ・インテグラル式」と呼ばれるタイプにしたことが効いていた。

通常タンクに比べて無駄な空白が少なく、容量が稼げるうえにコストも安い。その効果に味をしめた三菱技術陣は、後継機一式陸上攻撃機（昭和16年制式兵器採用）の設計に際し、さらに効率のよい「インテグラル式」タンクを採用した。

このタンクは、主翼の前、後主桁間の内部一定区画を水（油）密構造にして、そっくりタンク・スペースに利用するというもので、セミ・インテグラル式をさらに凌ぐ容量を稼ぐことができた。

とはいえ、素人目に見ても両タンクは、実戦において敵機の銃撃で被弾すれば、たちまち燃料が漏洩し、発火・炎上の危険が大きいことが容易に理解できる。

その脆さは、支那事変初期の「渡洋爆撃」から実戦投入された九六式陸攻の、想定していなかった被害の多さ、さらには太平洋戦争における一式陸攻の、〝一式ライター〟と自虐的に揶揄されるほどの発火・炎上率の高さにより、図らずも証明されてしまった。

燃料タンクの防弾化

前述した九六式陸攻、一式陸攻に象徴される、日本海軍機の防弾装備軽視のイメージがあまりにも強すぎ、陸軍機も同様だったと思われがちだが必ずしもそうではない。

昭和14（1939）年5月〜9月にかけて、満州国と外蒙古（モンゴル）の国境を挟んで、日本陸軍とソビエト軍が武力衝突した「ノモンハン事件」において、九七式戦、九七式重爆などの主要機が燃料タンクの防弾措置を欠いたために、被弾に対しての脆さを露呈。

逆に、I－15、－16両戦闘機をはじめとするソビエト空軍機は、乗員保護

→敵機の射撃を受けてインテグラル式燃料タンクに被弾、一瞬にして“火の玉”と化し撃墜される一式陸攻。性能ばかりを追求し、防御を軽視した当局の要求が招いた脆弱性ゆえの悲劇だった。

のための防弾装甲板を備え、燃料タンクには不十分ながらもゴム、革などで被覆した防漏、防火措置を講じていたことに衝撃を受けた。

そこで陸軍は、まず九七式重爆の主翼内燃料タンク室の後壁に鋼板を貼り付けたうえに、タンク外周を耐油性ゴムと真綿で被覆した改修型を、7月から翌15（1940）年3月までに、九七式重爆一型乙の型式名で生産して部隊配備した。この防漏、防火措置を施した燃料タンクは、九七式戦などの生産ラインにも導入されている。

このゴムと真綿で覆ったタンクは、せいぜい7・7㎜機銃弾に耐える程度の効果しかなかったが、のちの太平洋戦争開戦後になっても、主要機の全てがまったく防弾対策を考慮しなかった海軍に比べれば、陸軍のほうがより現実的であった。

九七式戦の後継機となった一式戦の燃料タンクは、下に掲載した図の如く、ゴムの被膜が三層あわせて厚さ2．4㎜となり、真綿に代えて、漏洩燃料の

→右下図の防漏／防火対策を講じた一式戦一型「隼」の主翼内燃料タンク。主翼下面のパネルを外した状態で、絹フェルトに包まれた4個のタンクがよくわかる貴重な写真。青竹色に塗られた金属バンドで固定されている。画面下が前縁部。

陸軍 一式戦闘機「隼」の燃料タンク（初期）

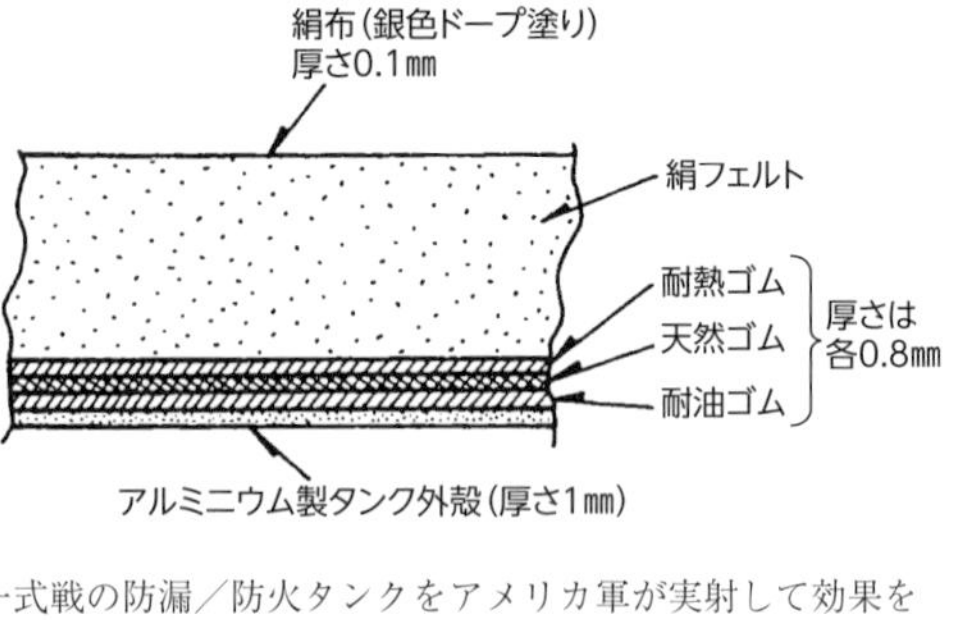

←↖一式戦の防漏／防火タンクをアメリカ軍が実射して効果を試した際の記録写真。少々不鮮明で恐縮だが、上写真の側面に開いた小さな孔（左が7.7mm、右が12.7mm弾）が弾丸の入口。下写真は反対側の弾丸出口を示したもので、12.7mm弾により大きな破孔があき、防漏／防火効果がないことがわかる。

吸収効果がより高い絹フェルトにするなど、改良が加えられていた。

　もっとも、太平洋戦争で相対したアメリカ陸、海軍戦闘機の射撃兵装は、優秀なコルト・ブローニング「M2」.50口径（12・7㎜）機銃に統一されており、一式戦をはじめとした日本陸軍機の防弾タンクは、米軍が接収した機体から取り外した現物の被弾実験写真でも明らかなように、ほとんど効果がなかった。

　ちなみに、当時のアメリカ陸、海軍機の燃料タンクは、耐油性の人造合成ゴム（厚さ約20㎜）の袋にじかに燃料を入れ、その外側を牛革で覆ったうえで、これをアルミニウム合金製の外殻に入れて形を整える、いわゆる「内袋式」と呼ばれた造りの防弾タンクを標準としており、この面においても大きな格差があった。

　日本陸軍機の「外装式」タンクは、機銃弾が貫通すると、本ページ併載図、前ページ写真の如く、その弾丸の〝出口〟部分の外殻が外側にめくれてしまい、燃料の漏洩を防げない。

　その点、アメリカの「内袋式」は機銃弾が貫通しても、厚い合成ゴムが燃料に触れた反応で膨張して破孔を防ぐため、漏洩は最小限に抑えられ、火災も起きにくいという特徴があった。この内袋式タンクはイギリス、ドイツでもほぼ時期を同じくして普及しており、英語圏ではセルフ・シーリング・タンク（自動防漏タンク）と称した。

日本海軍機の防弾タンク

　太平洋戦争もなかば頃に至り、無防備な燃料タンクに被弾して瞬時に爆発、もしくは火災を発生し、火ダルマになって墜落する零戦や一式陸攻などの損害が急増。こうした現状に、ようやく〝目を醒ました〟日本海軍は、一式陸攻の主翼インテグラル式燃料タンクの前、後壁面と下面に、漏洩防止のためのゴム板を貼り付けたり、零戦の新型（五二型）の主翼内タンクの周囲に、被弾して火災が発生したとき、炭酸ガ

防弾タンクの効果の違い

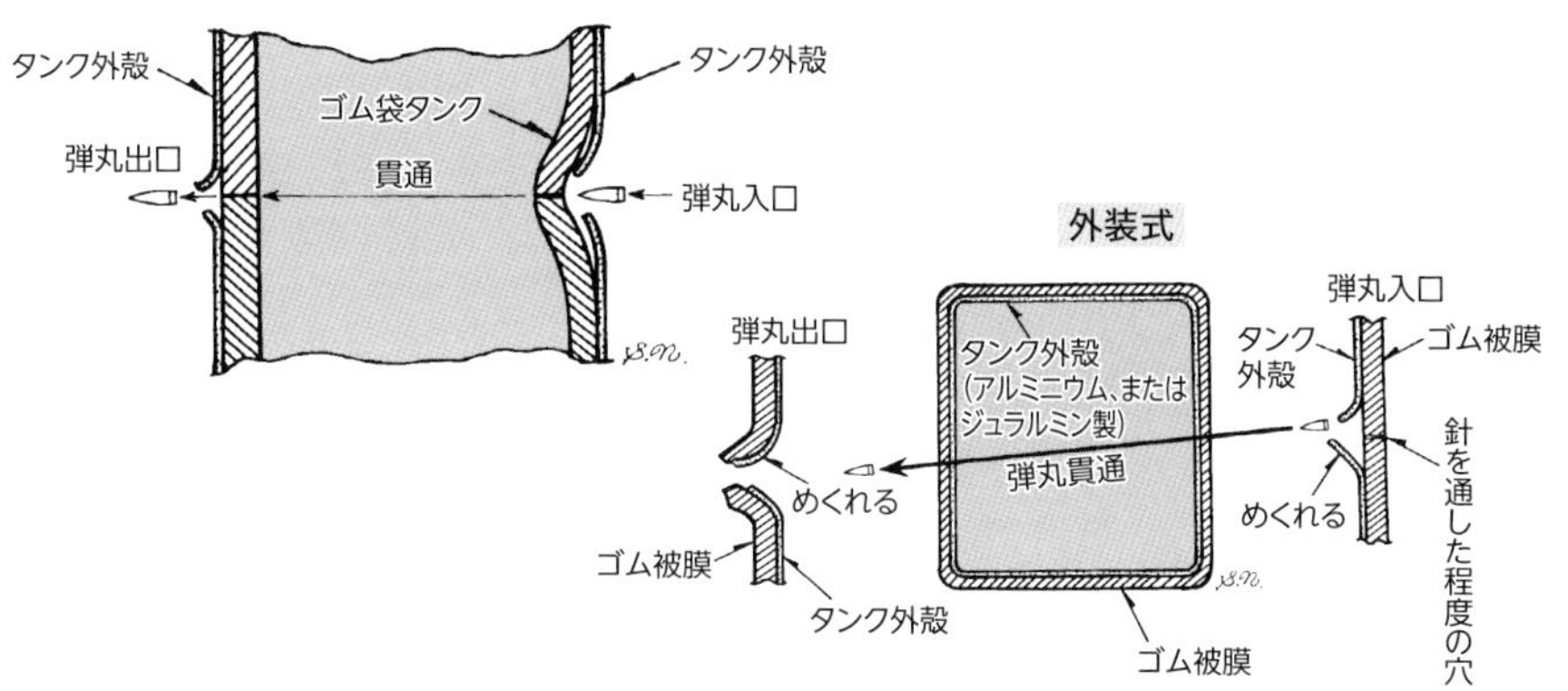

スを噴霧する自動消火装置を巡らすなどの対策を講じた。

しかし、こうした〝その場凌《しの》ぎ〟の対処法では、十分な効果をあげ得ないのも当然だった。緒戦期に比島、蘭印方面で鹵獲したアメリカ陸軍のP－40、B－17などを検分して、その内袋式防弾タンクの造りは把握していたものの、日本では良質の耐油性合成ゴムの製造が困難だったため、同様のものは造れなかった。

そのため、昭和19（1944）年に入ってから配備が本格化した、局戦「雷電」「紫電」などの新型機は、陸軍機に倣った、タンク外面に合成ゴムの皮膜を被せる外装式の防弾対策を講じた。

この合成ゴム皮膜は、軽量化を図るために加硫ゴム（スポンジ・ゴムと同様、内部に気泡があるが、その気泡ひとつひとつが独立しているのが特徴）を、耐油、耐熱ゴムの薄い層でサンドイッチしたもので、約12㎜の厚さがあった。そして、その表面に破孔を小さく抑えるための金網を張った。

雷電、紫電改の取扱説明書ではこのタンクを「防弾タンク」あるいは「ゴム外装式防弾タンク」と表記しており、近年アメリカで復元された紫電改、晴嵐の作業過程で撮影された写真でも確認できた。

この防弾タンクの導入を最も切実に求めていた一式陸攻は、最後の量産型三四型〔G4M3〕になって、ようやく主翼設計を一新し、併載図、写真の如く片翼六個を収める形になった。だが、皮肉なことに本型が就役を始めた昭和19年末頃には、性能上の旧式化と戦況の悪化などもあって陸上攻撃機としての使いみちが無くなっていた。

戦争後期の陸軍一式戦三型、三式戦、四式戦なども、同様な造りの防弾タンクを導入したが、戦後にアメリカ軍が接収機のタンクを実射して効果を確認したところ、.50口径（12・7㎜）弾に対してもシーリング（破孔閉塞）効果はなかったという。

戦争後期の陸、海軍機外装式防弾タンク

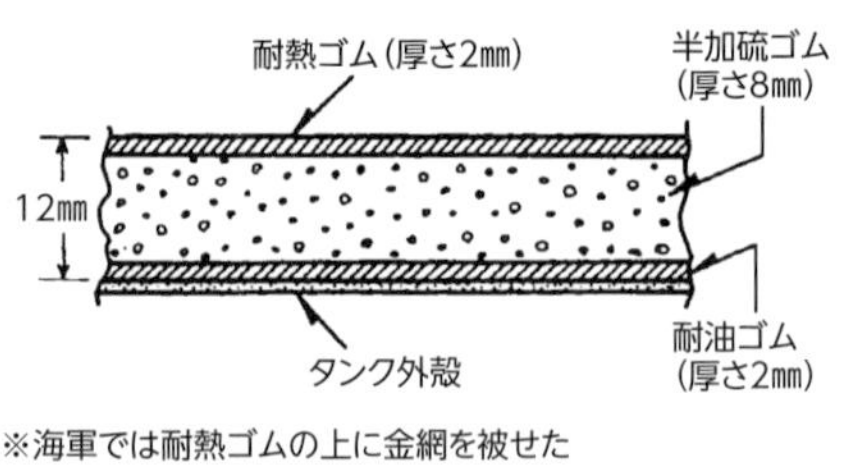

※海軍では耐熱ゴムの上に金網を被せた

↑右上図に示した、戦争後期の海軍機の防弾燃料タンク例。局戦「紫電改」の左主翼内タンクを、下面の着脱パネルを外して見上げたカットで、ゴム被覆の上に金網を被せた様子がよく分かる。まったくの無防備だった零戦の燃料タンクに比べれば、被弾に対する耐久性はいくらか向上していたものの、外装式故に宿敵F6F、F4Uの、.50口径（12.7㎜）機銃弾による発火・炎上の危険は孕んでいた。

零戦の「カネビアン」内装式防弾タンク

後継機不在という由々しき現状のため、戦争後期になってもなお、主力戦闘機の座にとどまらざるを得なかった零戦だったが、設計、性能上の旧式化は如何ともしがたく、空中戦における被弾率は高まる一方だった。

そのため、昭和19年に入り主翼内のタンクを内袋式の防弾タンクとすることが決定された。従来まで内袋式のタンクは製造不可能とされていたが、良質の合成ゴムの代わりに「カネビアン」と称した、ポリ・ビニール系合成樹脂の皮膜で補えることがわかり、可能となった。

カネビアンは、化学繊維メーカーの鐘ヶ淵紡績（戦後のカネボウの前身）が研究・開発したもので、次ページ併載図に示したように四層の合成ゴム膜の内側に貼り付ける。厚さはわずか0.3㎜ときわめて薄い。

この〝カネビアン防弾タンク〟は、昭和19年10月から量産に入った五二丙型以降に導入予定とされ、艦攻「天山」などの他機種にも採用される計画だった。

しかし、カネビアンの製造そのものが思うように捗らなかったのと、翌20年（1945）年4月には沖縄攻防戦

燃料タンク構造例（海軍 陸上爆撃機「銀河」）

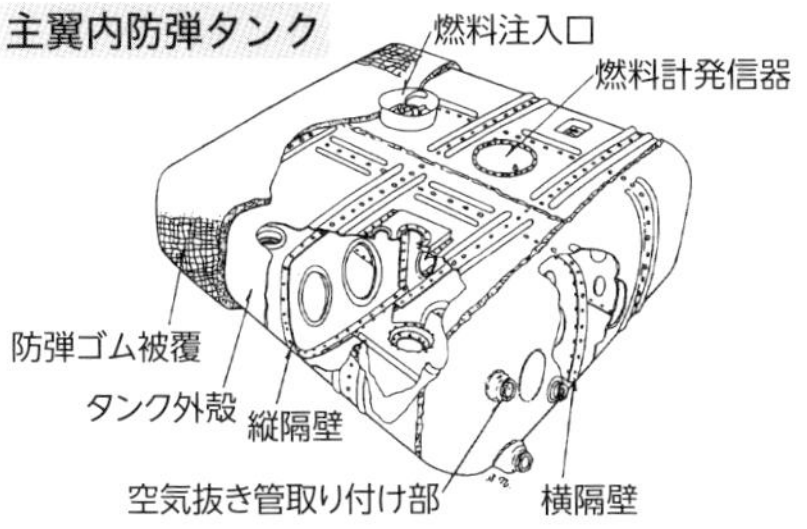

主翼内防弾タンク

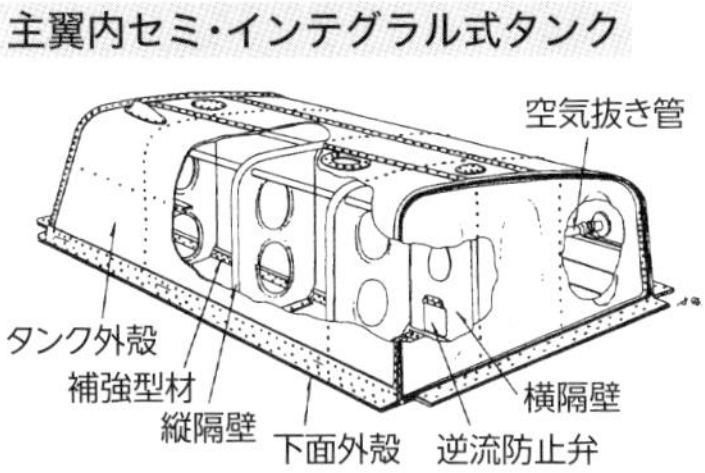

主翼内セミ・インテグラル式タンク

↑右図に示した一式陸攻三四型のⅢ、Ⅳ、Ⅴ番タンクを下面側より見る。

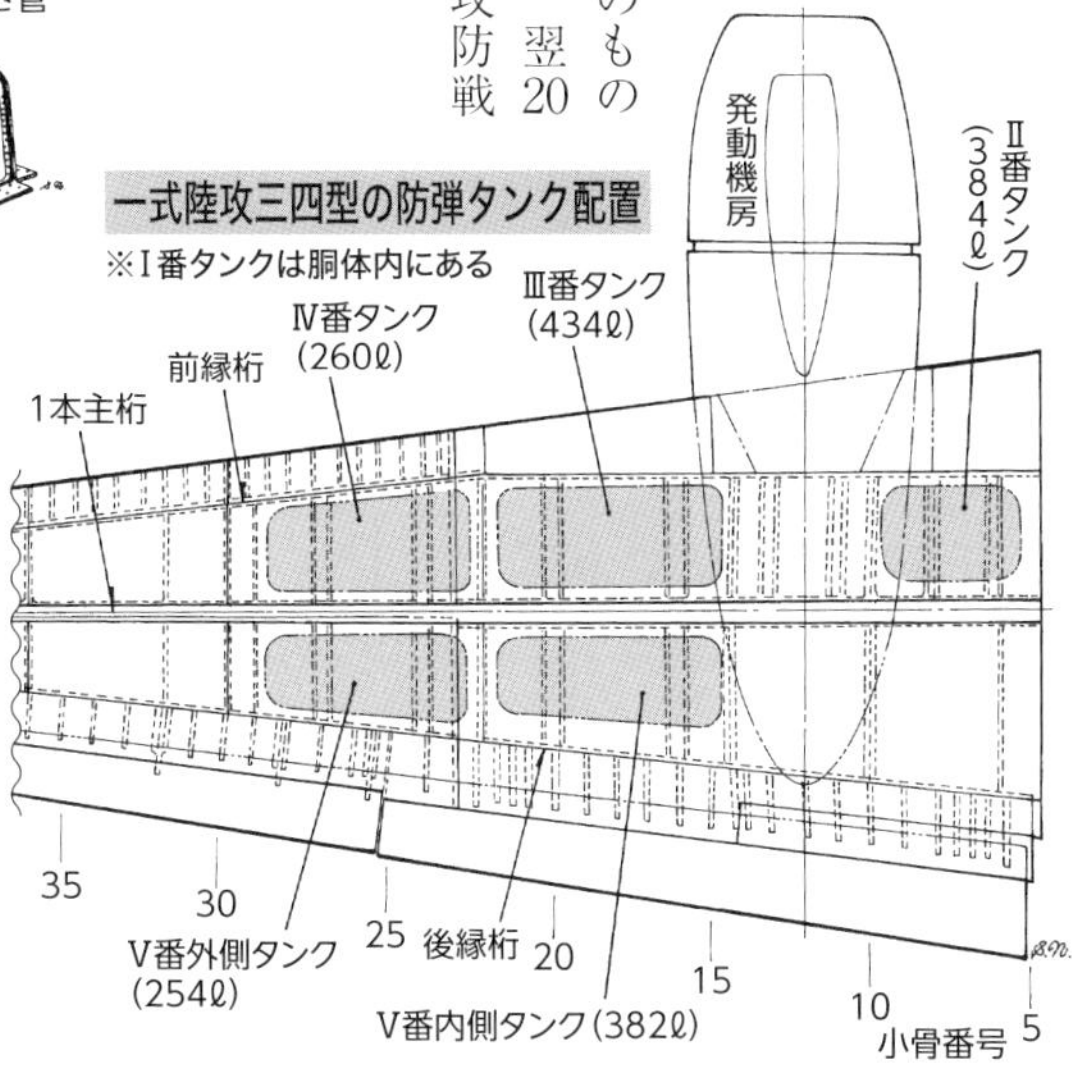

※Ⅰ番タンクは胴体内にある

が始まってしまい、通常タンクに比べると容量がかなり減少し、航続力の低下が避けられないカネビアン・タンクは、特攻機以外の各機種には好ましくないと判断され、結局、導入は見送られてしまった。零戦悲願の防弾タンクは幻に終わったのである。

世界に先駆けた落下式増槽

機内設置の燃料タンクの防弾能力という面において、欧米列強国に比べてかなり劣ったという事実はさておき、燃料タンク関連の装備面において唯一誇れるものがある。それは世界に先駆けて落下（投棄）式の増設タンクを普及させたこと。その嚆矢となったのが、昭和11（1936）年制式兵器採用の海軍九六式艦上戦闘機だった。

固定する筒型の大型増設槽は、すでに八九式艦攻などが実用していたが、空中戦を行なう戦闘機には到底使えない。そこで考えられたのが、燃料を使い切ったあとの増設槽を、操縦室内の

主翼内主タンク（左翼上面側を示す）

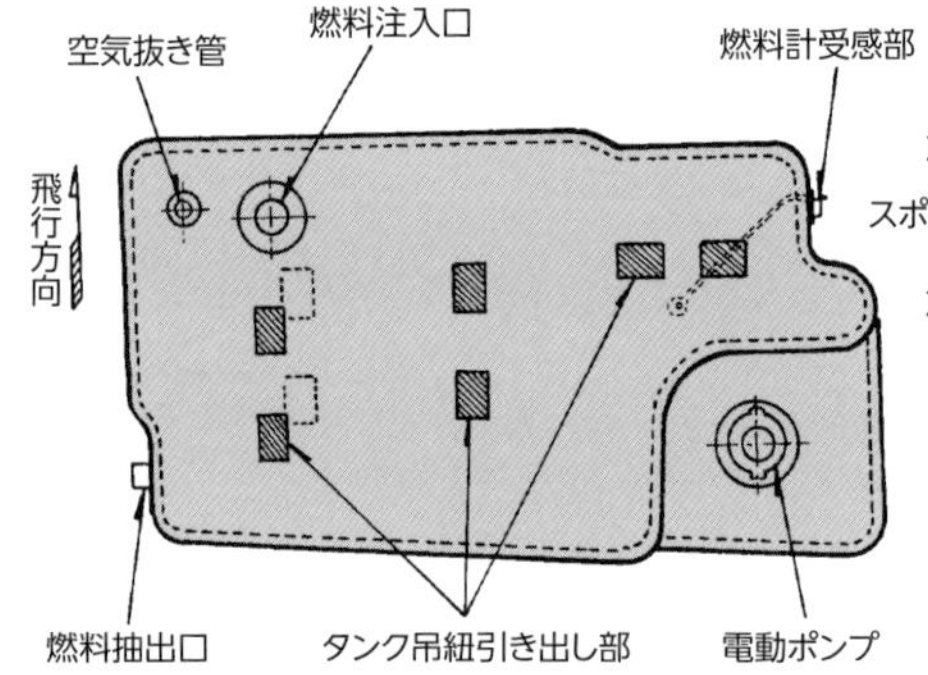

零戦五二丙型以降が予定した内袋式「カネビアン」防弾タンク

タンク殻断面図（厚さ単位：mm）

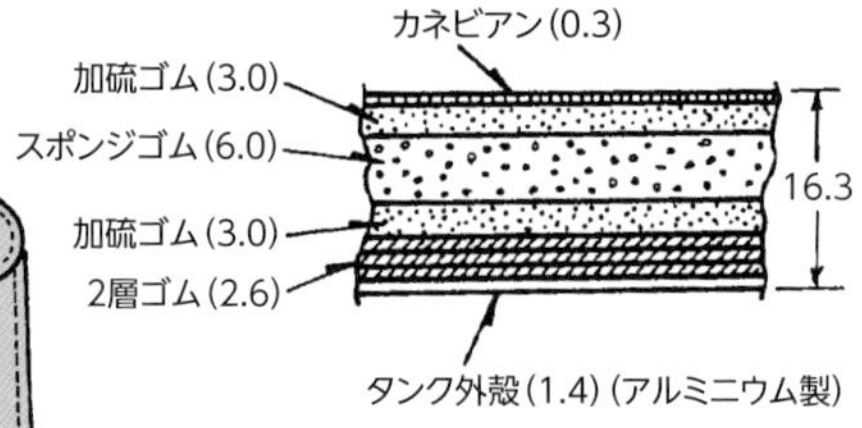

↑右図に示した「スリッパ型」の落下式増設槽を懸吊した九六式二号一型艦戦。しかし、このタイプは気流の関係で上手く落下せず、二号二型以降は流線形筒型に変更された。

海軍 九六式艦戦の初期落下増設槽（タンク）

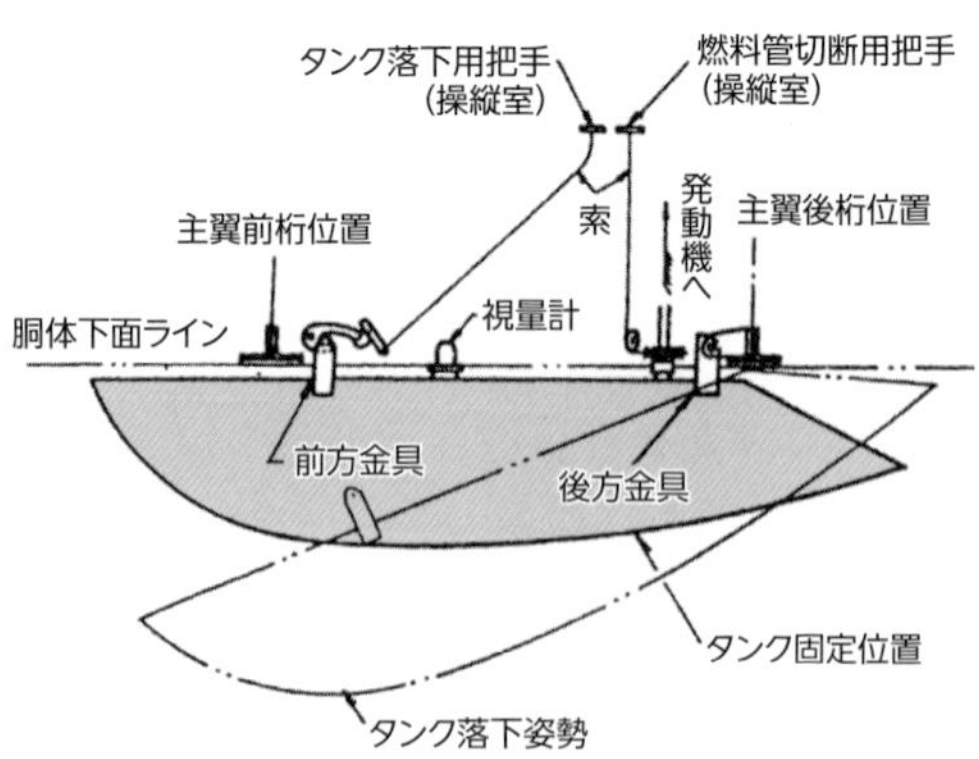

レバー操作で切り離し（投下）できるようにすればよいということ。

似たような落下式タンクは、すでにアメリカ海軍のＦ４Ｂ複葉戦闘機が１９２９年に実用化していたが、その後継機Ｆ３Ｆでは用いられず、広範に普及せず途絶えてしまっていた。

その落下式増槽は、当初左右主脚間の胴体下面に、タンク上面が密着するタイプだったが、切り離し操作しても気流の影響でタンクが上手く離れない欠点があった。

そこで、三番目の生産型式である二号二型以降、懸吊金具と一体になった流線形の筒型に改良され、投棄もスムーズに行なえるようになった。これをさらに洗練させたのが、零戦の落下式増槽である。

増槽の容量も順次増加し、九六式艦戦の当初の密着型は１００ℓ、同二号二型以降は１６０、または２１０ℓ、零戦のそれは３２０ℓという具合。零戦二一型の最大３，３００㎞にも及んだ類稀な大航続力は、この落下式増槽があったればこそ実現した値だった。

陸軍戦闘機の落下タンク

投棄式増槽の導入で海軍に先を越された陸軍は、昭和13（１９３８）年に入って部隊配備を開始した、中島九七式戦が初めて装備した。

懸吊方法は、当初の九六式艦戦のそれに倣ったもので、卵を縦に半分切った形のタンクの、その切断面に相当する面を左、右主脚内側の主翼下面に密着させ、金具に引っ掛けて懸吊した。容量は各１３３ℓで、２個あわせて２６６ℓと、九六式二号二型以降の筒状型より多かった。

ちなみに、陸軍では落下増槽、または増設タンクとは呼ばず、「落下タンク」を正式呼称とした。これも海軍への対抗意識の表われだろう。

なお、この落下タンクは、外殻が機内タンクのアルミニウム製（厚さ１・２㎜）とは異なり、厚さわずか０・５㎜の錫メッキを施した銅鈑製である。

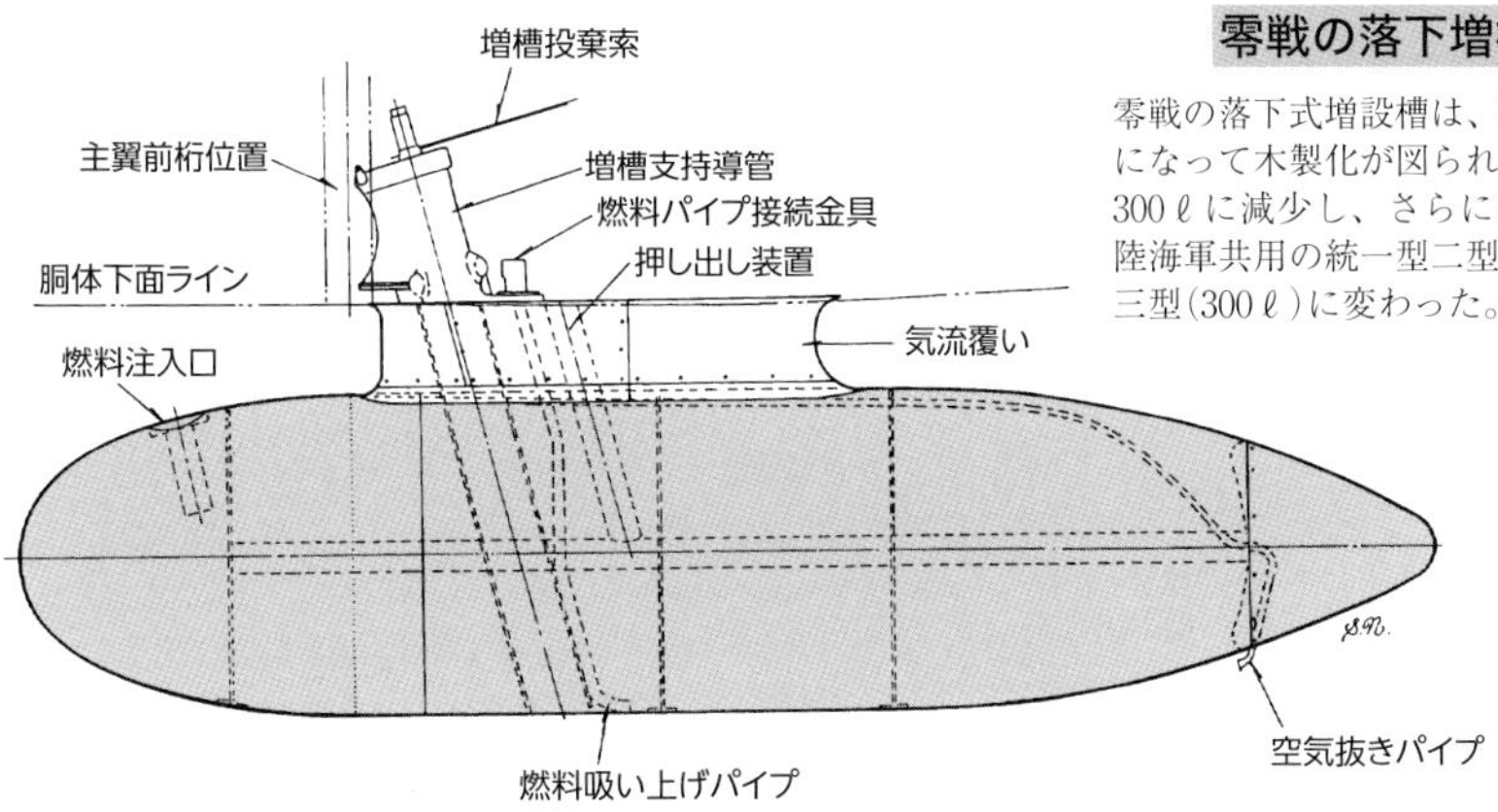

零戦の落下増槽構造

零戦の落下式増設槽は、戦争後期になって木製化が図られ、容量が300ℓに減少し、さらに末期には陸海軍共用の統一型二型（200ℓ）、三型（300ℓ）に変わった。

原則的には使い捨てのパーツ故であろう。

機内、落下タンクを合わせた計596ℓの燃料で得られた九七式戦の航続力は、九六式艦戦より約200km少ない960km。

しかしこの航続力では、来たるべき太平洋戦争開戦後の南方進攻作戦に際し、陸軍航空が担当する、仏印（現・ベトナム、カンボジア地区）からシンガポールまでの往復作戦飛行が困難だった。

そこで、オクラ入り濃厚だったキ43が、急遽「遠距離戦闘機」という名目により、昭和16（1941）年5月に「一式戦闘機」の名称で仮制式制定（採用）されたというのは周知の経緯である。

この一式戦の落下タンクも、当初は九七式戦のそれに準じた容量160ℓの半卵形だった。しかし、遠戦としての登用に際し参謀本部から要求された、行動半径1,000kmを実現するため、零戦のそれに似た、「爆弾型」と称し

陸軍 九七式戦の落下タンク

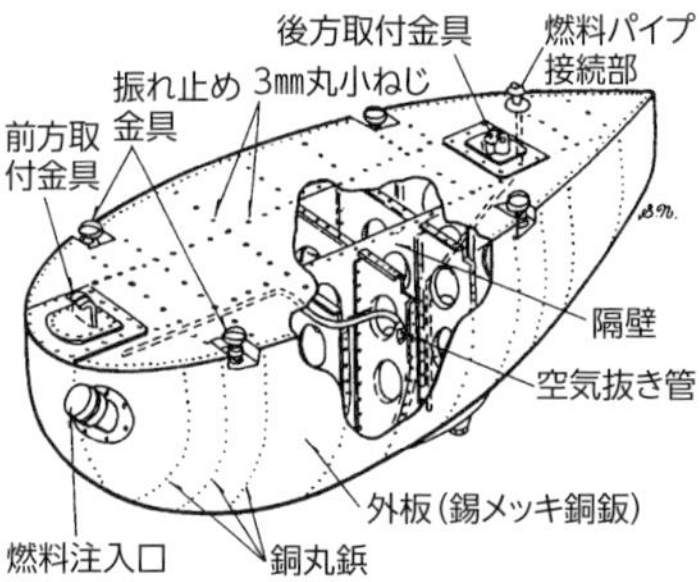

→上図に示した半卵形の落下タンクを、主脚内側の左右主翼下面に各1個懸吊した九七式戦を正面より見る。

→陸軍 四式戦闘機「疾風」の左主翼下面に懸吊された、陸海軍共用の統一型二型落下タンク。この統一型二型には、木製と竹製の2種があり、後者の外皮はなんと柿渋を2回塗りした和紙2枚張り！！という、“超エコ”版だった。

た流線形の筒状（容量200ℓ）に変更された。

　左右で二個、あわせて計400ℓの容量は零戦の一個のみ320ℓを凌ぎ、一式戦は要求どおり行動半径1，000㎞をクリア（最大航続力は2600㎞）した。ちなみに、この一式戦の爆弾型落下タンクの素材も、九七式戦のそれと同じ錫メッキ処理の銅鈑製である。

陸海軍共用の統一型落下タンク

　太平洋戦争後期に至り、あらゆる物資が不足し始めた現状に鑑み、陸、海軍は原則使い捨ての落下増槽／タンクの製造コスト低下、且つ使用現場での融通性を図るため、「統一型」と称する共用タイプにすることを決めた。

　金属材料は使わず、素材は合板、もしくは竹／和紙とし、容量別に二型（200ℓ）、三型（300ℓ）、四型（400ℓ）、七型（700ℓ）の四種を用意した。

　懸吊法は、タンク上面に取り付けた金具に機体の懸吊鈎を引っ掛けて吊し、その前後を飛行中にブレぬよう、三日月形の金具で押さえるというもの。

　戦闘機は二、三、四型が使用対象だったが、陸軍の一式戦～五式戦は左右主翼下面に各1個懸吊というスタイルを通したため、二型のみの使用にとどまった。しかし、海軍は零戦の爆・戦仕様が二型、通常型は三型を、「雷電」は三型、もしくは四型、「紫電（改）」は四型という具合に使い分けた。七型はさすがに大きいせいか、海軍の偵察機「彩雲」くらいしか使用例がない。


↓容量700ℓの特大の統一型七型落下増設槽を懸吊して飛行する、海軍 艦上偵察機「彩雲」。さすがにこの大容量だと竹製骨組に和紙の外皮という訳にはいかず、骨組は木製、外皮も合板だった。

column 2　陸海軍航空燃料事情

　言うまでもなく、ピストン（レシプロ）エンジン（発動機）の燃料はガソリンであり、石油を精製して製造する。しかし、石油資源に乏しい日本は太平洋戦争前まで、主にアメリカ産の原油を輸入して精製し、航空燃料を賄っていた。

　ところが、昭和15（1940）年7月アメリカが日本に対する経済制裁の一環として石油の輸出を禁止したため、航空燃料は言うに及ばず、艦船の燃料である重油も含めて、その供給が途絶する危機に陥った。これがため、日本は南方油田地帯の占領に活路を見出さざるを得なくなり、太平洋戦争開戦に踏み切ったと言える。

　幸い開戦から数か月の間に、ボルネオ島、スマトラ島の二大石油産出地帯を占領できたことで、航空燃料事情は一気に好転。それまで、海軍の91オクタン価燃料に比べ、一段低質の87オクタン価燃料使用に甘んじざるを得なかった陸軍主要機種も、スマトラ島の良質な精油施設が生み出す、92オクタン価の燃料を潤沢に使用できるようになった。

　さらに、翌18（1943）年5月頃になると、内地では製造困難な100オクタン価の燃料も使用できるようになり、海軍よりも恵まれた燃料事情を享受した。

　しかし、昭和19（1944）年なかば頃になると戦局が悪化し、内地に原油、航空燃料を搬送する輸送船が、アメリカ海軍潜水艦の攻撃で次々に撃沈され、陸、海軍ともに南方以外に展開する航空部隊の燃料不足が深刻化。最後にはアルコールを混入して量を確保したり、松根油を代用せざるを得ない悲惨な状況を呈し、そのまま敗戦を迎えた。

→燃料車（左）から左主翼内のタンクに燃料を補給される、陸軍 一式戦闘機一型「隼」。最初の生産型である本型の取扱説明書には、使用燃料は「航空87揮発油」、すなわち87オクタン価のガソリンと明記されているが、昭和17（1942）年春以降は92オクタン、さらに同18（1943）年に入って就役した二型では、100オクタン価の高品質ガソリンも使用した。

第六章　陸、海軍戦闘機の固定射撃兵装発達史

陸、海軍個別に国産化した七粍七機銃

　明治時代末期の軍航空草創から大正時代を通じ、装備機の大半を欧米航空先進国からの輸入、およびライセンス生産機で賄ってきた日本陸、海軍は、当然のことながら、機体の各種艤装品についても同様だった。

　戦闘機の〝命〟とも言える固定射撃兵装、すなわち航空機関銃についても例外ではなく、陸、海軍ともに、イギリスのビッカース社製7・7㎜機銃（正式には．303口径）を購入し、装備していた。

　しかし、大正時代の末頃になると戦闘機の保有数も増え、輸入に頼るだけでは必要数を満たすこともままならなくなり、早急なる国産機銃の開発が叫ばれるようになった。

　そこで陸、海軍ともに、ビッカースE型を始めとする各国製機銃を研究し、独自開発も検討したのだが、如何せん技術力がともなわず断念。まず、陸軍が昭和2（1927）年に、ビッカースE型7・7㎜機銃のライセンス製造権を購入し、造兵廠にて生産を開始。同4（1929）年、八九式固定機関銃の名称で制式採用した。

　いっぽう、海軍もほぼ併行してビッカースE型の国産化を企図しており、大正末から昭和のはじめにかけて、技術者をビッカース社に派遣。その製造ノウハウを習得させ、彼らの帰国を待ってライセンスの取得、および呉海軍工廠における生産をすすめた。海軍の制式名称は「毘《び》式七粍《ミリ》七固定機銃」である。

　このように、同じ外国兵器を陸、海軍がそれぞれ別個にライセンスを取得し生産するというきわめて非合理的な行為は、すでにこの頃から始まっていたわけだ。のちに太平洋戦争という国家非常時を迎えたとき、それによる弊害が大きくクローズ・アップされるのだが、その病根がいかに根深く、また容易に改善されるものではなかったこ

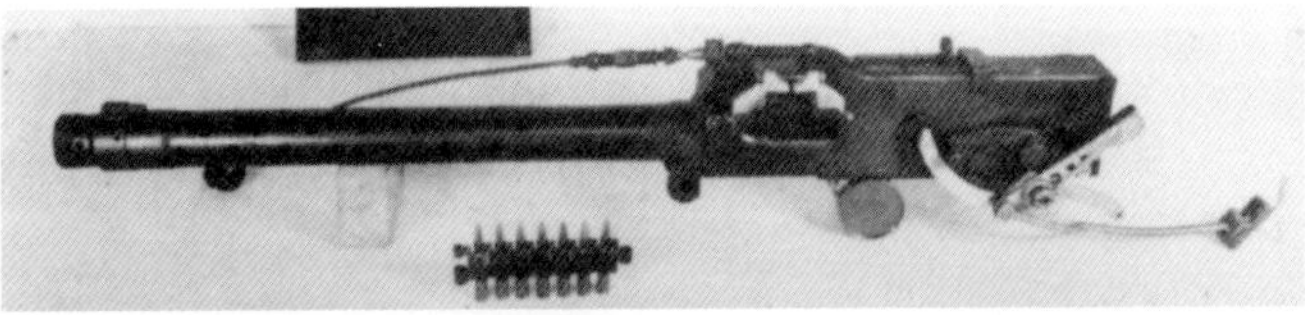

陸軍 八九式七粍七固定機関銃

←一式戦を含めた単発戦のほか、襲撃機等の翼内武装としても使用された。

海軍 毘式(九七式)七粍七固定機銃

←零戦を含めた単座戦闘機のほか、水上機等、多くの海軍機が装備。写真の右側銃は機関部カバーを開いており内部が見えている。

とを如実に示している。

もっと深刻だったのは、機銃の原型は同じなのに使用する弾薬に互換性がなかった点だろう。海軍は、ビッカースE型の弾丸をそのまま用いたのに対し、陸軍は、わざわざ薬莢リム部を変更した、「八九式普通実包」と称する独自のものを開発したのである。こんな例は、外国ではまずあり得ない。

それはともかくとして、ビッカースE型は、原設計が1885年と古いにもかかわらず、性能、実用性、耐久力などに優れ、その後、太平洋戦争中期に至るまでの長期にわたり、陸、海軍戦闘機の主力火器として使われるのである。

中、大口径射撃兵装に対する取り組み

列強各国主力軍用機の多くが、まだ複葉羽布張り構造だった1930年代はじめまでは、戦闘機の射撃兵装も口径7・7mmで充分だった。防弾鋼板も防漏燃料タンクも、まだ現実に考えられなかった時代であるから、それも当然だろう。

しかし、ドイツやアメリカに、全金属製単葉形態軍用機が現れた1935年頃には、炸裂弾が使えない7・7mmクラスの機銃では、その威力不足が懸念されるようになり、12・7mm、あるいは20mmといった中、大口径機銃の開発が真剣に行なわれるようになった。

こうした動きに敏感に反応したのが日本海軍で、昭和10（1935）年夏、当時航空本部長だった山本五十六中将、同技術部長・原五郎中将ら幹部の討議を経て、スイスのエリコン社製20mm機銃の輸入、および国産化が図られることになった。

とはいえ、海軍では艦載用も含めて、機銃の開発・生産に関しては艦政本部の所掌になっており、面子《メンツ》上の意向もあって、工廠におけるライセンス生産の同意が得られないなど、すんなり事が運んだわけではない。

しかし、航空本部の強い意思と、そ

→零戦五二型の操縦室内前方を見る。正面の主計器板上方左右に、機関部の後方が手前に突き出しているのが毘式（九七式）七粍七固定機銃で、弾丸の供給、打殻放出筒配置の関係で左右銃は造りが異なるので、交換性はない。左右銃の内側に付くレバーは、弾丸装填、および排出用。

の指導で民間の富岡兵器製作所を創立してこれを押し進めたことは、大いなる慧眼と言わねばなるまい。この決定がなくば後年、零戦が本銃の威力により、あれほどの活躍をすることも叶わなかったのだから……。

エリコン社の20㎜機銃は、もともと第一次世界大戦前の１９１２年頃に、ドイツのベッカー鉄鋼会社が世界最初に開発した「ベッカー20㎜機銃」が原型で、ドイツの敗戦により、戦後の１９２４年にスイスのエリコン社がその製造権利と工場施設を買収。独自の改修を加えるなどして１９３４年に自社製品として完成させたものである。旋回、固定それぞれに初速*の異なる３種が存在したが、日本海軍がライセンス生産対象としたのは、ＦＦ型と呼ばれる固定銃だった。

ちなみに、ほぼ時期を同じくして、ドイツのラインメタル・ボルジヒ社も、このＦＦ型のライセンス生産権を購入し、ＭＧＦＦの名称で制式化したことは興味深い。ドイツにしてみれば、いわば自国原産品の逆輸入だった。

エリコン社から技師を招聘し工作機械や原材料を輸入したのち、大日本兵器株式会社（旧富岡兵器製作所を改組）にてＦＦ型20㎜機銃の国産第一号銃が完成したのは、昭和13（１９３８）年６月のことである。その性能試験結果も良好だったことから、海軍は翌14（１９３９）年、「恵《え》式二十粍固定機銃一型」（のち16年に九九式二十粍固定機銃一型と改称）の名称により、制式兵器採用した。

そして、その最初の搭載戦闘機に指定されたのが、試作中の十二試艦上戦闘機、すなわちのちの零戦であり、本

※機銃／機関砲の銃／砲身から弾丸が発射されたときの速度

↓九九式二十粍固定機銃は、零戦に初搭載され、大戦後期には実質的に日本海軍戦闘機の標準装備になったと言っても過言ではないほど多くの機体に搭載された。幾つかの型式があり、短銃身型が一号、長銃身型が二号と呼ばれ、それぞれドラム弾倉式とベルト給弾式のタイプがある。

海軍 九九式二十粍固定機銃

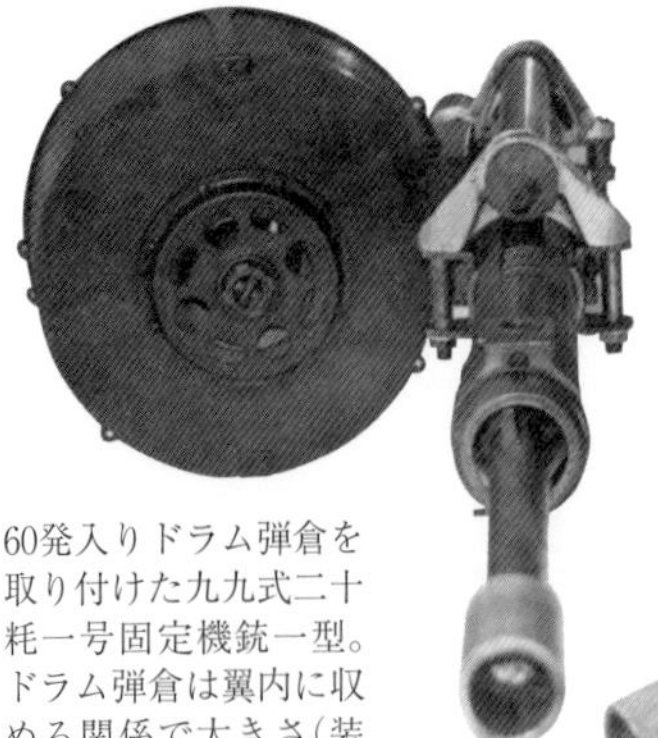

60発入りドラム弾倉を取り付けた九九式二十粍一号固定機銃一型。ドラム弾倉は翼内に収める関係で大きさ（装弾数）に制限があった。

九九式二十粍一号固定機銃二型改一

機が世界最初の二十粍機銃装備艦上戦闘機となったことは、大いに誇ってよいだろう。

この「恵式二十粍機銃」はドラム弾倉式で、一銃あたりの携行弾数は60発にすぎず、七粍七機銃に比べれば初速、弾道性とも劣った。支那事変に参加している実施部隊などでは、〝百害あって一利無し〟と、その導入に真っ向から反対する意見も出て、必ずしも諸手で歓迎されたわけではない。

しかし、太平洋戦争中期頃になり、防弾装備の強固なアメリカ軍機に対して七粍七機銃がほとんど実効果を失ったとき、二十粍を持っていた零戦がどれほど救われたことか、改めて述べるまでもないだろう。海軍航空本部の判断は正しかったのだ。

昭和18（1943）年後半には、銃身を長くして初速を750m／秒に向上させ（一号銃は600m／秒）、ドラム弾倉を100発入りに拡大した「九九式二十粍二号固定機銃三型」、さらには昭和19年に入ってドラム弾倉を止め、ベルト給弾式に変更して、携行弾数を大幅に増加した同四型銃を独自に実用化して、日本海軍の二十粍機銃は、欧米の同口径クラスにヒケをとらないレベルに到達する。

戦争末期、この「九九式二号四型」を4挺も装備した局地戦闘機『紫電』二一型（紫電改）が、アメリカ海軍艦載機群を相手に大戦果を挙げることが出来たのも、性能、搭乗員技量の高さとあわせた、火力の強大さがモノを言った故である。

七粍七弾では歯が立たない、防弾装備の強固なアメリカ軍機も、二十粍弾の破壊力をもってすれば、致命傷を与えられる。むろん、これは炸裂弾の威力であった。ちなみに、九九式二十粍二号機銃が用いた弾丸の種類は、通常弾、曳跟《えいこん》弾、曳跟通常弾、焼夷通常弾、徹甲通常弾、演習弾の6種だった。

九九式二十粍機銃各種弾丸の内部構造

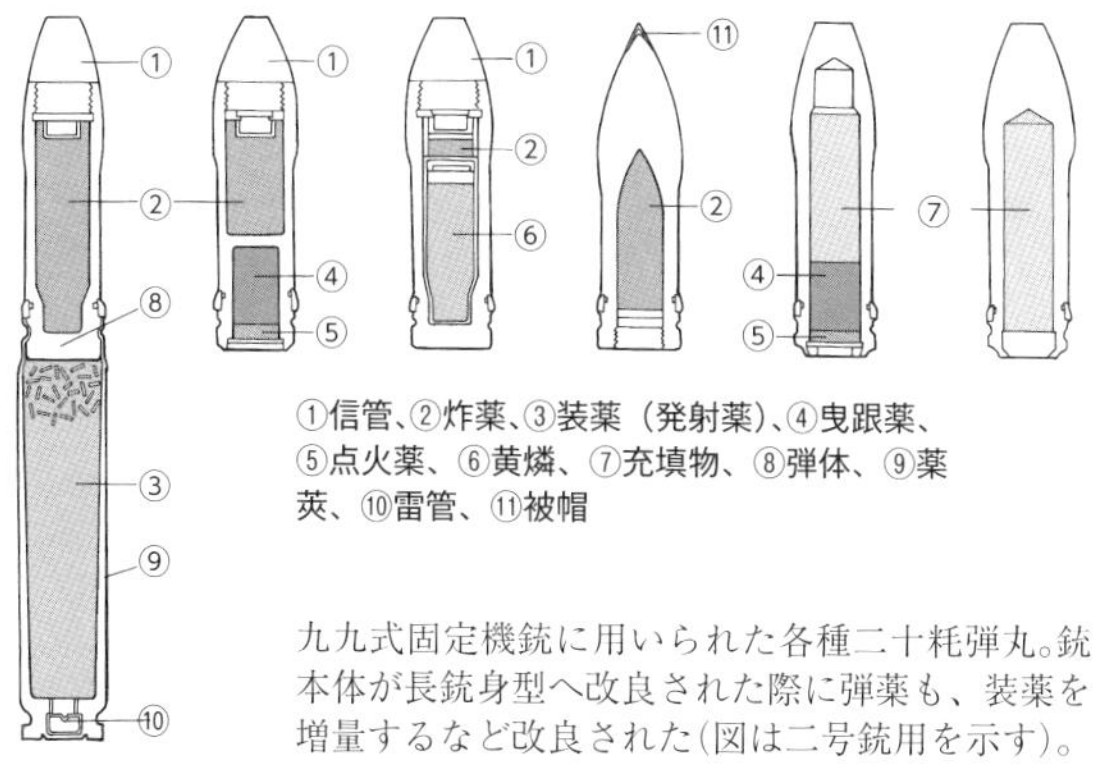

①信管、②炸薬、③装薬（発射薬）、④曳跟薬、⑤点火薬、⑥黄燐、⑦充填物、⑧弾体、⑨薬莢、⑩雷管、⑪被帽

各弾丸の名称は、左から順に通常弾薬包、曳跟通常弾改五、焼夷通常弾改五、徹甲通常弾、曳跟弾改四、演習弾。なお、左端の通常弾薬包のみ薬莢を含めた図としてあり、他は薬莢部を省略して弾頭部のみを図示してある。

九九式固定機銃に用いられた各種二十粍弾丸。銃本体が長銃身型へ改良された際に弾薬も、装薬を増量するなど改良された（図は二号銃用を示す）。

九九式二十粍機銃を装備した海軍戦闘機

←左右の主翼内に1挺、下面のポッド内に1挺の九九式二十粍二号三型機銃を装備した、局地戦闘機「紫電」一一甲型。ポッド式にしたのは2挺のドラム弾倉を、近接して翼内に収めるスペース的余裕がなかったため。

←胴体中央部内に、前上方、前下方にそれぞれ指向(仰角30度)し各2挺の九九式二十粍二号三型銃を備えた、夜間戦闘機「月光」一一型。

九九式二十粍二号固定機銃四型

↑二号三型のドラム式を、ベルト給弾式に変更したのが二号四型である。

←ベルト給弾式となった二号四型機銃を、左右主翼内に各2挺ずつ収めた局地戦闘機「紫電」二一型“紫電改”。ベルト給弾式は携行弾数の大幅な増加をも可能にし、紫電改の総弾数は計900発に達した。

海軍に遅れをとった、陸軍の機関砲開発

海軍が、すでに昭和10年という早い時期に、エリコン社製二十粍機銃のライセンス生産を考えていたのに対し、陸軍は戦闘機の固定射撃兵装に、口径七粍七以上、すなわち機関砲を導入することは考えていなかった。

海軍の場合もそうだったが、陸軍単発戦闘機隊は、より以上に近接格闘戦（ドッグファイト）戦術を信条としていた。高い操縦技術があれば、射撃兵装は八九式七粍七2挺で充分。それ以上に口径が大きく、重量も重くなる機関砲は無用、という雰囲気が支配的だったのだ。

支那事変勃発後の昭和12（1937）年12月末に試作発注した、陸軍最初の双発複座戦闘機キ四五の主武装に、「ホ三」二〇粍機関砲を登用したとはいうものの、本砲は地上軍用のフランス「ホッチキス」系対戦車砲を応急的に改造したもので、航空機用射撃兵装としては性能も低く、いわば〝暫定兵器〟の域を出るものではなかった。

こうした、〝七粍七頼り〟ともいえる陸軍戦闘機隊の偏執した考えも、現下の支那事変、さらには昭和14（1939）年5〜9月にかけてのノモンハン事件を通し、敵対機に防弾装備が施されたりすると、その威力不足を認めざるを得なくなった。

そこで、14年度の「航空兵器研究方針」改正により、新たに「重単座戦闘機」（速度、火力を優先する）なるカテゴリーが制式に加えられたことから、当該機の主武装として、口径十二粍七の機関砲を装備することに決まった。

とはいえ、まったくの独自設計でこれをモノにすることは到底不可能なため、ビッカースE型7・7mm口径を十二粍七に拡大した「ホ一〇一」、イタリアのブレダSAFATを模倣した「ホ一〇二」、アメリカのブローニングM2を模倣した「ホ一〇三」の3種試作品を各工廠の担当で造らせ、昭和15年に比較審査を行なった。

その結果、「ホ一〇一」は性能不良で真っ先に脱落。「ホ一〇二」は性能はともかく、重量が重すぎて嫌われ、最後に残った「ホ一〇三」が、翌16（1941）年に入り、「一式十二粍七機関砲」の名称により制式採用された。本砲は、キ四四、キ六〇試作重戦をはじめ、一式戦、二式戦、二式複戦、さらには三式戦、四式戦、五式戦と、歴

陸軍「ホ三」二〇粍機関砲

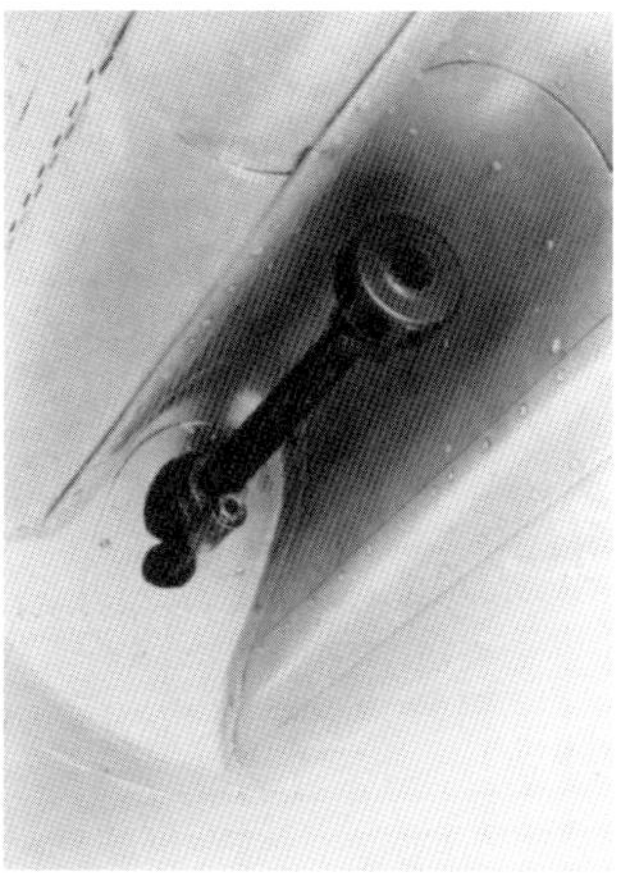

→元は対戦車砲だったホ三を、胴体下面に搭載した陸軍キ四五複座戦闘機。航空機用としての装備だが、キ四五改では実際には対地、対船舶攻撃に威力を発揮した。

陸軍「ホ一〇三」一式十二粍七機関砲

←名銃といわれた、コルト・ブローニングM２のコピーだけあって、中口径機銃として充分な性能を発揮した。銃身下に写っているのはベルトクリップと十二粍七弾。

三式戦一型の「ホ一〇三」装備要領

①「ホ一〇三」一式十二粍七機関砲　②発射連動機原動機　③発射連動機用電磁器　④発射ガス排出筒　⑤前方取付金具　⑥打殻薬莢受　⑦装弾口　⑧発射連動機撃発機　⑨後方取付金具　⑩撃発用電磁機　⑪保弾子通路　⑫弾薬箱止金具　⑬右砲用弾薬箱　⑭左砲用弾薬箱　⑮打殻薬莢および保弾子排出筒　⑯発射室（砲身冷却筒——ブラスト・チューブ）

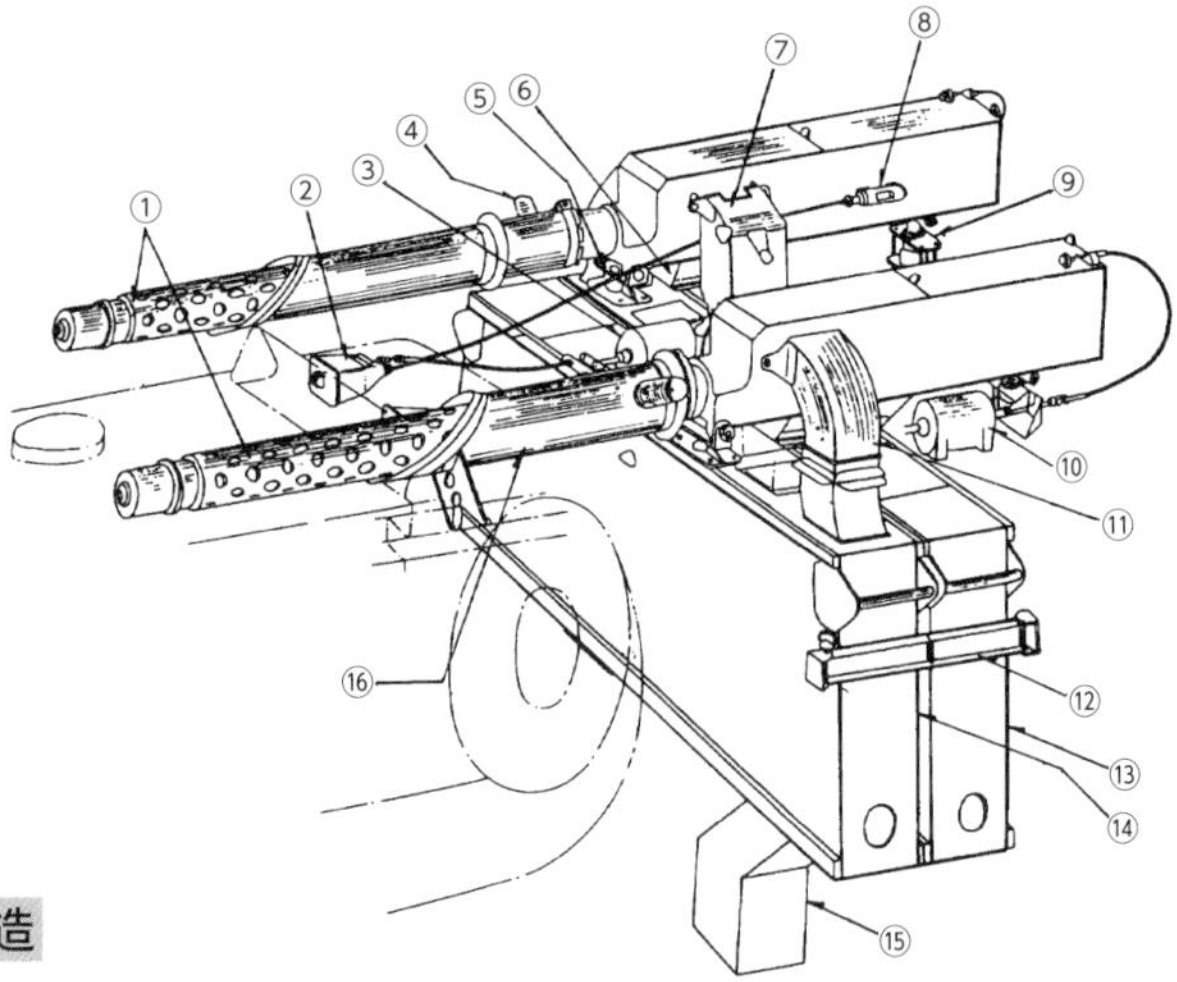

「マ一〇三」弾の内部構造

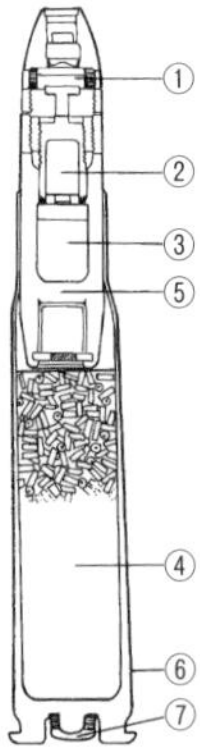

↑マ一〇三は内部に炸薬と焼夷剤を充填している（図は原型のブレダ12.7㎜榴弾を示す）。
①信管・起爆装置、②炸薬、③焼夷剤、④装薬、⑤弾体、⑥薬莢、⑦雷管

↑機首上部内に八九式七粍七機銃、左右主翼内にホ一〇三を装備した二式戦二型甲。翼上の地上員が手にしているのが七粍七、手前の地上員が手にしているのが十二粍七の弾帯。

代陸軍戦闘機のすべてに装備され、太平洋戦争期の陸軍主力固定射撃兵装になる。

「ホ一〇三」は、本体こそブローニングM2の無許可コピーであり、褒められるべきものとは言えなかったが、その使用弾薬に陸軍が独自開発した「マ一〇二」（特殊焼夷弾）、および「マ一〇三」（炸裂弾）を用いたことで、いくばくか〝汚名〟を雪いでいると言えなくもない。

とりわけ当時、炸裂弾は信管を内蔵する関係上、口径二〇粍以上でないと不可能とされていたが、東京第一陸軍造兵廠・第三製造所の信管工場所長、渡邊三郎技師の創意工夫により、昭和15年に「マ一〇三」を完成、一式戦の「ホ一〇三」に使用され、緒戦の南方戦域で相応の威力を発揮した。「マ一〇三」の内部構造はP．118の図に示したとおり。

初速、発射速度、携行弾数といった面で、「ホ一〇三」は、海軍の九九式二十粍一号固定機銃に勝っていたが、やはり命中したときの破壊力は、炸薬量が格段に多い二十粍クラスには及ばず、太平洋戦争において、アメリカ軍機を相手に戦うには〝役不足〟だった。

なお「ホ一〇三」に少し遅れて、海軍でも支那事変において鹵獲したアメリカ機（カーチス・ホークⅢのものか？）のブローニングM2の優秀性に注目し、当時実用していた艦船用「九三式十三粍対空機銃」の銃身と弾薬包を〝合体〟させたものを試作、昭和16年に完成させて審査したのち、昭和18年9月「三式十三粍固定機銃一型」の名称で制式兵器採用し、零戦五二乙型以降などに装備した。

しかし、〝主敵〟たるアメリカ軍機には、もはや二十粍以下の射撃兵装は効果が薄いと分かっていた時期に、何故、新たに十三粍クラスを新規採用する必要があったのか？海軍の銃火器行政も迷走していたとしか思えない。

ビッカースE型のときと同じく、「ホ一〇三」と「三式十三粍」は、当然、弾薬の交換性もなく共用は不可能

海軍 三式十三粍固定機銃

↑零戦が装備した３種の固定機銃。手前が三式十三粍、中央は九九式二十粍一号、いちばん奥が九九式二十粍二号四型。原型は同じだが、三式十三粍と陸軍のホ一〇三では、本体、銃身も含めて外観は異なる。

であり、ここにも、陸、海軍のエゴによる国費の無駄遣いがみられた。

昭和17（1942）年末、ソロモン戦域に進出した一式戦部隊が、空襲に飛来したアメリカ陸軍のB－17四発重爆と初めて本格的空戦を交えたが、「ホ一〇三」はまったく通用しなかった。陸軍の衝撃は計り知れぬほど大きく、二〇粍以上の大口径機関砲の実用化が、緊急課題として叫ばれるようになった。

ただ、陸軍が単発戦闘機にも装備できる二〇粍機関砲の開発をまったくなおざりにしていたわけではなく、昭和15年後期の段階で、民間の中央工業技術研究所に命じ、「ホ一〇三」の口径を二〇粍に拡大するという、いわば最もリスクの小さい手法で、「ホ五」の試作に着手させていた。

「ホ五」は、その経緯からして、二〇粍機関砲としては軽量・小型であり、しかも、発射速度は海軍の「九九式二十粍二号固定機銃」と変わらぬ、750発／分を維持できるなどの長所を持つが、反面、口径のわりに軽量・小型ということは、各部にそれだけの無理をしているわけで、故障多発のリスクを孕んでいた。

さらに、使用弾丸も「九九式二十粍二号固定機銃」用の重量123gに比べ、84グラムと相当に軽めで、その分炸薬量も少なく、破壊力に劣るという弱点があった。弾丸の種類は、二式榴弾（炸裂弾）、同曳光（海軍の曳跟弾と同じ）榴弾、二式曳光弾、それに、「ホ一〇三」用の「マ一〇二」に準じた特殊焼夷弾の「マ二〇二」の4種である。

「ホ五」は、前述したように必ずしも満足すべき二〇粍砲ではなかったが、B－17に対する「ホ一〇三」の威力不足をうけて緊急量産が決定し、昭和18年9月以降、二式複戦（夜戦専用上向き砲として）、および三式戦を対象に装備することとされた。

しかし、砲自体の故障、弾薬製造の遅れもあって計画は狂い、ようやく三式戦を皮切りに本砲装備型が完成しは

陸軍「ホ五」二〇粍機関砲

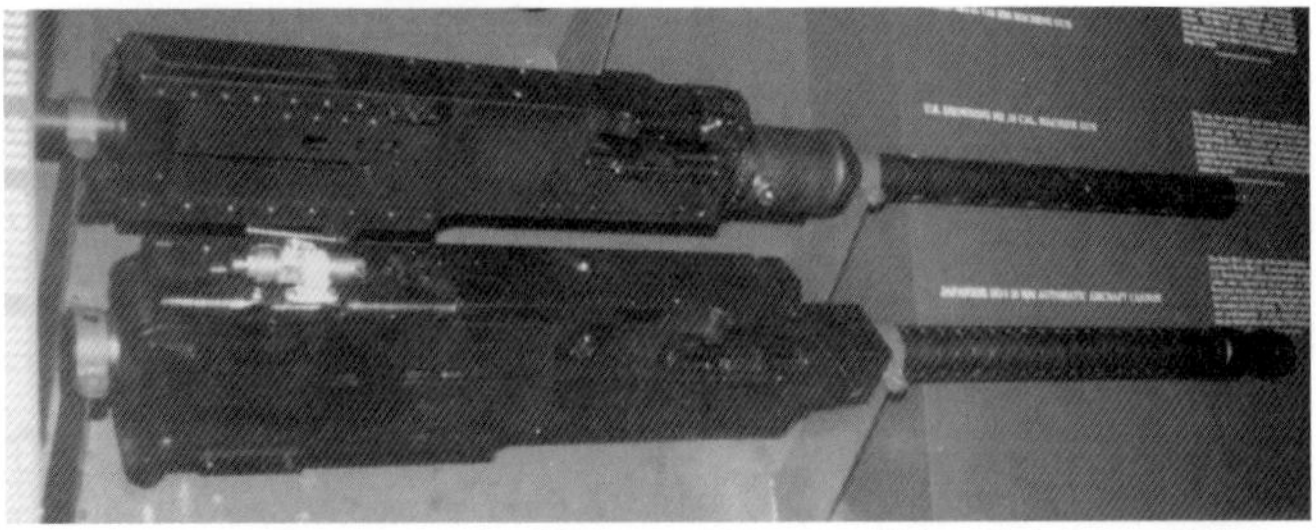

←アメリカの国立航空宇宙博物館（NASM）に、原型のブローニングM2.50口径（12.7㎜）重機関銃（上）とともに展示されているホ五。ホ一〇三の口径が20㎜と大型化しているにもかかわらず、サイズはほぼ同等である。

＊ブローニング12.7㎜は、日本軍機の20㎜に比べて、弾丸1発あたりの破壊力は小さいが、初速、発射速度、弾道（直進）性、携行弾数といった面で勝り、総合的威力という見地からも優れていたといってよい。

じめたのは、昭和19年3月頃のことだった。海軍の零戦が、すでに4年も前に「九九式二十粍固定機銃」を装備していたことを考えると、陸軍単発戦闘機への二〇粍砲導入がいかに立ち遅れていたかがわかる。

ホ五の穴を埋めたドイツ製二〇粍砲

単発戦闘機への二〇粍砲導入が遅れた陸軍だが、〝自前調達〟の「ホ五」が実用化するのを、ただ漫然と待っていたわけではない。かねて伝え聞いていた、ドイツのモーゼルMG151／20 20㎜機関銃の優秀さに着目し、在ドイツ武官を通して輸入交渉にあたらせていた。その結果、昭和17年11月に、銃2,000挺と弾薬100万発の買い付けに至り、同月より毎月300挺、弾薬15万発を引き渡すことで契約合意した。

そして、このMG151／20の装備対象を、新鋭キ六一（のちの三式戦）

陸軍 マウザー砲（ドイツ製MG151/20 20㎜機関銃）

左右主翼内にマウザー砲各1門を装備した三式戦闘機一型丙『飛燕』。マウザー砲の調達が途切れた後は、ホ五搭載の一型丁に切り替わった。

陸海軍主要機銃・機関砲弾比較

①九七式七粍七固定機銃、②三式十三粍固定機銃、③九九式二十粍一号固定機銃、④九九式二十粍二号固定機銃、⑤ホ三（二〇粍）、⑥ホ五（二〇粍）、⑦マウザー砲（20㎜）、⑧ホ一〇三（十二粍七）、⑨八九式固定機関銃（七粍七）

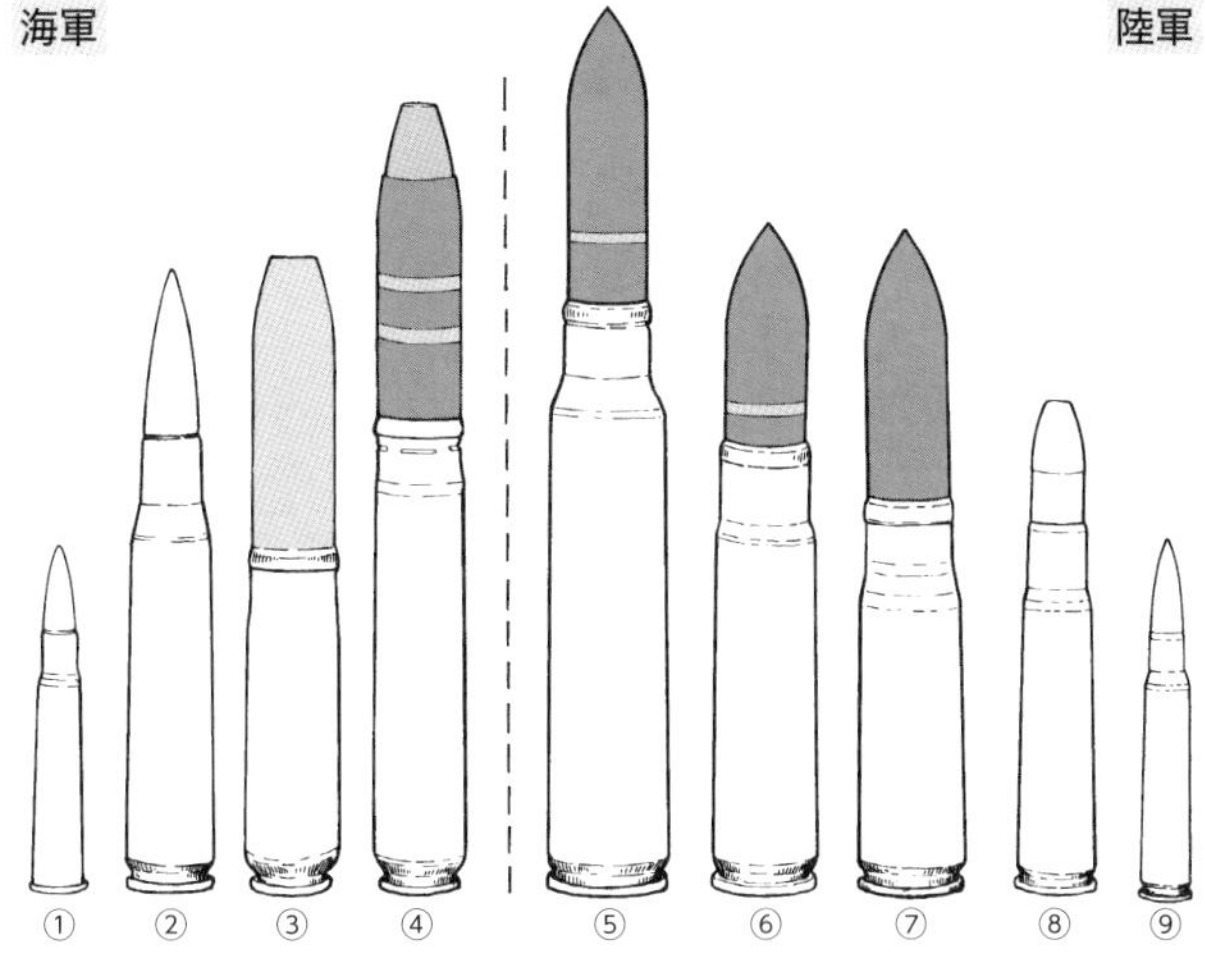

とすることに決め、翌18年9月より、一型丙と呼称された機体が川崎工場の生産ラインで完成しはじめた。陸軍は、このＭＧ１５１／20を「マウザー砲」と呼称し、火力不足に泣いた陸軍戦闘機の〝カンフル剤〟になることを期待した。

もっとも、三式戦が絶大な期待をうけて最初に投入されたニューギニア島戦域に、このマウザー砲装備の一型丙が送られたのは、戦況が悪化した18年12月以降のことで、機数も少なく、目覚ましい戦果を挙げるまでには至らなかった。

なお、戦況悪化によりドイツからの輸送経路が絶たれたために、マウザー砲は最終的に８００門、弾薬40万発と、契約数の半分以下しか届かず、三式戦一型丙は、計３８７機の完成にとどまっている。

米四発重爆撃機が促した大口径機関砲開発

零戦の「九九式二十粍機銃」をもってしても、容易に撃墜できないアメリカ陸軍のＢ－17、Ｂ－24両四発重爆撃機の存在は、日本陸海軍戦闘機隊にとって、厄介極まるものだった。〝もっと破壊力の大きい射撃兵装〟を実用化することは、昭和17年後半以降、にわかに現下の急務となったのである。

意外にも思えるのは、口径三〇粍以上の射撃兵装に関し、その研究・開発に着手したのは、陸軍のほうが早かった。すなわち、太平洋戦争開戦よりずっと前の昭和15年に、民間の日本特殊鋼に命じ、「ホ二〇三」の名称により、三七粍砲の試作を行なわせていたのである。

「ホ二〇三」は、単発戦闘機用ではなく、双発複戦キ四五改の試作を踏まえ、同機への装備を前提に開発に着手していたことから、偶然にも海軍に先駆けられたのだろう。しかも、最初から航空機関砲として設計されたものではなく、原型は地上軍用の半自動式平射歩兵砲であった。これを軽量化し、本体

陸軍 ホ二〇三(三七粍機関砲)

↑弾倉を取り付けた状態のホ二〇三。弾倉は円環状の枠組みケース内に16発収納。炸薬を充填した三七粍弾は、命中すれば威力絶大だった。

の上に円環状の16発入り弾倉を備えられるように改造したのである。砲身が短いこともあって、初速は570m／秒と低く、発射速度も140発／分にすぎなかったが、弾丸重量は「ホ五」の84gに比べて約5倍近い400gもあり、命中したときの破壊力は格段に勝った。

陸軍もその効果を認め、昭和18年6月、南方戦域に展開する飛行第五戦隊向けの二式複戦丙型『キ四五改丙』から装備開始した。これら第五戦隊の「ホ二〇三」装備機は、バンダ海周辺を中心とした要地防空戦において、オーストラリア方面から飛来するB－24などを迎撃し、一定の戦果を挙げている。また、19年6月以降、B－29による日本本土空襲の初期において、飛行第四戦隊の二式複戦丙型が、少なからぬ撃墜戦果を挙げたことも、相応の評価に値しよう。

この「ホ二〇三」に少し遅れて、昭和16年末から翌17年はじめにかけて、相次いで開発着手されたのが、「ホ三

→ホ二〇三を装備した二式複戦『屠龍』丙型。写真は陸軍航空工廠における甲または乙型からの改造機。川崎での生産機は機首が長くなり、砲身は全てカバーされて外部からは見えない。

陸軍 ホ四〇一（五七粍機関砲）

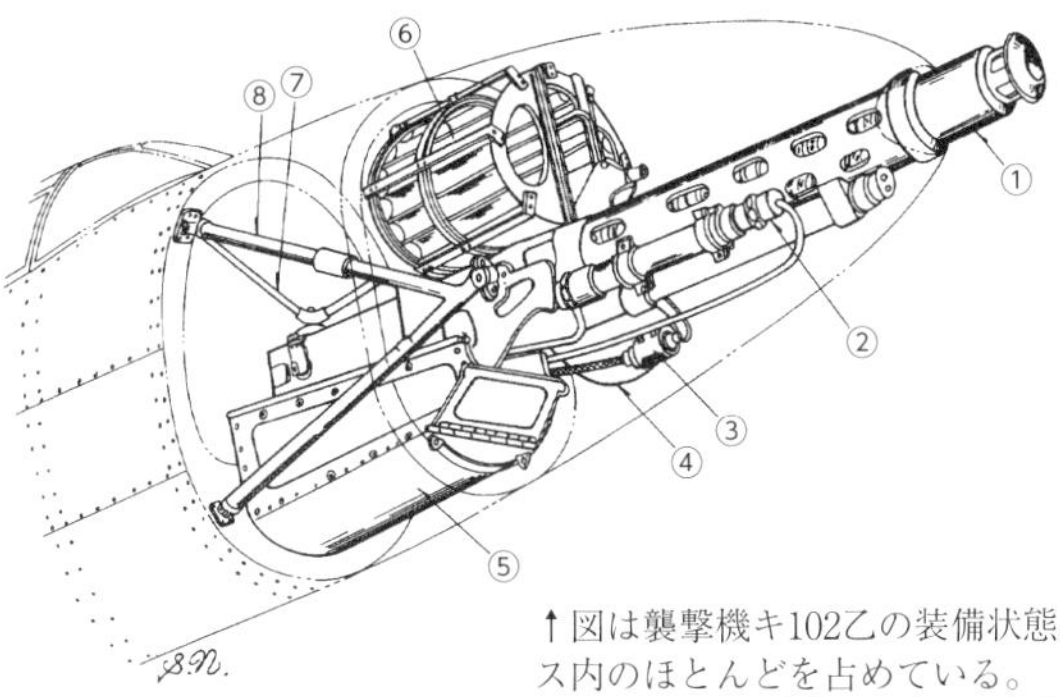

↑図は襲撃機キ102乙の装備状態。機首スペース内のほとんどを占めている。
①ホ四〇一、②装填用起動器、③撃発用電磁器、④安全装置操作索、⑤空薬莢収容箱、⑥弾倉、⑦砲架、⑧後方取付金具

ホ二〇三用の弾丸内部構造

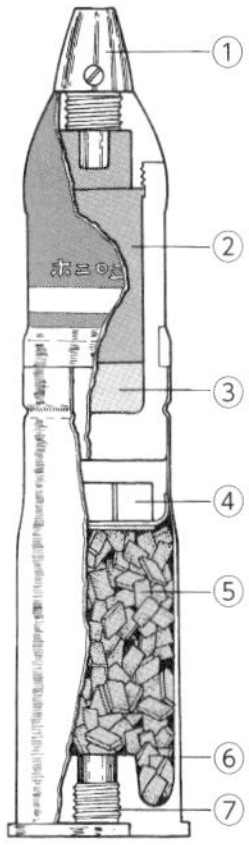

①信管、②炸薬、③焼夷剤、④紙蓋·隙間材、⑤装薬、⑥薬莢、⑦雷管

〇一」四〇粍、および「ホ四〇一」五七粍機関砲である。

もっとも、「ホ三〇一」は機関砲というよりは一種のロケット砲であり、弾丸を薬莢で撃ち出すのではなく、弾体に推進用火薬が詰め込んであり、これに点火して目標に撃ち込むのである。当然、砲本体には、通常機関砲のように複雑な機構はなく、砲尾に若干の連発機構を具備するだけの軽量、簡易、かつ低コストの射撃兵装だった。

その反面、ロケット推進式のため初速が２２０ｍ／秒と極端に低く、弾道も弧を描くので、よほど目標に接近して射撃しないと、命中はおぼつかなかった。

装備の対象とされたのは、防空戦闘機の性格が強い二式戦二型『鍾馗』（キ四四－Ⅱ）で、昭和19年に入ってビルマ戦域、および本土防空部隊などに配備されたが、やはり前記した弱点がネックとなり、芳しい戦果は挙げられなかった。

「ホ四〇一」は、「ホ二〇三」と同じく、地上軍用の半自動式平射歩兵砲を自動式に改めるなどの変更を加えた砲である。日本特殊鋼が試作を担当し、昭和19年3月に審査を終了、時を同じくして試作機が完成し始めたキ一〇二乙襲撃機の主武装に指定された。

口径が五七粍ともなると、弾丸重量も１５５０ｇと、「ホ二〇三」用三七粍弾の4倍近くになり、破壊力は凄まじいばかりだが、「ホ四〇一」もまた歩兵砲が原型だけに、砲身が短く、初速も５００ｍ／秒、発射速度80発／分と低く、対航空機用機関砲として使うには苦しかった。もちろん、全長２ｍ、重量１５０kgという大きさからして、単発戦闘機への搭載は不可能であった。キ一〇二乙襲撃機が装備対象になったことからしても、戦闘機用射撃兵装に含めるのはいささか無理があるかもしれない。

結局、キ一〇二乙は２１５機生産されたのだが、本格的に実戦参加する前に敗戦を迎えたことから、「ホ四〇一」の効果のほども不明のままに終わった。

陸軍 ホ三〇一（四〇粍機関砲）

ホ三〇一は一種のロケット砲で、弾薬は薬莢がなく、弾体の底部に装薬が充填され、その燃焼ガスを底部放出孔から噴射して飛ぶ。

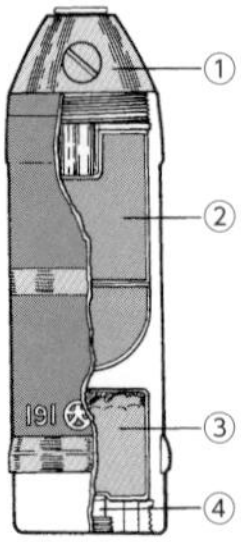

ホ三〇一用弾丸の構造

①信管、②炸薬、③装薬、④雷管

二式戦二型乙『鍾馗』の右主翼内に装備されたホ三〇一。主翼の厚みと比べると砲口の大きさが分かる。

陸軍では、口径が「ホ二〇三」と同じ三七粍だが、ブローニング系の本体構造を模した「ホ二〇四」も併行して開発。18年6月に第一号砲を完成、19年3月に審査を完了させていた。「ホ二〇四」は、砲身長だけで1・26mあり、全長は「ホ四〇一」より大きい2・39m、総重量も130kgに達する大型の〝本格砲〟だった。性能も、初速710m／秒、発射速度400発／分と、「ホ二〇三」をはるかに凌ぎ、対大型機用として充分といえた。

しかし、本砲を装備したのは、一〇〇式司偵三型改造防空戦闘機（上向き砲として1門）、それに、キ一〇二甲高高度戦闘機（機首内部に1門）と、二式複戦夜戦仕様（丁型）の一部くらいの、ごく少数機にとどまっている。唯一の実戦使用機会だった本土上空での対B－29迎撃戦においても、これといった戦果は挙げないまま終わっている。

陸、海軍最後の本格三〇粍機銃

前述したように、「ホ二〇三」から「ホ四〇一」に至る、陸軍の口径三七粍以上の機関砲は、破壊力はともかくとして、サイズ、重量、さらには性能上の制約もあって、対大型機迎撃戦の中核となる単発戦闘機には向かない射撃兵装だった。

陸、海軍もその辺は心得ていて、口径を三〇粍に抑え、サイズ、重量、性能を単発戦闘機への搭載に見合った〝本格射撃兵装〟を意図し、まず海軍が昭和17年2月に「九九式二十粍」のエリコン系を踏襲した、「二式三十粍機銃」（ドラム弾倉式／携行弾数42発）を完成させた。そして翌18年7月、その実効果を試すために、特別改造して両翼内に各1挺を装備した零戦五機を、激戦下のラバウル戦域に派遣した（実際には途上で空襲をうけて3機が失われ、2機のみ到着）。

陸軍 ホ二〇四（三七粍機関砲）

航空機搭載用の対航空機用機関砲としては特異な大口径砲である。射程が長く、B－29の防御火網の外から射撃可能とされていた。

一〇〇式司偵三型改造の防空戦闘機に装備されたホ二〇四。前、後部席の中間に前上方75度の仰角で取り付けられた。

この2機は、実際に空中戦を行ない、敵機を一撃で飛散させ、その破壊力を証明したようだが、海軍は本銃の量産化を見送り、結局は試作段階で終わってしまった。

この「二式三十粍」に代わり、海軍が〝本命〟と期待したのは、昭和17年5月、日本特殊鋼に設計、試作を命じた「十七試三十粍機銃」である。本銃は、それまで外国銃のコピーか一部改良でしか調達できなかった日本が、初めて独自設計した銃でもあり、装填機構に発射ガス唧筒《そくとう》（ポンプ）式を採用した、斬新な機銃であった。

性能も、初速770m／秒、発射速度530発／分と、このクラス口径にしては優秀で、単発戦闘機の主翼内に収まるよう、重量71kg、全長2・09mに抑えてあることも大きな特長だった。

昭和18年に一号銃が完成し、翌19年から20年にかけて各種試験を行ない、成績も良好と判定され、ただちに各工廠などを動員して量産が始まった。

そして、20年5月、「五式三十粍固定機銃一型」の名称で制式兵器採用されるのだが、B－29の空襲などで、装備予定の『震電』『烈風改』などの機体が完成せず、ごく一部が装備したのみにとどまり、実戦での効果を示せないまま終わってしまった。銃のみは、敗戦までに約2，000挺も完成していたとされる。

いっぽう陸軍では、「ホ一〇三」を元に「ホ五」を造ったように、「ホ五」の本体と口径を拡大した「ホ一五五」を開発し、海軍の十七試三十粍に少し遅れ、18年5月にⅠ型、同8月にⅡ型と呼ばれた試作砲を完成させた。

「ホ五」と同様、本砲は口径三〇粍のわりには著しく小型（全長1・51m）、軽量（50kg）で、初速700m／秒、発射速度500～600発／分と、十七試三十粍に比べても遜色のない性能は、ある意味、驚異的とさえ言えた。ただ、それだけに、弾薬は軽くなり、破壊力がやや劣るのは止むを得なかった。

海軍 五式三十粍固定機銃一型

五式三十粍機銃一型

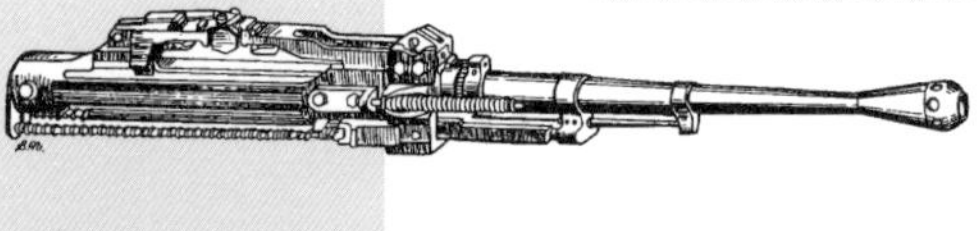

←五式三十粍固定機銃を主翼に装備した局地戦闘機『雷電』三三型。銃身には覆いが付けられている。

陸軍は「ホ一五五」の性能に満足し、昭和19年夏以降、Ⅰ、Ⅱ型を併行して量産。四式戦丙型（キ八四丙）、キ八三、キ八七、キ二〇〇『秋水』などの主力兵装にすることとしたが、いずれも試作段階に終わり、実戦で威力を発揮することは叶わなかった。

顧みれば、日本陸海軍戦闘機の固定射撃兵装は、一部に独自開発の〝製品〟があったとはいえ、実戦において効力を発揮したのは外国設計品のコピー、もしくはその改良品であった。

航空機用銃火器の独自開発力が育たなかった日本なのに、陸、海軍がまったく協調せずに、それぞれが独自に同じ口径の機銃、機関砲の調達に奔走するという、なんとも言いようのない無駄を生じていたのは残念でならない。

陸軍 ホ一五五（三〇粍機関砲）

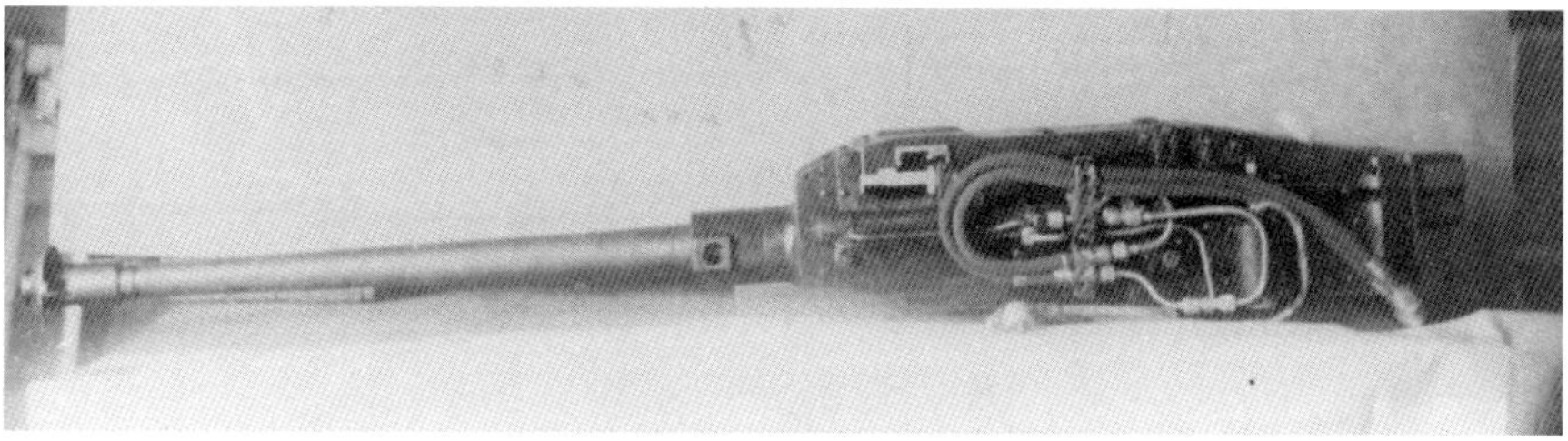

↑ホ一五五の左側面。ホ五 二〇粍砲の口径拡大型だけに、海軍の五式三十粍銃に比べて全長は50cm余も短く、重量も20kg軽いコンパクトな三〇粍砲だった。

←キ八四丙型試作機に改造された機体の左主翼内に装備された、ホ一五五を正面より見る。コンパクトな三〇粍砲故に、単発戦闘機の主翼内にも無理なく装備できた。

日本陸軍機の主要固定射撃兵装要目表

試作名称	制式兵器名称 （※印は非制式名称）	全長 （mm）	重量 （kg）	初速 （m/sec）	発射速度 （発/min）	備考
——	八九式七粍七固定機関銃	1,035	12	820	900	イギリスのビッカース7.7㎜E型が原型
ホ三	試製二〇粍固定機関砲※	1,700	45	846	400	フランスのホッチキス20㎜が原型
ホ一〇三	一式十二粍七固定機関砲	1,267	23	780	800	アメリカのコルト・ブローニングM２ 12.7㎜が原型
ホ五	試製二〇粍翼内固定機関砲※	1,444	37	735	750	ホ一〇三の口径拡大
ホ一五五-Ⅱ	試製三〇粍固定機関砲※	1,510	50	700	500	ホ五の口径拡大改造
ホ二〇三	試製三七粍固定機関砲※	1,500	80	570	140	平射歩兵砲を改造、携行弾数16発
ホ二〇四	試製三七粍固定機関砲※	2,390	130	710	400	スイスのエリコンが原型
ホ三〇一	試製四〇粍固定砲（ロケット砲）	1,500	40	220	400	噴進式弾丸を使用
ホ四〇一	試製五七粍固定機関砲※	4,500	400	500	80	平射歩兵砲を改造、携行弾数16発

日本海軍機の主要固定射撃兵装要目表

名称	全長 （mm）	重量 （kg）	初速 （m/sec）	発射速度 （発/min）	備考
毘式（九七式）七粍七固定機銃三型	1,035	12.8	747	1,000	イギリス ビッカース7.7㎜機銃の国産化
三式十三粍固定機銃一型	1,530	27.5	800	850	アメリカ コルト・ブローニングM２ 12.7㎜のコピー
九九式二十粍一号固定機銃三型	1,331	23.2	600	525	スイス エリコン社製FF型20㎜の国産化
九九式二十粍二号固定機銃四型	1,890	38.0	760	500	一号型の長銃身化、およびベルト式給弾化
二式三十粍固定機銃一型	2,086	50.9	710	380	エリコンFFの口径拡大、少数生産
五式三十粍固定機銃一型	2,092	71.0	770	530	独自設計

九九式二十粍一号固定機銃二型改一

第七章

陸、海軍旋回機銃、銃座発達史

陸、海軍の黎明期の取り組み

日本陸、海軍が航空機用固定、および旋回機銃／機関砲の自力調達を具体化させたのは大正時代の半ば頃である。それまでは、弾薬も含めてすべてイギリス、フランスなどからの輸入で賄っていた。

多座機の防御用旋回機銃に関し、国産化に一足早く着手したのは陸軍で、大正6（1917）年、地上軍が使用していた三年式機関銃（口径6・5㎜）を改造した「航空機用試製機関銃」を試作。これをモ式六型飛行機に装備して空中射撃試験を実施したところ、良好な成績を収めたため、翌7（1918）年4月より部隊支給が始まり、制式装備となった。

この航空機用試製機関銃は、弾道特性と命中精度をより高めるため、原型銃よりも銃身を長くしていたのが特徴で、本体機関部左側に鼓胴式弾倉（ドラムマガジン）、右側に箱型薬莢受を備え、銃身の中ほどに照準環（円形対空照尺）を装着していた。

しかし、この最初の国産旋回機銃は製造に手間がかかり過ぎて量産に向かず、供給不足が常態化した。そこで陸軍は大正11（1922）年に、またも地上軍向けの十一年式軽機関銃をベースに口径を6・5㎜から7・7㎜に拡大するなどの改造を施して「乙号遊動式」と称する旋回銃を試作。試験の結果、射撃効果が大で故障も少なく、操作も良好という高評価を得た。

その結果、昭和4（1929）年10月に「八九式旋回機関銃」として制式制定され、八八式偵察機および軽爆撃機、九二式偵察機、九三式重爆撃機などの主要な多座機に装備されて支那事変前までの陸軍旋回銃の主力となった。

本銃の特徴は、射撃時間内の投射弾数を増やすために連装式としたことにあり、左右の銃本体機関部上に平面形状が扇形をした厚みのある弾倉を備えていた。弾薬である実包は5発ずつ挿《そう》弾子《だんし》（クリップ）にセットされ、5発

→陸軍最初の制式旋回機銃「航空機用試製機関銃」。陸戦用を改良したもので、写真は箱型の薬莢排出受けを装着している。

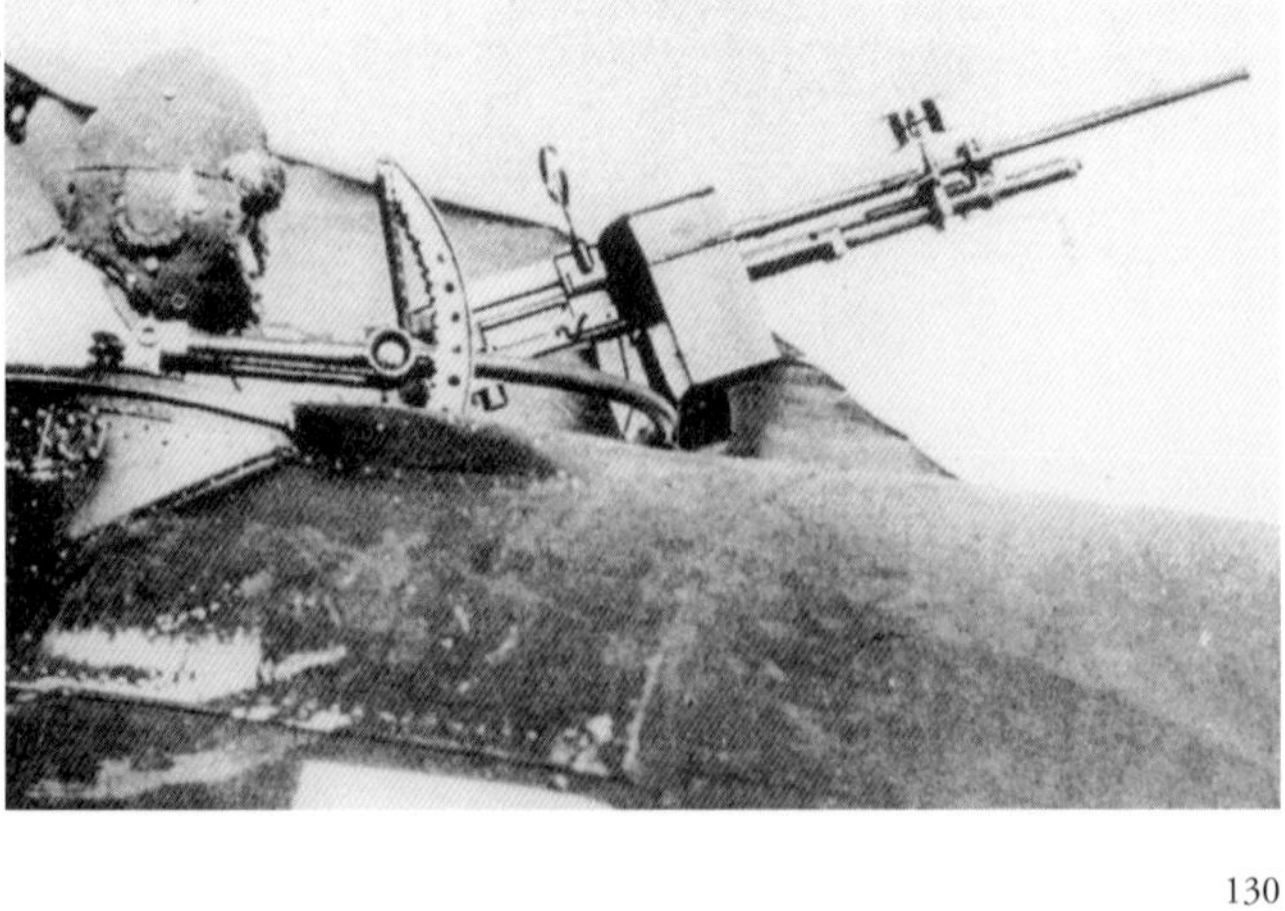

撃ち切ると空の挿弾子が排出される仕組みになっていた。

海軍は海外製品の輸入からスタート

海軍でも、陸軍とほぼ同時期の大正5（1916）年頃から航空機用旋回機銃の装備研究、試験が始まっており、陸軍と同様に三年式機関銃を改造したものを、ファルマン機（モ式、イ号水上機）、ショート水上機などに装備してテストを行なったが、海軍の判断も陸軍同様に量産には不適というものだった。

そこで海軍は大正7（1918）年にフランスから購入したテリエ飛行艇に装備されていたイギリス製のルイス旋回機銃（口径7・7㎜）に注目。射撃試験の結果が良好だったことから、大正9年に「留《ル》式七粍《ミリ》七旋回機銃」の名称で制式化した。

しかし、国産化はライセンス製造権の取得交渉が難航したため当面輸入に

陸軍 八九式七粍七連装旋回機関銃

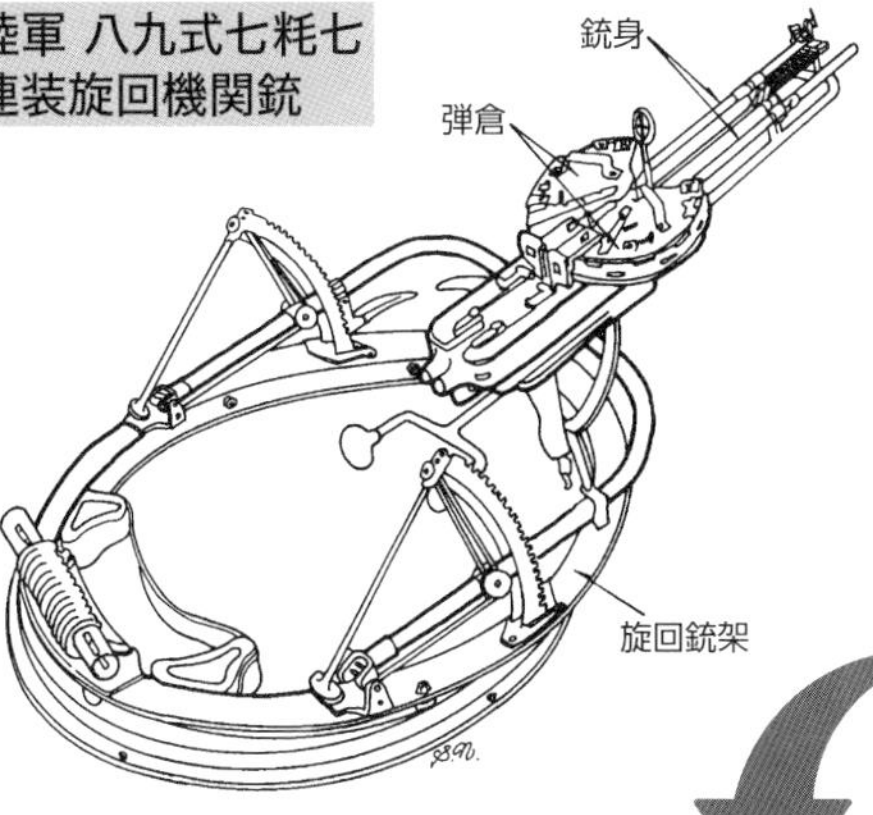

馬蹄形旋回銃架への装着例

←図は八九式連装旋回機関銃の馬蹄形銃架への装着例。俯仰は馬蹄形銃架で行ない、左右への指向（角度限定）は旋回銃架により行なった。

↑開放式銃座の旋回銃架に備え付けられた、八九式七粍七連装機関銃を上方に指向して、防御射撃のポーズをとる銃手。風圧に耐えて重い連装銃を操作するのは、簡単なことではなかった。

←ユンカースK－37の機首の開放銃座に装備された八九式連装旋回機関銃。速射速度の遅さが指摘されたものの、陸軍機の代表的な旋回機銃として長く使われた。

頼るしかなく、供給面での不安が残った。こうした状況から海軍では、ルイス機関銃を半ば模倣する形で横須賀海軍工廠造兵部に試作品を作らせ、試験を行なった。

その結果、オリジナルに比べて発射速度と初速にやや劣る面が見られたものの、故障が少なく実用性が高い点が評価され、改めて「九二式七粍七旋回機銃」の名称で制式兵器採用された。本銃は太平洋戦争中期に至るまで長期間にわたり、多種の多座機の防御機銃として運用された。

ただ九二式七粍七旋回機銃の命中精度には海軍も不満を持っており、のちに後継銃候補として、ビッカースK7（口径7・7㎜）、イソダ12・7㎜（イタリア）、ラインメタルMG15（口径7・92㎜、ドイツ）といった外国製品を輸入して比較試験を実施。発射速度、初速、命中精度などに優れ、なおかつ軽量であることなどから高評価を得たMG15を選んでいる。

MG15は昭和16（1941）年3月に「一式七粍九旋回機銃」の名称で制式兵器採用、国産化を図ることになった。ただし、ラインメタル社とのライセンス契約交渉は行なわず、無断コピーの形で量産した。この一式七粍九旋回機銃は、主に単発多座機用として、九二式とともに併用されている。

旋回銃座の進化

陸、海軍ともに旋回機銃の導入当初は、銃架は銃座に固定されており、左右、上下方向への射界は限定されていた。しかし、自機、標的ともに地上とは次元の異なる高速度で移動する中で射撃を行なう航空機用の銃座に射界制限があるのは問題であり、ほどなく円形または馬蹄形の旋回軌条（レール）に銃架を設置して、左右方向の射界は大幅に改善され、以後はこの形式が普及し標準化した。

黎明期から1930年前後にかけての陸、海軍機の大半は、乗員室（コクピット）、銃座は開放式が当たり前だ

←九六式陸攻の側方銃座に装備された留式七粍七旋回機銃。銃架は馬蹄形ではなく、銃本体に装着された銃架取付け部に俯仰、旋回の機能がある。

った。各銃座の銃手は強い空気抵抗、風圧に耐えて旋回機銃を操作しなければならず、これが実戦での射撃における命中精度にどの程度の悪影響を及ぼすのかについては未知数であった。支那事変が生起するまで、日本陸、海軍は航空機が入り乱れて戦う近代航空戦を経験しなかったので、開放式銃座が大きく問題視されることはなかった。

しかし陸軍の八九式旋回機銃は連装ということもあってサイズ、重量とも単装銃より大きく、強い空気抵抗、風圧下での迅速な操作、的確な射撃は難しかった。そこで昭和８（１９３３）年に制式採用された九三式重爆撃機、同軽爆撃機のような双発機では、スペース的に余裕がある機首および胴体背部の銃座を、ガラス窓付きの風防で囲む半密閉式にして対処した。

一方、海軍では通常飛行時の空気抵抗減少という性能上の理由から、いくつかの機種で銃座に工夫が凝らされている。

昭和11（１９３６）年制式兵器採用

海軍 留式（九二式）七粍七旋回機銃

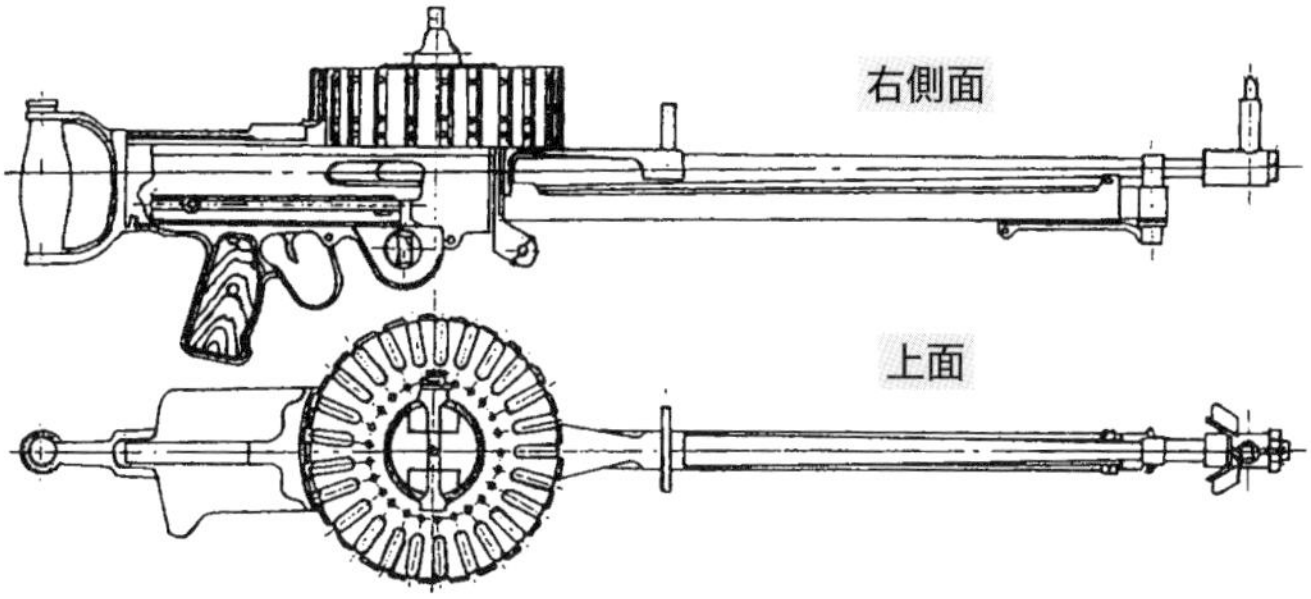

←左図は、銃本体の上面に弾倉（100発入）を取り付けた状態を示す。

MG15と陸軍 九八式七粍九二旋回機関銃

↑九八式七粍九二旋回機関銃の原型となった、ドイツはラインメタル・ボルジヒ社製のMG15 7.92mm機関銃。写真は「鞍（くら）型」と称した弾倉は取り付けていない、銃本体のみを示す。

→昭和９（1934）年３月から翌10（1935）年にかけて、計５機つくられた中島キ八試作複座戦闘機。後席の銃架に九八式七粍九二旋回機関銃（矢印）を装備している。

の九六式陸上攻撃機の初期生産型では、胴体背部の2か所、および同下部に備えた銃座を隠顕《いんけん》式（九二式七粍七機銃装備）としていた。これは通常飛行時は銃座を機内に引き込んでおき、戦闘空域に近づくとそれぞれ銃座（形状的には銃塔）を背部はせり上げ、下部は垂下して射撃可能とする方式であった。しかし、確かに巡航時には空気抵抗減少の効果があったものの、肝心の空戦時には大きな空気抵抗源になって速度低下をきたし、却って敵機に捕捉され易くなる原因になった。

海軍は損害多発にただちに対処し、開発、製造メーカーの三菱に対して銃座をガラス張り固定式に変更するとともに、威力の大きな二十粍旋回機銃の導入を命じた。

ブリスター型銃座の登場

三菱における改良銃座の設計は昭和12（1937）年末頃に行なわれ、当初は胴体後部両側と背部後方にスポン

海軍 九六式陸攻の銃座配置

←胴体下面に爆弾を懸吊して攻撃に向かう九六式陸攻二型（手前）、および一型の混成編隊。胴体銃座の違いがよくわかる。

九六式陸攻一型の胴体下面垂下式銃座

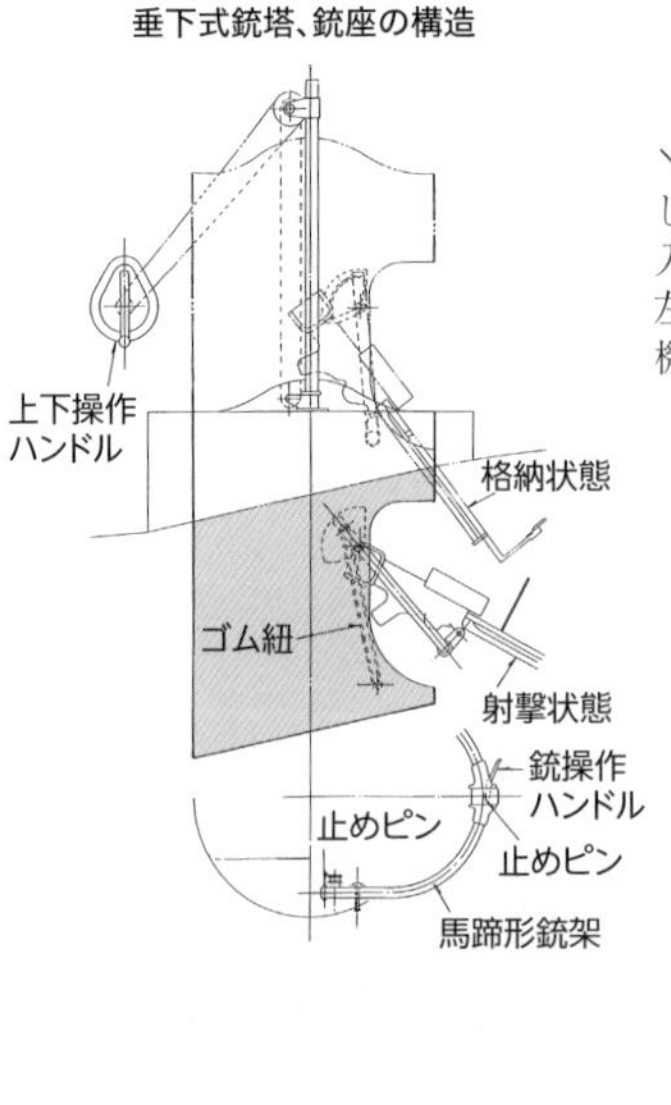

↑胴体背部前方の隠顕式旋回銃塔を内部から上方に向けて見たもの。頂部はドーム状でガラス張りになっている。

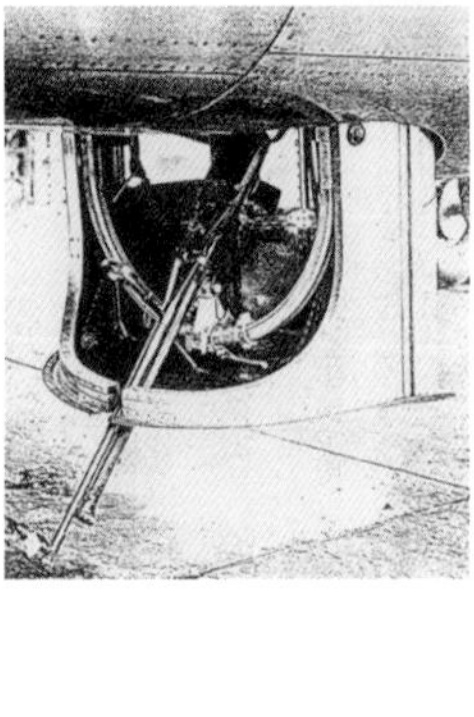

↘垂下式銃塔がせり出した状態。銃塔の出し入れは手動であった。左図のアミの部分が、機外に露出した状態。

ソン（張り出し）を設け、ここに専用銃架を取り付けて九二式七粍七機銃各一挺を備えることとした。

しかし審査の結果、銃の操作、射界の面から好ましくないと判定され、半水滴状のガラス窓で覆うブリスター型に変更された。装備する機銃についても、胴体背部後方の機銃は弾丸の威力が大きい「恵《エ》式二十粍旋回機銃」に換装する措置が同時に行なわれ、胴体下面前部に新たに設けた下方指向の銃座（九二式七粍七旋回機銃）と併せ、九六式陸攻の防御火力は二十粍×１、七粍七×４（ほかに予備銃として一挺）とかなり強化された。「恵式」とはスイスのエリコン社製でＦＦ型と称するモデルの国産化を意味する。

同銃は零式艦上戦闘機の主翼内装備機銃としても大きな威力を発揮した。九六式陸攻が装備したのは戦闘機用固定式がベースになっており、ドラム弾倉取り付け位置を機関部上部から下部へと変更し、引き金部を設けるなどして旋回銃に改修したものだった。

九六式陸攻二型の胴体背部銃座詳細

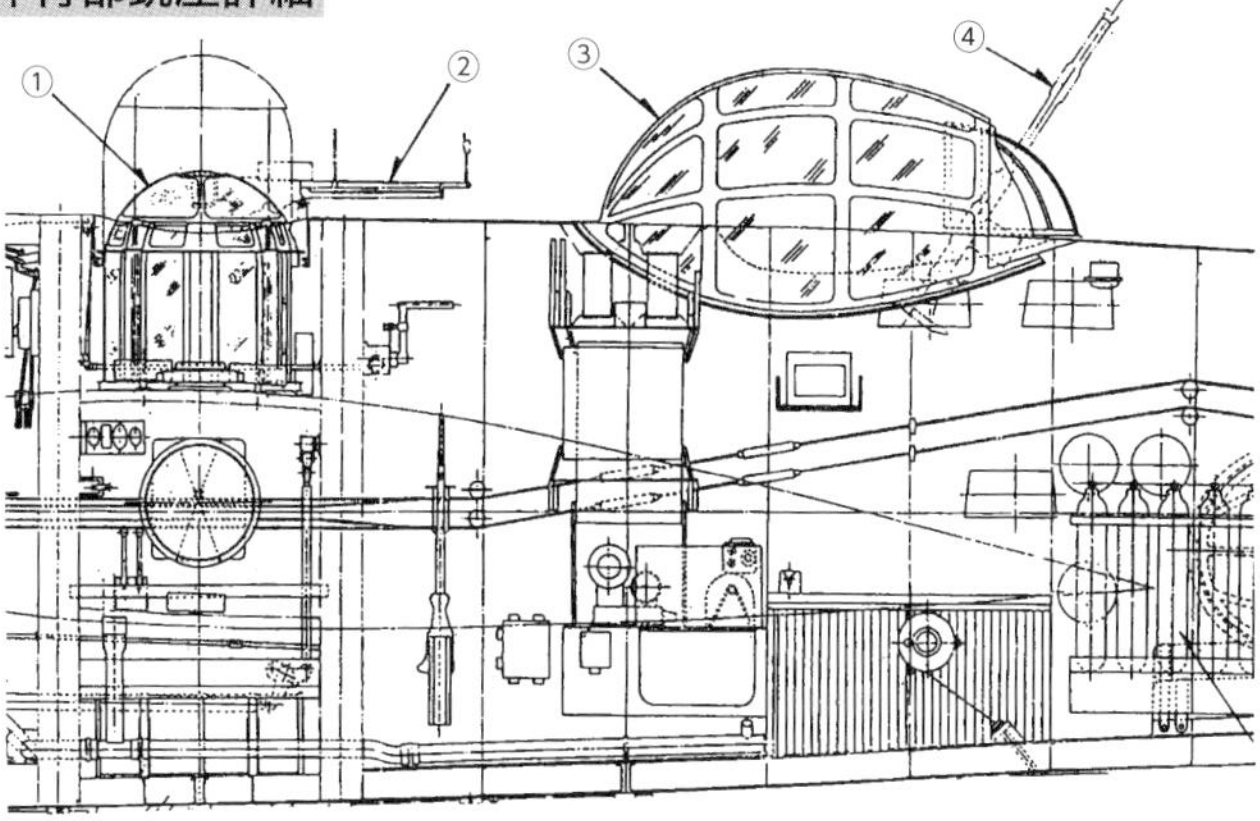

→九六式陸攻二型の取扱説明書に掲載された胴体内部配置図の、背部銃座付近を示す。タイプの異なる両銃座の形状がよくわかる。

①隠顕式銃塔
②九二式七粍七旋回機銃
③ブリスター型銃座覆
④恵式二十粍旋回機銃

恵《え》式（九九式）二十粍旋回機銃

一式陸攻二二型の尾部旋回銃架

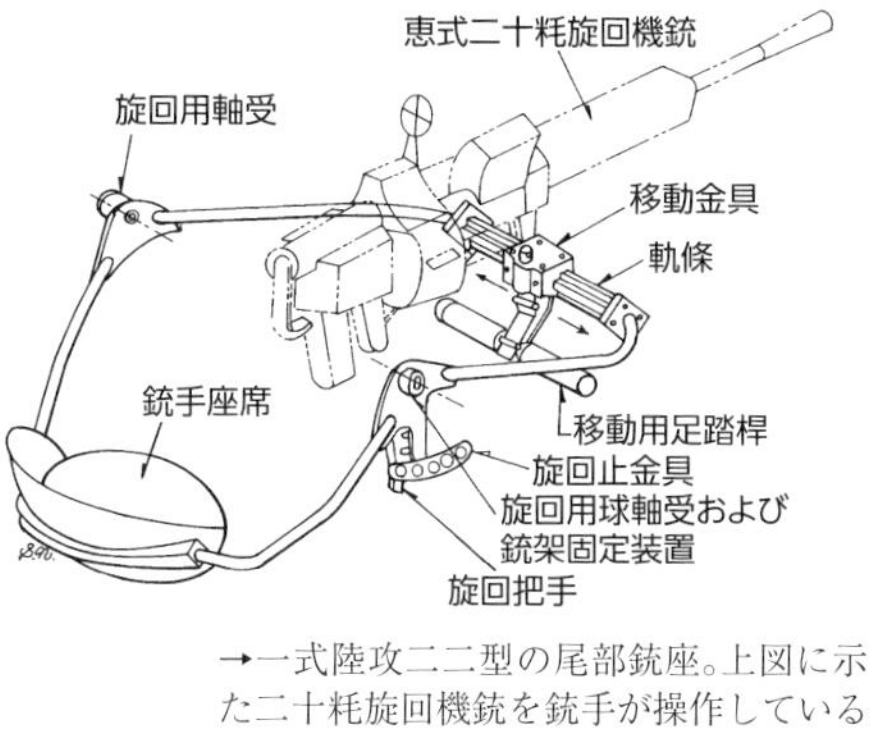

→一式陸攻二二型の尾部銃座。上図に示した二十粍旋回機銃を銃手が操作している。

のちに「九九式二十粍一号旋回機銃」と改称される本銃を装備した九六式陸攻二型は、昭和14（1939）年に入って中国大陸に配備され、実戦で威力を示したとされる。ただ、この二〇粍旋回機銃座は全周旋回する機能がなく、射角は後方の限定的な範囲にとどまり、機銃を前方に指向できなかった。そこで前方の死角を補う意味もあって背部前方の隠顕式七粍七銃塔は最後まで残されていた。

陸軍の二〇粍旋回機関砲事情

二〇粍旋回機関砲の実用化という点では海軍に一歩遅れたものの、その導入を試みる作業を始めたのは陸軍が先であった。昭和6（1931）年に1号機が完成した九二式重爆撃機が、胴体背部に二〇粍旋回機関砲一門を装備する予定だったのである。

海軍と同様に陸軍もスイスのエリコン社から原型となる機関砲を購入しており、L型と呼ばれるモデルを陸軍独自に設計した銃架に載せ、昭和9（1934）年に「九四式旋回機関砲」と命名した。しかし、九二式重爆自体がわずか6機で生産打ち切りとなったため、二〇粍旋回機関砲もまた実用域に達しないまま機体とともに消え去ってしまった。

陸軍の旋回機関銃／機関砲は、これ以降、七・七粍口径クラスの更新という形で推移し、昭和13（1938）年には連装の八九式旋回機銃の右側銃を撤去して軽量化し、操作性を高めた「試製単銃身旋回機関銃一型（テ一）」を、翌14年には、最初から重量軽減を重視して設計した「単銃身旋回機関銃二型（テ四）」、15年には、ドイツのラインメタル社製MG15旋回機銃（口径7・92㎜）を国産化した「九八式七粍九二旋回機関銃」を矢継ぎ早に量産に移し、各種機体に装備した。

しかし支那事変も後半に入り、ソ連製のI－16のような防弾装備の強固な敵戦闘機が出現すると、もはや七・七

陸軍 九七式重爆二型乙の背面、尾部銃座

→支那事変に投入された結果、防御火力の弱さが指摘された九七式重爆は、一型乙以降尾部に遠隔操作式の銃座を追加し、さらに二型乙になって胴体背部に全周旋回式（手動）の、半球形銃塔を備えた。装備銃は前者が八九式七粍七1挺、後者が一式十二粍七（ホ一〇三）1門である。写真は、ニューギニア島戦域で飛行中の飛行第十四戦隊所属機。

粍クラスの旋回機銃では威力不足が明白であり、陸軍も遅ればせながら口径十二粍七以上の実用的な旋回機関砲の開発が不可避となった。

最初の導入例は、昭和14年8月に試作1号機が完成したキ四九（のちの一○○式重爆『呑龍《どんりゅう》』）である。本機は従来の九七式重爆を超える〝戦闘機の護衛を必要としない、高速、重武装の重爆〟、という構想によって開発されており、防御火器にも相応のものをという観点から、陸軍の実用重爆として初めて胴体背部に二○粍旋回機関砲を備え、同尾部にも旋回銃座（口径七粍九二）を設けた点が特徴であった。

背部銃座は旋回環、砲架、座席が一体になっており、風防は射撃時に射手がハンドル操作により、前方に摺動《しょうどう》させて射界を広くする仕組みになっているなど、海軍のブリスター型に比べかなり進化した仕組みを持っていた。問題はここに装備する機関砲だった。

九四式旋回機関砲という前例があったにもかかわらず、陸軍はエリコン社

陸軍 九九式双軽爆撃機二型の銃座配置

→後部銃座の九八式七粍九二旋回機関銃。写真は射撃時の状態で、乗員の頭上に開放された銃座キャノピー（矢印）が見える。

↑機首銃座に装備された九八式七粍九二旋回機関銃。

→後下方の開閉式銃座に装備された「テ四」試製単銃身旋回銃二型。口径は七粍七で、他の機関銃と使用弾薬が異なった。

に改めてライセンス交渉をせず、地上軍が使用していたフランスはホッチキス（オチキス）社製の20㎜対空機関砲を「ホ一」として転用した。この機関砲は元が地上部隊用であるだけに航空機用としては重く、大きすぎた。その結果、砲手が手動で操作、照準しようにも敵戦闘機の敏捷な動きに追随して旋回、俯仰させるのが容易ではなく、防御火器としての有効性を疑問視する声が出た。

太平洋戦争での実戦における一〇〇式重爆の評価が存外に低かった要因の一つに、九七式重爆に対して思ったほどは向上しなかった速度や稼働率への不満に加え、そもそも戦闘機の著しい速度性能向上に対して手動操作の対空射撃が限界に来ていたことを、この「ホ一」二〇粍旋回機関砲が図らずも証明したと言える。

動力旋回銃座の導入へ

1930年代も後半に入ると、次第

陸軍 一〇〇式重爆胴体背面銃座の「ホ一」二〇粍機関砲

図は胴体背部の旋回銃座への「ホ一」の装備状態。フランスのホッチキス社製20㎜機関砲を国産化したものだが、元々が艦載や地上陣地設置用が主目的の本砲は機載には重すぎた。

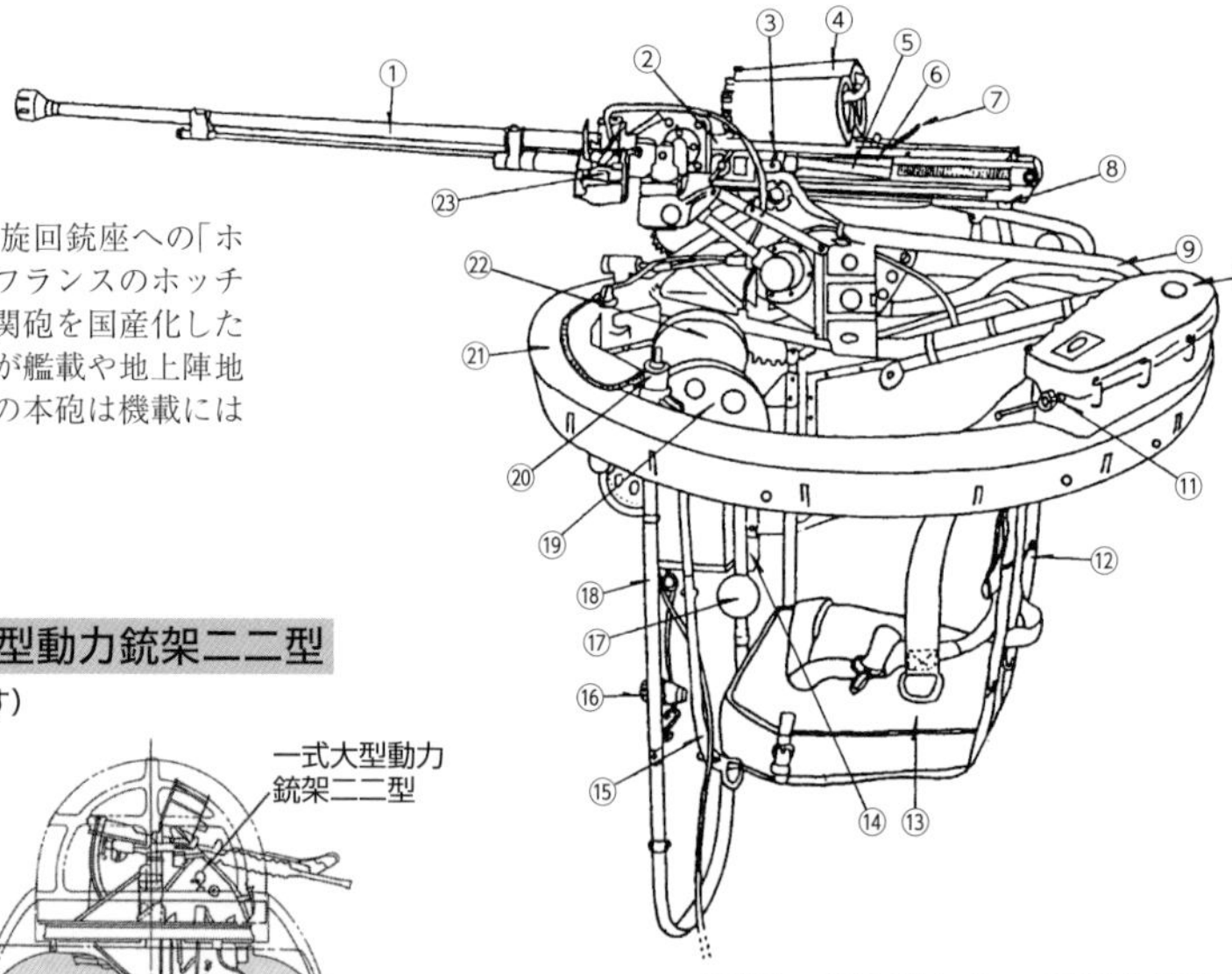

①砲身、②砲耳軸レバー、③槓桿歯車駐子、④ドラム弾倉、⑤槓桿、⑥駐鈎、⑦弾倉止めレバー、⑧揺架摺動板、⑨揺架、⑩平衡ばね室、⑪平衡ばね調整レバー、⑫背当て、⑬腰掛、⑭安全子、⑮懸垂パイプ、⑯連結金具、⑰圧板、⑱垂直パイプ、⑲旋回ハンドル、⑳照明調整器、㉑旋回リング、㉒俯仰ハンドル、㉓光像式射撃照準器

海軍 一式大型動力銃架二二型

（二式飛行艇を示す）

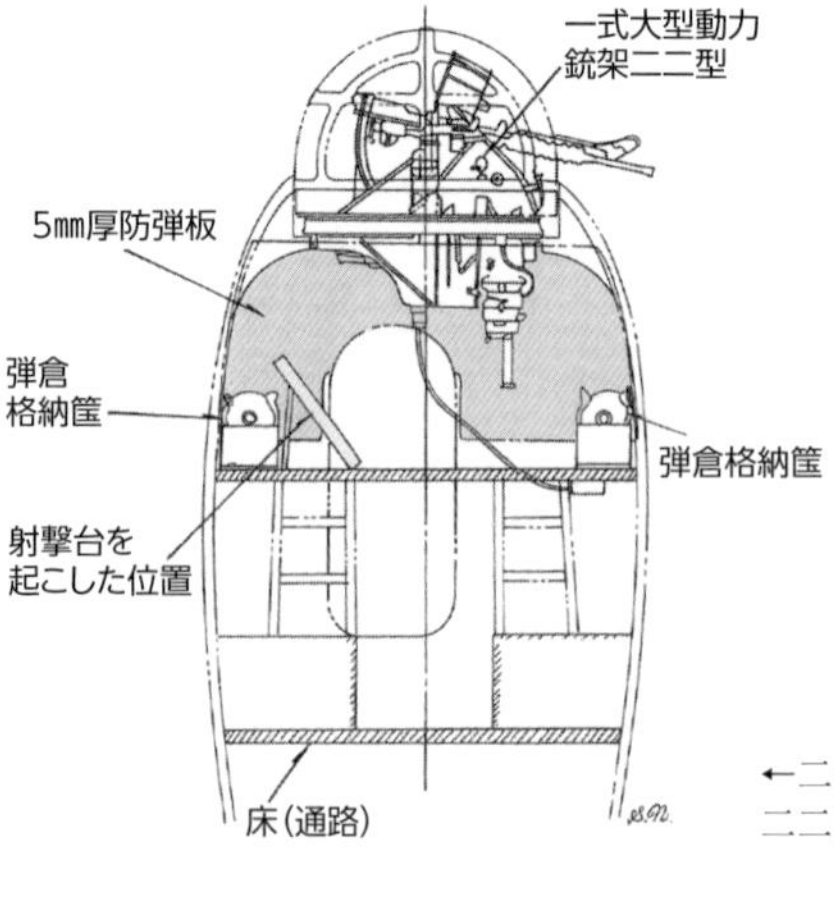

←二式飛行艇の艇体背部に装備された、一式大型動力銃架二二型付近の断面図。

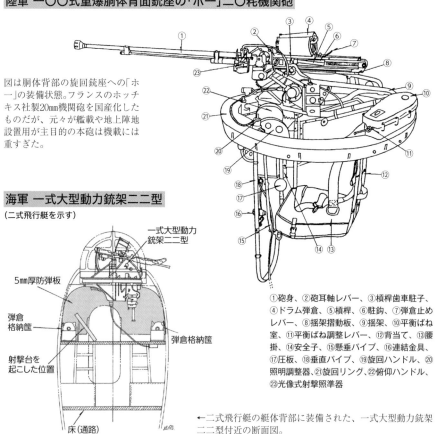

に戦闘機の最高速度は５００キロ／時を超えるのが当たり前となり、旋回式銃座の装備銃を手動操作して戦闘機の動きに追従するのは、戦闘機側が直線的に迫ってくるような、予測可能な機動でもしない限りほとんど不可能になってきた。

日本海軍もこうした状況は理解しており、二〇粍旋回機銃の動力操作化を検討。昭和11（１９３６）年にフランスのＳＡＭＭ社から「ＡＢＪ５」型と呼ばれる、電動油圧式の動力銃架を輸入してテストした。その結果、九七式飛行艇への装備を目指して、同機の製造メーカーである川西航空機に国産化のための試作が指示され、昭和16年度に「一式大型動力銃架二一型」の名称で制式兵器採用が決定した。

ただし、この動力銃架を最初に装備したのは九七式飛行艇ではなく、その後継機の「十三試大型飛行艇（のちの二式飛行艇）」である。本機は一式大型動力銃架を艇体尾部と背部に備えたが、背部銃架は球型銃塔に収めるため照準器、射界制限装置などに若干の変更を必要としたため、制式名称は「一式大型動力銃架二二型」と命名された。

なお、動力銃架に装備された九九式二〇粍一号機銃四型は基本的にベルト式給弾の機構であったが、ドラム弾倉を用いる仕様に変更していた。

二式飛行艇に続き、昭和18（１９４３）年秋から部隊配備が始まった一式陸上攻撃機二二型の背部にも一式大型動力旋回銃架二二型が装備されたが、本機の場合は左右旋回のみ動力操作で、

海軍 二式飛行艇の艇体尾部に装備された、一式大型動力銃架二一型

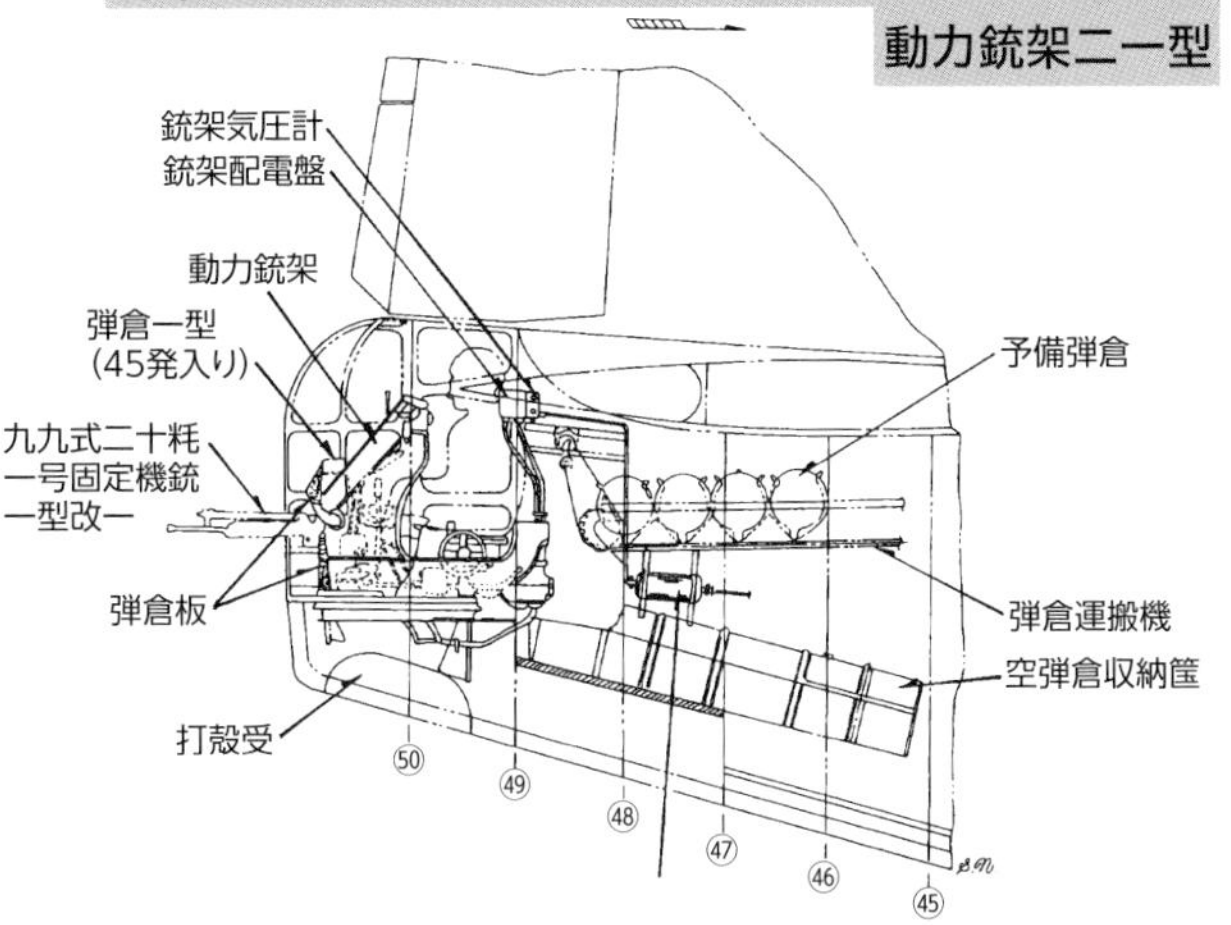

海軍 一式陸攻二二型の胴体背部動力銃架

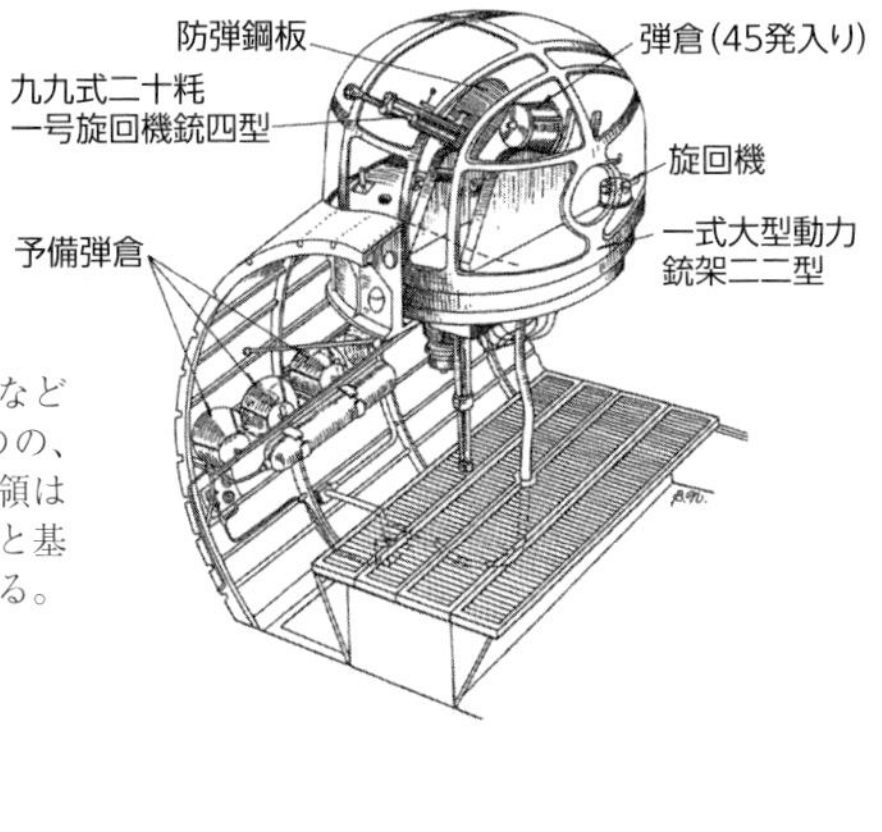

→予備弾倉の配置などに違いはあるものの、動力銃架の装備要領は二式飛行艇のそれと基本的には同じである。

機銃の俯仰《ふぎょう》操作は手動であった。また一式陸攻は二二型に続き二四型でも同銃架を装備したが、サブ・タイプの二四乙型から、装備機銃を長銃身の九九式二十粍二号固定機銃三型に更新。のちに二二乙型もこれに倣った。

陸軍では、一〇〇式重爆に続く四式重爆『飛龍』でも旋回操作は手動のままであった。本機の量産型は胴体背部に半球形の銃塔を備え、ここに「ホ五」二〇粍機関砲一門を装備したが、その旋回、俯仰とも手動であった。

ただ、「ホ五」は「ホ一〇三」十二粍七機関砲（アメリカのブローニングM2　12・7㎜機関銃の無断コピー）の口径を拡大したもので、二〇粍機関砲としては軽量な部類であった。

遠隔操作式銃塔の試行錯誤

大型機に対する動力銃塔装備への取り組みが進んでいた昭和13年、海軍は防御火器の貧弱さと、搭乗員、燃料タンクへの防弾対策の不備から敵戦闘機

陸軍 四式重爆の手動式旋回銃座

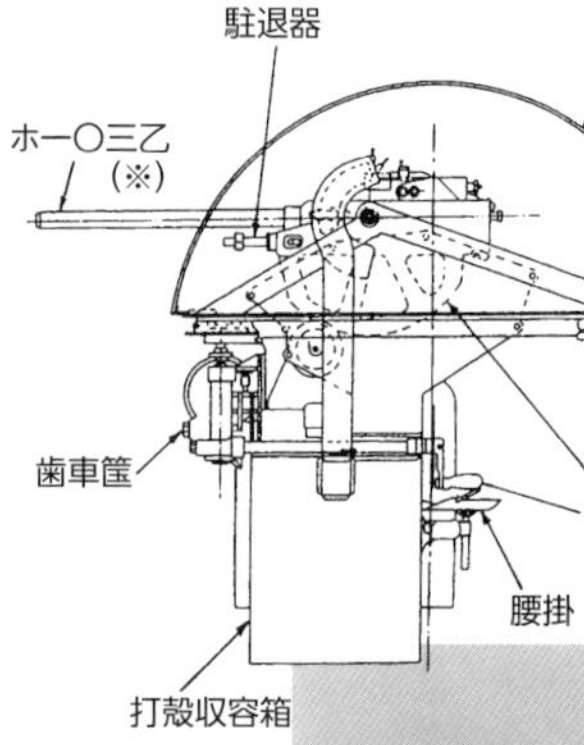

←四式重爆撃機の胴体背面の旋回銃座とその構造。半球形の風防は胴体からの露出部分が少なく、空気抵抗を減らす意図がうかがえる。

四式重爆の機首手動旋回銃座に装備された「ホ一〇三」十二粍七機関砲。陸軍最後の重爆も、銃座の動力化は達成できなかった。

による損害が大きかった九六式陸攻の現状に鑑み、同機の護衛を主任務とする航続距離2，400km（正規状態）を有する、三座の双発遠距離戦闘機を構想。同年11月に中島飛行機に試作発注した。

　そしてこの「十三試双発陸上戦闘機」が、自身の防御火器として装備する、海軍最初の遠隔操作式動力銃塔を、海軍の技術開発部門である航空技術廠が開発することになった。海軍自ら銃座、銃塔の開発に乗り出したのである。

　これは九七式七粍七固定機銃三型改一を2挺、並列に連装化して銃塔に収めたもので、それを雛壇式（前後に段差を付けて並べる）に2基、乗員室後方の胴体上部に設置し、旋回、俯仰と照準、射撃は偵察員が遠隔操作する、いわゆる〝リモコン銃塔〟であった。

　動力は電動油圧式で、偵察員席に設けてある照準器を固定した照準塔を上下、左右に動かすと、伝動軸差動歯車を介した操作機構が連動して、2基の銃塔も同じように動く仕組みになっていた。完成すれば、射手の手動操作の負担を大幅に改善できる機構である。機銃の射撃範囲は左右および上方に60度、下方に5度で、通常飛行時はカバーで覆っておき、戦闘空域に入るとスイッチ操作で開くという凝った仕組みも備えていた。

　もっとも、当時の日本の基礎工業レベルでは、機械式リモコン操作を高精度で可能にする部品の開発、製造が困難で、十三試双発陸戦の試作機完成後の試験では、防御火器として実用に耐えるものではないと判定された。そして十三試双発陸戦自体も性能不足の判

海軍 十三試双戦
二式陸偵の遠隔操作式銃塔

↑写真は動力式旋回銃塔の装備状態。銃塔を覆うカバーを開いた状態で、各銃塔は偵察員席に設けた照準器と電気的に連動する。

遠隔操作銃塔の関連装備

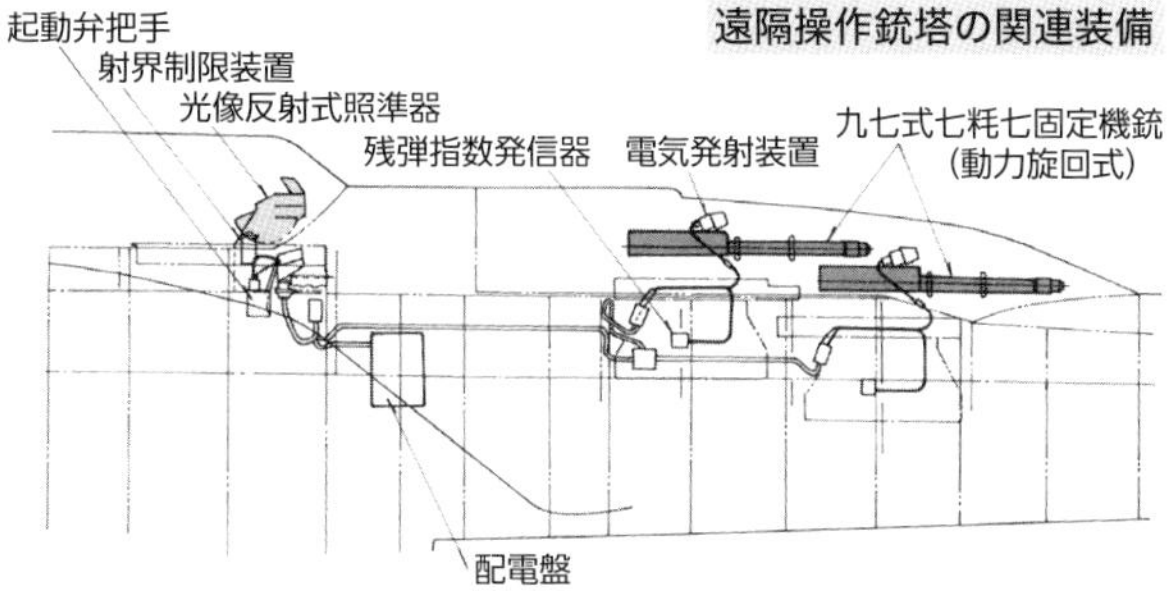

定を受けて不採用となったため、海軍初の遠隔操作式動力銃塔は機体とともに陽の目を見ずに消え去った。

海軍は昭和14年以降、欧米から遠隔操作機構の見本を購入し、それを基にした研究、開発を国内の電機、機械メーカーに指示した。輸入品とメーカーは、全自動ワードレオナード式（富士電機）、電動油圧式で同調用にセルシンモーターを使用する方式（北辰電気）、同調用に油圧管制弁を使用する方式（富士航空計器）、テレビジョンを利用する方式（東京電機）、また、カニ眼鏡を利用して銃架を操作する方式、二重回転式駆動装置を利用する方式など多種多様であったが、試験の結果はいずれも航空機搭載時の苛酷な諸条件をクリアすることができず、ものにならなかった。

戦争末期に完成した火器、銃塔の本命

海軍が二式飛行艇等で実現した動力銃塔と二〇粍機銃の組み合わせは、防御火力としては強力なものだったが、重さゆえの操作の負担や敵戦闘機の機動への追従性が悪いという点は否めなかった。小口径では威力不足だが、大口径は銃本体の重さが操作上の大きな負荷になる。アメリカが12・7㎜口径の機銃で防御火器を統一したのは、小口径からいきなり大口径に強化した日本に比べ、合理的であったことは疑いようがない。

陸軍が、前述のブローニングM2のコピー「ホ一〇三」を旋回用に転用したのに対し、このクラスの中口径機関銃の開発が遅れていた海軍は、昭和17年12月、ドイツからラインメタルMG131　13㎜旋回機銃を輸入して試験を実施。その性能は初速750m／秒、発射速度900発／分と優秀で、重量も軽く操作も簡便という申し分のない結果を受けてただちに国産化が決定した。量産は広島県の呉海軍工廠で行なわれ、「二式十三粍旋回機銃」の名で制式兵器となった。

**海軍 特殊攻撃機『晴嵐』の後席銃座
二式十三粍旋回機銃装備状態**

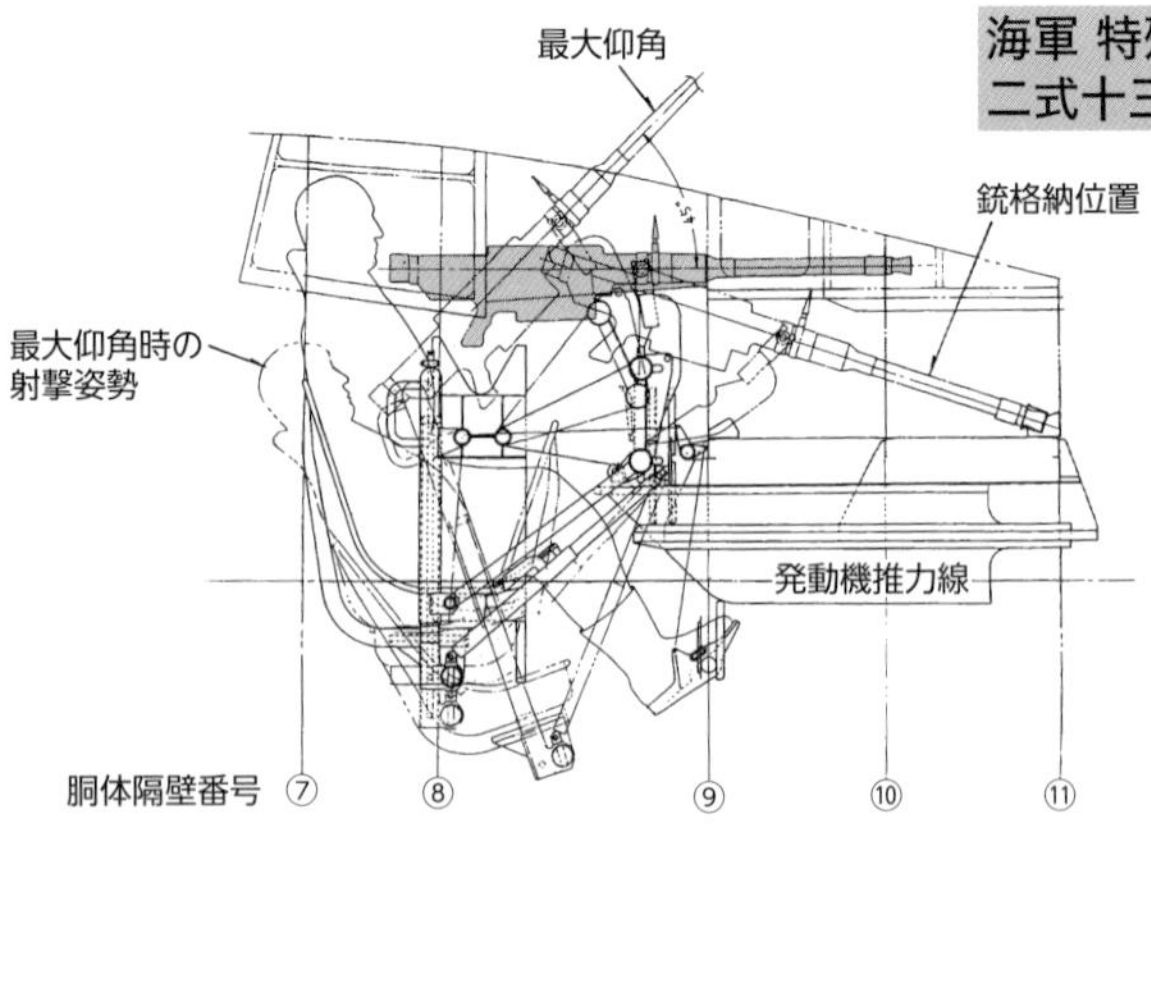

←図は『晴嵐』への二式十三粍旋回機銃の装備状態。後席の限られた空間に十三粍機銃を収め、必要十分な角度での俯仰を可能にするため、銃架を動かすのではなく座席が沈み込む構造を採用していた。

二式十三粍旋回機銃は、昭和18年以降に就役する水上偵察機『瑞雲《ずいうん》』、艦上攻撃機『流星《りゅうせい》』、特殊攻撃機『晴嵐《せいらん》』などの単発複座機の後席や、一式陸攻三四型の尾部銃座、陸上爆撃機『銀河』の乗員室後部などに備える防御機銃に予定された。

特筆すべきは、本銃を装備予定だった『銀河』一一乙型（武装強化型）の動力銃架の開発である。この動力銃架は、従来の一式大型動力銃架の開発と運用で得た経験に基づき、操作性の向上に重点を置いて小型、軽量化を図っていた。

銃手は銃座の旋回環の外から操作する設計になっており、照準と銃の俯仰は連動軸で機械的に伝わるシンプルな仕組みになっていた。制式名称を「四式動力旋回銃架」と称するこの銃座は、外国製品のコピーによる国産化ではなく、独自設計による初めての動力銃架であった。ただ残念なことに実用化が遅きに失した感は否めず、『銀河』の運用実績に寄与する存在にまではなり得なかった。

なお、二式十三粍旋回機銃は、ドイツ製銃火器にありがちな精緻な構造ゆえに製造には困難が伴い、実用化、量産が遅れた。そこで穴を埋めるべく、陸軍のホ一〇三と同様にブローニングM2機関銃を無断コピーした「三式十三粍旋回機銃」が昭和18年9月に制式兵器採用され、四式動力銃架等、海軍機の銃座、銃塔にも装備されたようだ。

日本海軍が取り組んできた防御火力の強化と銃座、銃塔の動力化の努力は、十八試陸上攻撃機、のちの『試製連山』として一つの形を結ぶことになった。

十八試陸攻は、日本海軍が「戦闘機の護衛なく遠距離の敵航空基地を叩ける四発大型陸攻」として中島飛行機に試作発注したもので、本来なら一式陸攻に代表される「中型陸攻＝中攻」の次に整備されるはずだった。護衛なしということは自衛能力の強化は必然で、このため十八試陸攻は十三粍機銃4挺、二〇粍機銃6挺という空前の防御火力

海軍 陸上爆撃機『銀河』一一乙型の動力銃座

←写真は『銀河』一一型の武装強化型である、一一乙型の後部旋回銃座。四式動力旋回銃架に二式または三式十三粍旋回機銃を連装で装備した。

を備えることが計画された。

これらの防御機銃のうち、胴体後部両側面の二〇粍旋回機銃各一挺を除き、全てを動力旋回銃架に連装式に装備するという、従来の日本機にはない画期的な構想で開発が進められた。

動力旋回銃架のうち、胴体前部上面、同後方下面の二〇粍（連装）旋回銃塔は、上方および下方への射界も広く、防御能力は極めて高くなるはずだった。この銃架の試作名は「十八試二〇粍連装上方、下方銃架」であった。

しかし、画期的な動力銃架は開発に困難が生じた。特に電気油圧系の動力系統に使用する部品の精度が悪く、完成した『試製連山』の試験でも、銃架の油圧系から漏れた油で窓ガラスが汚染されるなどの問題が多発。戦況悪化による十八試陸攻それ自体の開発中止により、この海軍最後の動力旋回銃架は陽の目を見ずに消え去った。

こののち、日本陸、海軍は本土の防空任務に資する戦闘機の開発、生産に追われることになり、それとともに攻

海軍 陸上攻撃機 『試製連山』の銃座配置

←鹵獲したアメリカ陸軍のボーイングB－17E四発重爆のそれに似た、試製連山の胴体上面前方動力銃塔（二〇粍機銃は未装備状態）。

各銃座の射撃可能範囲

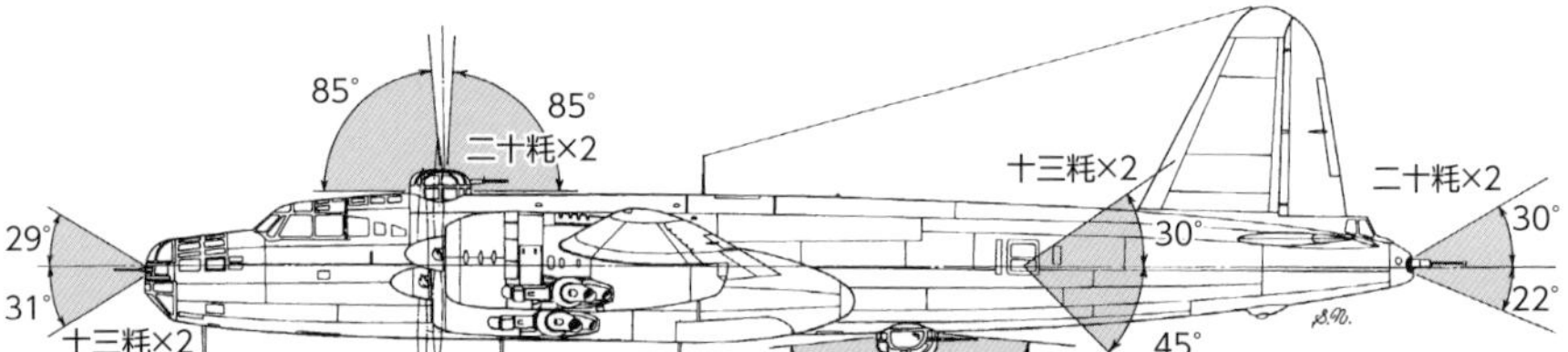

↑胴体上、下面の球型銃塔は全周旋回が可能であり、射界はきわめて広い。

→試製連山の胴体後部右側。画面右下の球型動力銃塔には二〇粍連装機銃が、日の丸標識直後の四角形窓部分には、手動操作の十三粍旋回機銃１挺が装備されるはずだった。

撃兵器である陸攻や爆撃機、偵察機や艦上攻撃機等の単発多座機の新規開発は延期、もしくは開発中止に追い込まれた。それと同時に、防御火器やそれを装備する新型銃座の開発も終焉を迎えたのである。

防御兵装開発不振の理由

これまで、日本陸、海軍機の防御用射撃兵装、および銃座、銃塔の開発を辿ってみて改めて感じるのは、発動機、機体設計のそれに比べ外国技術への依存度が高く、最後まで独自開発の芽が育たずに終わってしまったということ。これは射撃兵装や銃座、銃塔のみにとどまらず、後述する各種照準器、無線機／レーダーを含む各種電子機器などについても同じことが言える。

その主な要因として考えられるのは、そもそも航空という分野において欧米航空先進国の後塵を拝したということがある。とにかく、欧米各国レベルに一刻も早く追いつき、追い越さねばならぬという焦燥感から、飛行性能の向上に重点が絞られ、発動機、機体設計の研究、開発を最優先にし、〝周辺装備品〟のそれは二義的なものとされたことが大きい。

比較の対象とするのも憚られるが、最終的に日本を降伏に追い込んだ、アメリカ陸軍の四発超重爆ボーイングB-29の防御銃塔は全て遠隔操作であり、各銃手は快適な与圧キャビンに座し、状況に応じて一人の集中火器管制（CFC）銃手が、複数の銃塔を操作することも可能だった。照準器にはコンピューターが組み込まれ、見越し角計算なども自動で行なった。こんな〝優れモノ〟が、すでに太平洋戦争以前の段階で設計されていたと聞いては、日、米の技術格差の大きさをいやと言うほど思い知らされる。

序文にも記したが、航空機は多種多様な工業製品の〝集合体〟でもあり、ただ単に飛行性能が優れているだけでは有効兵器にならない。ユーザーである軍側がそれを肝に銘じ、民間の関連メーカーに均整のとれた行政指導を行なうべきである。それが出来なかった点こそが日本陸、海軍航空最大のウィーク・ポイントだった。

↑戦局の悪化により試作4機が完成したのみで開発中止となった試製連山のうち、敗戦当時に原形を保って残っていた唯一の機体、第4号機。

日本陸軍機の主要旋回射撃兵装要目表

試作名称	制式兵器名称 （※印は非制式名称）	全長 （mm）	重量 （kg）	初速 （m/sec）	発射速度 （発/min）	備考
テ三	九八式七粍九二旋回機関銃	1,251	7.2	750	1,000	ドイツのラインメタルMG15 7.92mmが原型
ホ一	試製二〇粍旋回機関砲※	1,735	32	820	400	フランスのホッチキス20mmが原型

日本海軍機の主要旋回射撃兵装要目表

名称	全長 （mm）	重量 （kg）	初速 （m/sec）	発射速度 （発/min）	備考
留式七粍七旋回機銃	980	9.5	740	700	アメリカのルイス機銃の輸入品
九二式七粍七旋回機銃	980	9.5	748	550	ルイス機銃の改造国産化
一式七粍九旋回機銃	1,080	7.3	750	1,000	ドイツのラインメタルMG15 7.92mmの国産化
二式十三粍旋回機銃	1,170	17.4	750	900	ドイツのラインメタルMG131 13mmの国産化
三式十三粍旋回機銃一型	1,550	34	800	850	アメリカのブローニングM２を旋回銃に改造
九九式二十粍一号旋回機銃四型	1,581	23.4	600	535	スイスのエリコンFF型20mmの動力銃架用

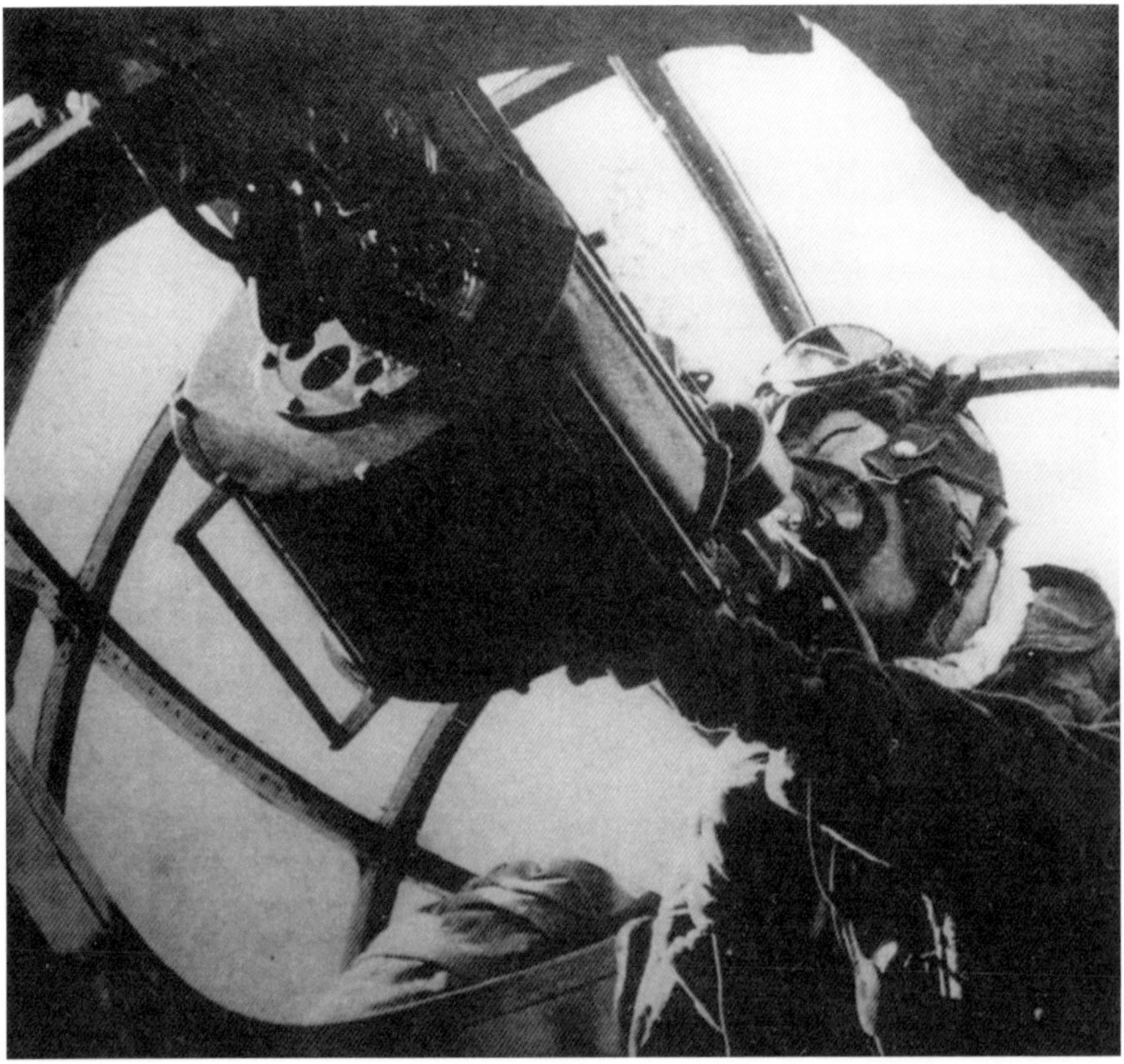

海軍 九六式陸攻のブリスター型銃座内部。恵式二十粍旋回機銃と銃手。

第八章

陸、海軍射撃／爆撃照準器開発史

〝勘頼り〟から機構式照準器利用へ

航空機が、初めて兵器としての地位を確立した第一次世界大戦では、その緒戦期においては、戦闘機や爆撃機といった機種別のカテゴリーはまだ無く、枢軸国、連合国双方とも互いに相手方地上軍の動向を探る、偵察の役目に任ずるのみだった。

やがて、前線上空で互いの航空機が〝ハチ合わせ〟すると、これを妨害するために石を投げたり、ピストルやライフル銃を持ち込んで撃ち合うようになった。

そして、敵機を追い払う役目に専任するスカウト機が登場し、それらの機には機関銃が装備されており、狙いを正確にするために、照門と照星から成る初めての機構式照準具も同時に導入されるに至った。

開戦から数か月が経過した１９１５年はじめ頃には、イギリス、フランス、ドイツの主要参戦国に、こうしたスカウト機が充足し、やがて戦闘機というカテゴリーが確立されてゆく。

いっぽう、航空機から爆弾を投下する試みは、すでに戦前のフランスにおいて実験が行なわれており、戦闘機に比べれば、専用機種としての確立はいくらか早かった。その嚆矢となったのはフランスのボアザン機で、開戦約１か月後の１９１４年９月には、最初の専任部隊が指定された。

もっとも、この頃の爆撃法は、ドイツ航空隊を例にすれば、多座機の胴体側面に数発のカーボナイト小型爆弾を吊り下げておき、目標上空にくると、同乗者がこれを手で外し、目測で投下

第一次世界大戦期の機構式照準器

[機構式照準器の目標捕捉時のイメージ]

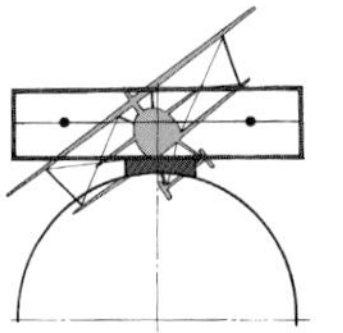

[機構式照準器の装備例]

(1915年、ドイツ航空隊のフォッカーＥⅢ単葉戦闘機)

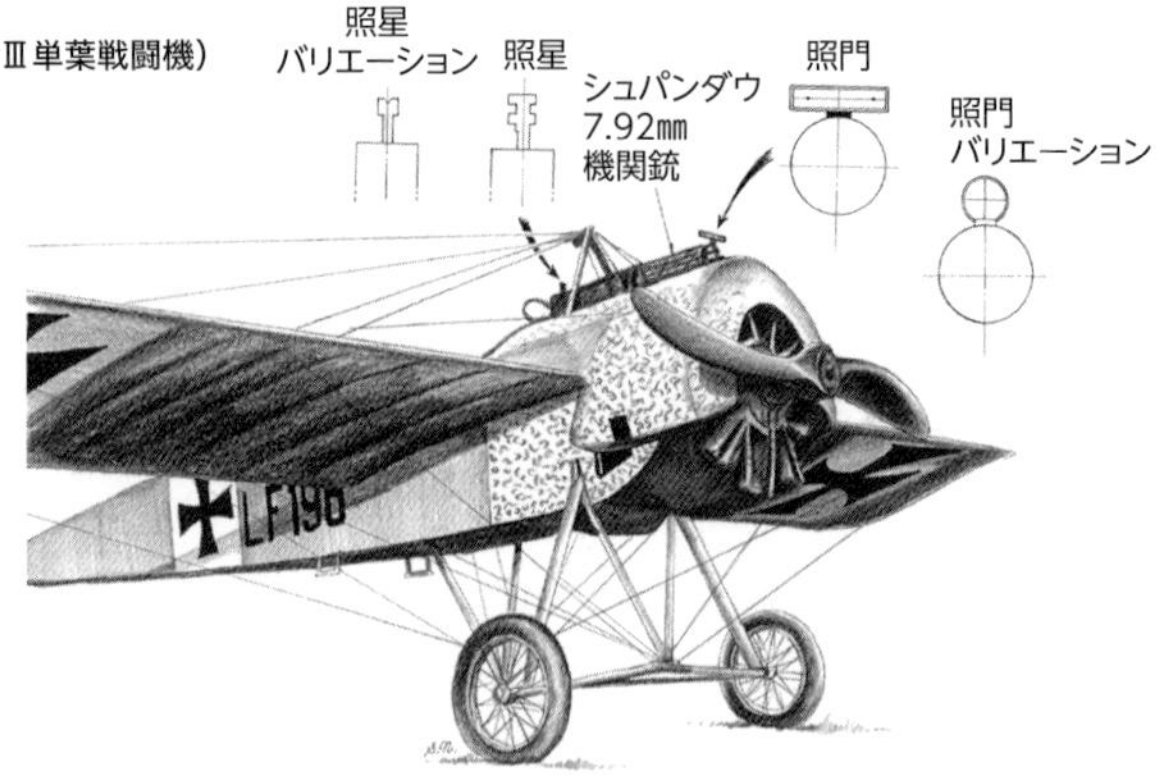

機構式の照準器はライフル銃のそれと同じく、銃本体の上部、および銃身の先端に照門、照星のいずれかが付くシンプルなものだ。ただ、高速で三次元空間を動き廻る航空機を目標にする場合は、照門と照星が離れているので、パイロット、もしくは旋回銃の銃手の視線を軸線上に保ち、正確に目標の未来位置を定めるのは至難のことだった。

するという原始的なものであった。

ちなみに、第一次世界大戦勃発をうけて、連合国側についた日本が、ドイツ占領下の中国大陸・青島《チンタオ》の攻略作戦（大正3年8月～11月）を実施した際、陸、海軍のモーリス・ファルマン複葉機が初めて実戦での爆撃を行なったのも、同じ投下方法だった。

しかし、現代の自動車なみの飛行速度とはいえ、勘に頼る爆撃では命中率も低く、やがて、機構式の簡単な爆撃照準器が標準化し、大戦を通じて使われた。

機構式から光学式照準器への進化

戦時下ということもあり、わずか2～3年足らずの間に、めざましい発達を遂げた航空機は、性能も著しく向上し、第一次世界大戦後期には、射／爆撃照準器とも従来の機構式では追いつかなくなってきた。

そこで、列強国が等しく採用したの

光学（望遠鏡）式射撃照準器

［光学（望遠鏡）式射撃照準器の構造例（オルジス式照準器）］

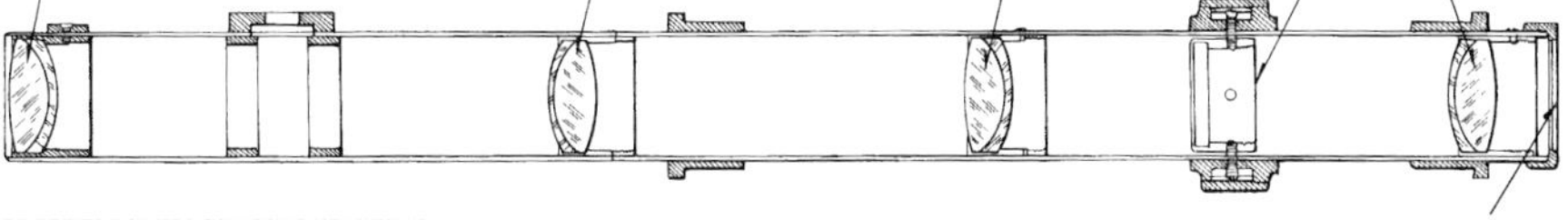

［陸軍 八九式射撃照準器］

↑陸軍 二式戦闘機二型甲「鍾馗」の、前部風防の正面ガラスを貫く形で装備された、光学（望遠鏡）式の八九式射撃照準器。操縦士は片眼（右眼が基本）を筒の尾端に付けて照準するので、空中戦時の周囲を見張るための視野を著しく制限する。筒の先端はレンズ保護用のキャップになっており、使用時はレバー操作で左側に外すようになっている。

［オイジー、およびオルジス式照準器の照準パターン例］

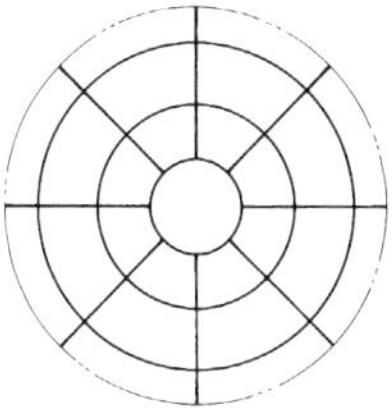

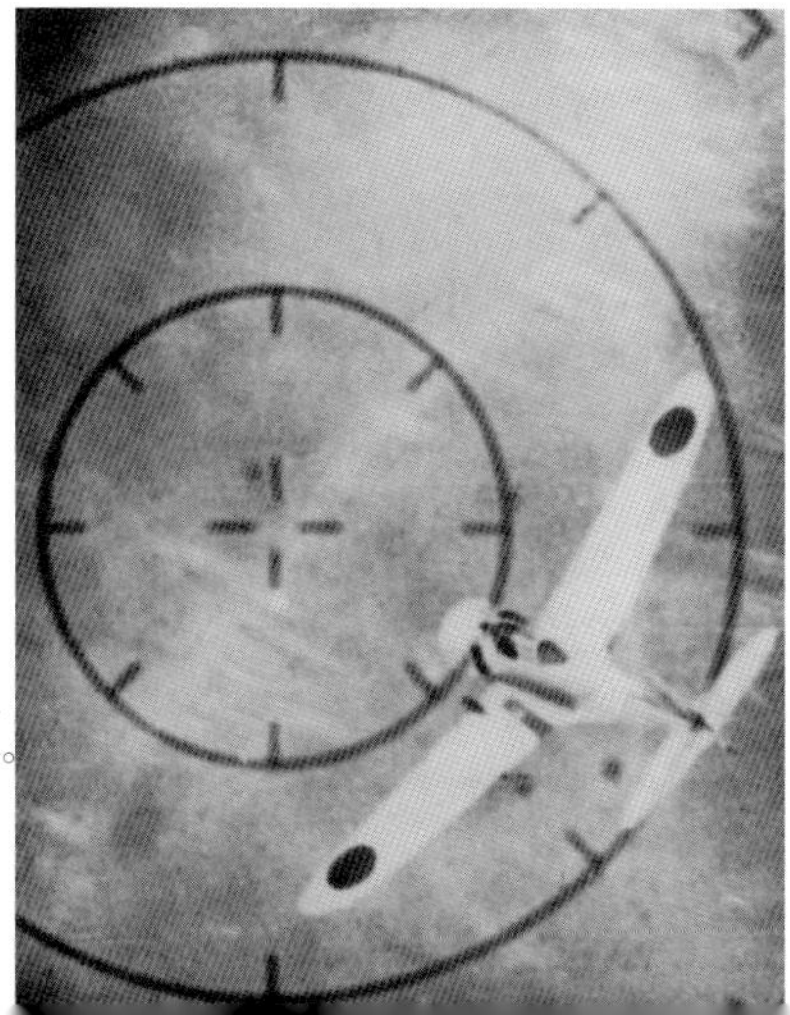

→空中戦訓練の際に、僚機の八九式射撃照準器に捉えられた九七式戦闘機の貴重な映像。照準イメージ・パターン（レチクル）の中心が、目標の未来位置を正確に捉えており、このまま射撃すれば命中間違いなしである。

が、何枚かのレンズを筒内に組み込んだテレスコープ式、すなわち望遠鏡型の光学照準器である。

射撃照準器としては、主に戦闘機の固定機銃用として装備され、操縦室前方の遮風ガラス（風防）を貫くか、もしくは風防前方に固定し、パイロットは片眼でこれを覗きつつ照準する。

爆撃照準器も、基本的な構造は同じで、爆撃手席に垂直方向にセットされ、やはり片眼を筒部上端に当てて照準した。ただし、爆撃機用は、レンズに写る照準イメージ・パターンが戦闘機用と異なり、型式によっては上部に偏流角修正装置などが付くので、形状は複雑になる。

明治時代末期の軍航空草創より、大正時代後期に至るまでの日本陸、海軍は、機材、装備品の大半を欧米先進国からの輸入、もしくはライセンス生産品で賄ってきた。

連合国の一員だった恩恵で、第一次世界大戦後、敗戦国ドイツから多くの航空機、装備品を押収した日本は、照準器に関しても、そのドイツの先進技術に着目し、陸、海軍とも競ってコピー〝作品〟の製品化に奔走した。

固定射撃兵装用照準器については、望遠鏡型のＯｉｇｅｅ（オイゲー）が陸、海軍の標準タイプとして登用され、陸軍では固定機関銃用照準眼鏡（のちの八九式射撃照準器）、海軍では、英語読みのオイジー式射撃照準器（のちの九五式射爆照準器）の名称で、昭和10年代後半までの長期間にわたって使用した。

これらは、筒の中に二枚合わせの色消しレンズ四組を、対物レンズ正立系および接眼レンズとして組み込んでおり、海軍のオイジー式を例にすれば、有効径38㎜、焦点距離１００㎜、倍率一倍、視界20度というのが基本データであった。照準目盛はＰ．１４９図のようになっていた。

爆撃照準器については、陸軍がツァイス、およびゲルツ社のものを複製し、大正13（１９２４）年に一三式爆撃照準眼鏡の名称で制式採用、日本光学（現：ニコン）に生産を命じた。この一三式には、偏流角修正装置はまだ付いていない。

昭和２～３（１９２７～２８）年頃から、一三式に種々の改良を加えたタイプが試作され、実験的に使用されたが、昭和６～７年に至り、これらを八八式爆撃照準眼鏡の制式名称により採用した。

この八八式は、偏流角修正装置をもち、爾後、逐次改良を加えられ、八八式四型までつくられて太平洋戦争末期まで陸軍爆撃機のスタンダード機器となった。

いっぽう、海軍の水平爆撃照準眼鏡は、陸軍と比較して制式化は少し遅れ、昭和２年にゲルツ社（オーストリア・ウイーンに所在）のボイコフ式照準眼鏡を購入して研究し、造りをより頑丈にするなどの改良を加えた試作品を、横須賀工廠の光学部が自ら製作し、昭和６（１９３１）年に九〇式一号爆撃照準器の名称で制式兵器採用した。

この九〇式一号は、逐次改良を加え

ながら、太平洋戦争後期まで長期間にわたって使用され続けることになる。

九〇式一号もそうだが、ゲルツ式の爆撃照準器は、人工水平儀に気泡式を用いていた。しかし、当時のアメリカ海軍では空気式転輪水平儀を用い、気泡式に比べて、より精度の高い照準を可能にしていることが判明した。

そこで海軍は、九〇式一号にこの転輪水平儀を組み合わせた照準器の試作を、日本光学（株）に指示、太平洋戦争開戦直後の昭和16（1941）年12月に完成をみた。翌17年に入って行なった実験では、気泡式に比べて弾着偏差量が約3分の2に減少することが確認され、ただちに一式一号爆撃照準器の名称で制式兵器採用が決定された。

もっとも、当初の生産品には自立装置に欠陥があったので、その改良に時間をとられ、ようやく一式陸攻に装備されて実戦使用されたのは、18年4月以降のことだった。

この頃には、一式陸攻の脆弱性もあって、最前線での昼間水平爆撃そのも

↑光学式水平爆撃照準器の使用状態。海軍の九〇式と機構上は基本的に同じ、陸軍 八八式爆撃照準眼鏡に右眼を当てて照準する、九九式双軽爆撃機の爆撃手。

光学式水平爆撃照準器

[海軍 九〇式水平爆撃照準器の構造]

(図は昭和17年制式の二型改五)

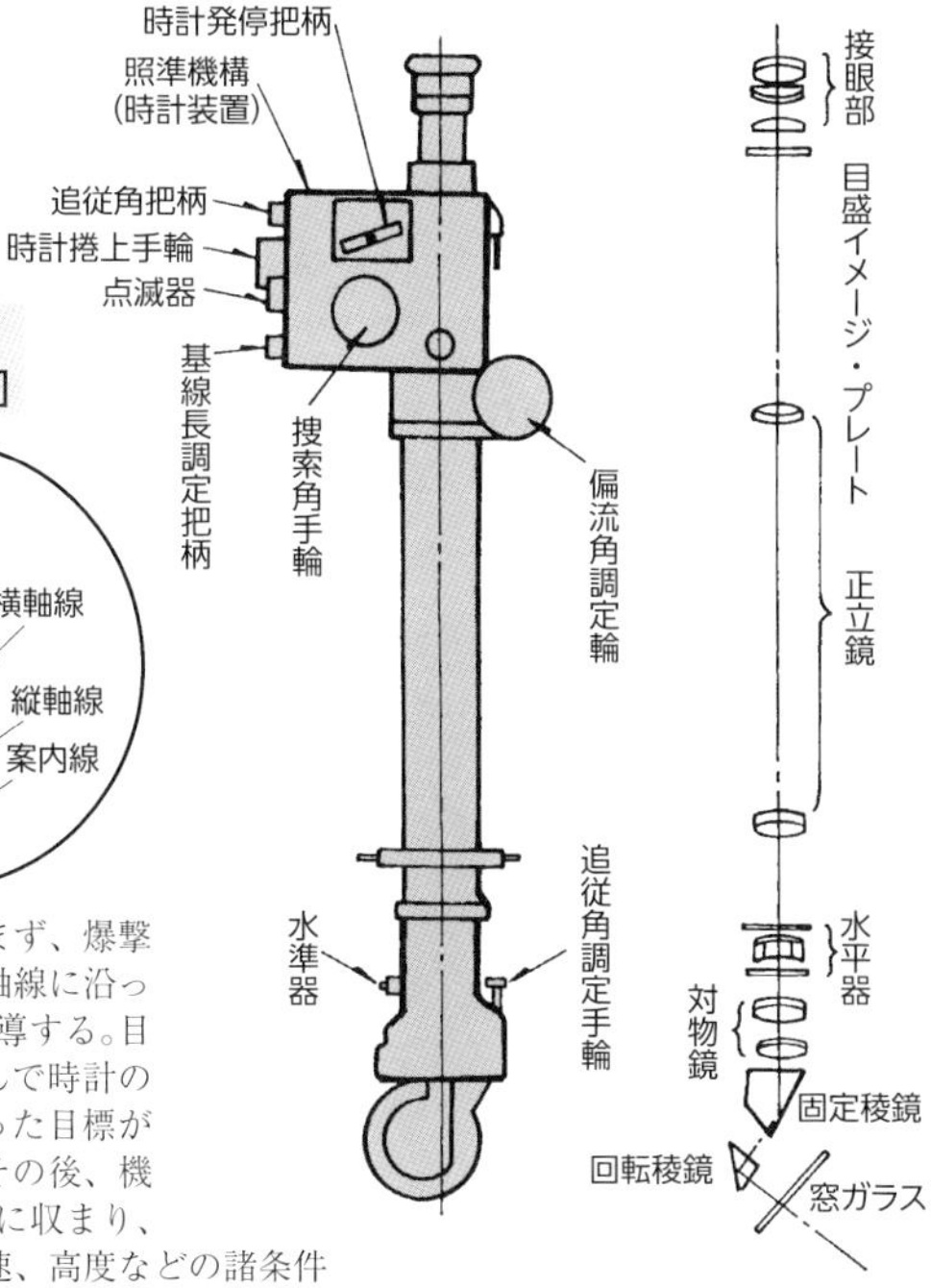

[照準パターン例

(九〇式一号型を示す)]

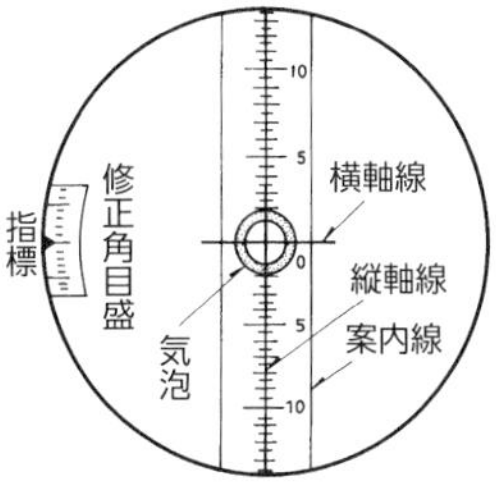

九〇式水平爆撃照準器による照準要領は、まず、爆撃進路に入ったなら、目標が照準パターンの縦軸線に沿って流れるように、操縦員に指示して機体を誘導する。目標が気泡の中心に来たとき、「時計発動」と叫んで時計のスイッチを入れる。すると気泡の中心に収まった目標がいったん縦軸線に沿って上方に逆戻りする。その後、機体が直進飛行すると、再び目標が気泡の中心に収まり、その瞬間に爆弾を投下すれば、予め風向、機速、高度などの諸条件をインプットして割り出したデータ通りの弾道を描いて、爆弾は目標に命中するわけである。

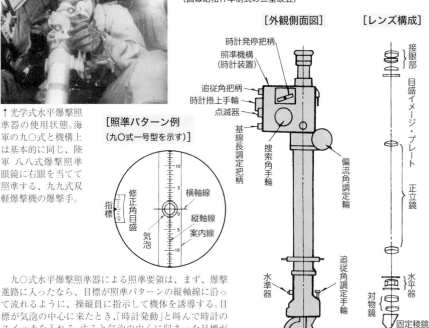

のの機会が減少しており、一式一号爆撃照準器の使用効果はそれほど高いとは言い難かった。

なお、陸軍の光学式水平爆撃照準器は、八八式以降の新型が独自開発された様子がなく、太平洋戦争後期に、海軍の九〇式一号、および一式一号を廻してもらい、間に合わせていたようだ。

降下爆撃照準用の望遠鏡式光学照準器

昭和9（1934）年になって、新たに日本海軍空母打撃力のひとつとして登場した艦上爆撃機は、機体を急降下させながら投弾するので、水平爆撃用の照準器は役に立たなかった。

そのため、戦闘機用射撃照準器と同型の望遠鏡式を、操縦席風防の前方に固定することにした。艦爆は、空中戦にも応じられるよう、機首に固定機関銃を備えているので、この射撃照準器としても兼用するため、海軍は戦闘機の照準器を含め、これらを〝射爆・照準

日本海軍艦爆の急降下爆撃法は、高度3000mくらいから、およそ50～60度の角度で降下し、高度500m前後になったとき爆弾を投下することを基本とした。投下された爆弾は、図に示すように、実際に照準点を定めた地点より少し手前に着弾する。この照準点と着弾点の誤差を追従量と称し、操縦員は降下する前に、予め降下角度、降下速度（機速）、投下高度、爆弾の落下速度、風向、風力、さらに目標が航走中の艦船であれば、その進路、速度などの諸要素をもとに、適切な追従量を割り出して照準点を定めるのである。照準器のイメージ・パターンは方眼目盛状になっており（P.157図の二式一号射爆照準器のそれと同じ）、降下角60度、高度600mの投弾ポイントのとき、地上（もしくは海面）10mが、その1区画の一辺に相当するように設定されていた。

日本海軍艦爆の急降下爆撃法

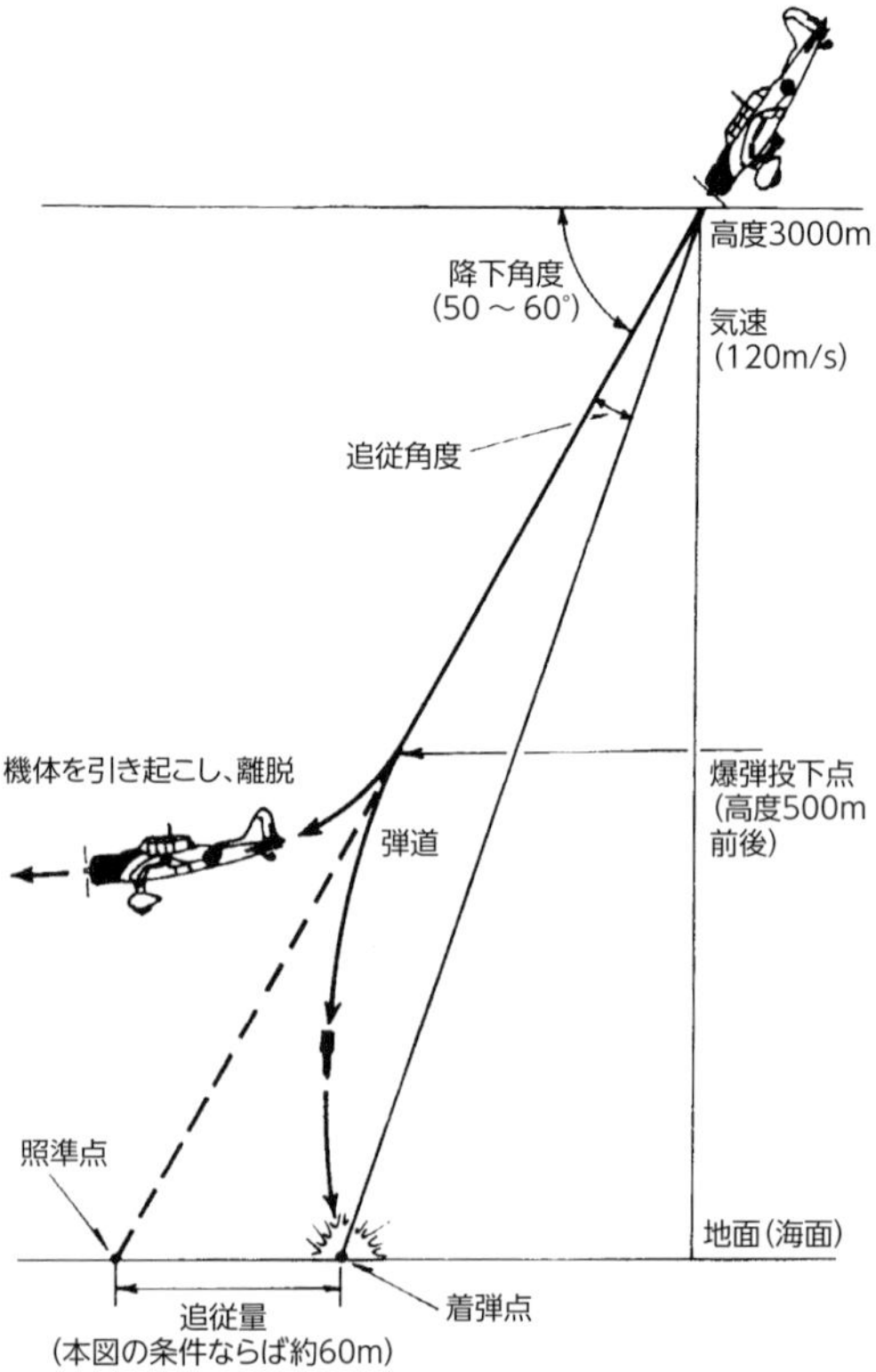

↑風防正面の外側に、急降下爆撃照準に対応した、光学式の九五式射爆照準器を装備した、海軍 九九式艦上爆撃機。操縦員と接眼部は当然ながら少し間隔があくので、周囲の視野は少し広く確保できる。

器〟と命名した。

最初の九四式艦爆から九九式艦爆までが用いたのは、ドイツのオイゲー、およびイギリスのオルジス式を模倣した、九五式射爆照準器であったが、艦爆の場合、高度3，000m付近から一気に5～600mまで急降下するため、外気温度の急変によりレンズが曇ってしまうのが悩みの種であった。

また、急降下する機体から投下される爆弾は、首尾線上の照準点よりも手前に弾着するので、その追従量を計算して適切な修正照準角を割り出すのはきわめて難しかった。

これを満星照準（照準線の中心に目標を捉えること）で可能にするべく開発されたのが、昭和17（1942）年5月制式兵器採用の、二式一号射爆照準器である。

筒鏡本体は九五式のものを流用し、先端部に、転輪水平儀で検知した照準修正角の分だけ向きを変えられる『Dプリズム』を内包、その曇りを防止するために、気密部の周囲に20ワットの電熱線を巻くなどの工夫が施してあった。

当初の生産品は、電気関係、艤装上の故障と曇りの発生が頻発したため、その改修に手間取り、最初の装備機となった艦上爆撃機『彗星』に取り付け、前線で使用されはじめたのは、翌18年9月以降のことである。なお、本照準器の生産も、日本光学・溝ノ口工場で行なわれた。

光学式から光像式への移行

個々の機能優劣はともかく、光学式の射爆／水平爆撃照準器は、筒鏡部全体もしくは先端部が外気に晒されるため、レンズの曇りや汚れに悩まされる他、光源がないので、夜間はもとより薄暮、黎明時の使用にも適さないのが弱点だった。

そこで、こうした光学式に代わって照準器のスタンダードになったのが、照準イメージ・パターンを光源で映し出す光像式、もしくは反射式と呼ばれるタイプである。

その原理が発明されたのは意外に古く、第一次世界大戦が勃発する14年も前の1900年に、イギリスのハワード・グラブ卿という高名な光学機器技

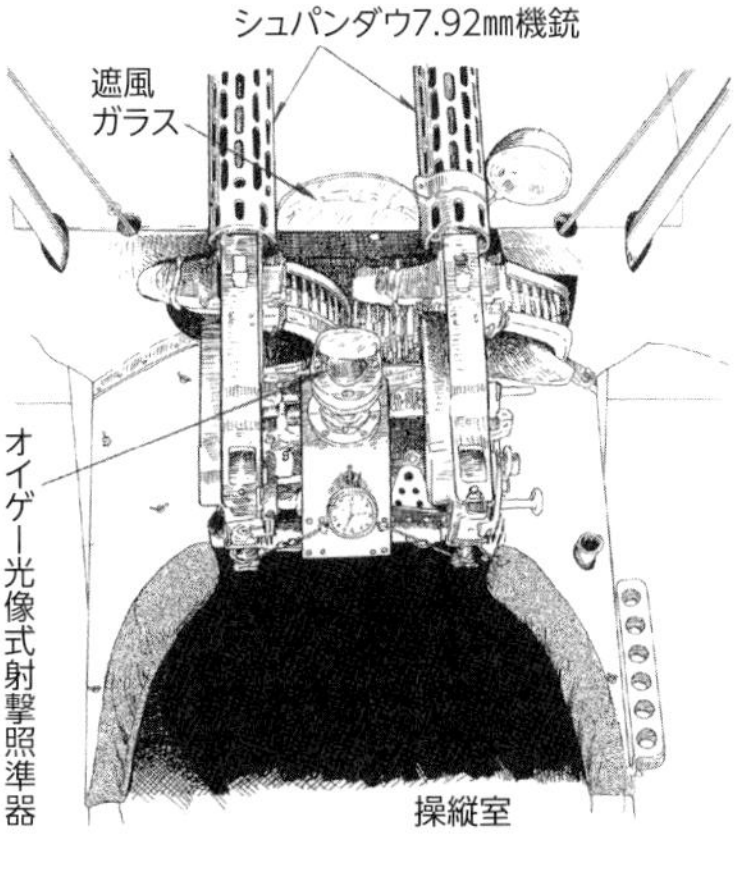

世界最初の実用光像式射撃照準器
（オイゲー式）

←第一次世界大戦期のドイツ航空隊、フォッカーDr.Ⅰ三葉形態戦闘機の操縦室前方上部に装備した、2挺のシュパンダウ7.92㎜機銃の間に、コンパクトなオイゲー光像式射撃照準器がある。ほぼ真上から見た状態のイラスト。

術者により、地上火器用として特許取得がなされていた。

　もっとも、この光像式照準器を航空機に装備して実用するという考えはまだなく、1915年にビッカース／マロック照準器として試作されたものの、当のイギリス航空隊はこれを制式採用しなかった。

　不思議なことに、敵対国であるはずのドイツが、このグラブ卿の特許に着目してその製造権利を借り受け、1918年、ベルリンに所在したアンタール・オイゲー光学機器製造所に発注して、2種の光像式照準器を完成させた。このうちの大きいほうが、有名なフォッカーDr・I三葉戦闘機、アルバトロスD・Va複葉戦闘機に実験的に装備され、第12戦闘飛行中隊において、世界最初に実戦使用されるに至ったのである。

　しかしドイツは、この年に敗戦国となってしまったため、光像式照準器は広範に普及するまでに至らなかった。

　第一次世界大戦後の軍備縮小による、業界全体の沈滞ムードも影響して、その後しばらくの間、光像式照準器の開発は停滞したが、1930年代に入り、発祥国のイギリスを含め、ヨーロッパ、アメリカの主要国がその長所に気付き、それぞれ独自の型式を試作した。

　密かに再軍備を画策していたドイツも例外ではなく、オイゲー社では1931年にENIの秘匿名称により、新たな光像式照準器をつくり出し、アメリカに売却したりした。

　そして1935年の再軍備後には、カメラ・メーカーとしても著名なカール・ツァイス社が、新たにRevi（reflexvisier—反射式照準器の略）の接頭記号を冠する光像式照準器を次々に開発し、第二次世界大戦勃発時には、ほぼすべての第一線戦闘機に行きわたるほどの量を賄えるようになっていた。

　いっぽう、日本陸、海軍における光像式照準器への〝開眼〟は、欧米の後塵を拝してきた他の航空技術同様に著しく遅れた。なにしろ、日本戦闘機の象徴とされた零戦でさえ、試作段階で

光学（望遠鏡）式と光像（反射）式射撃照準器の違い

[光学（望遠鏡）式]

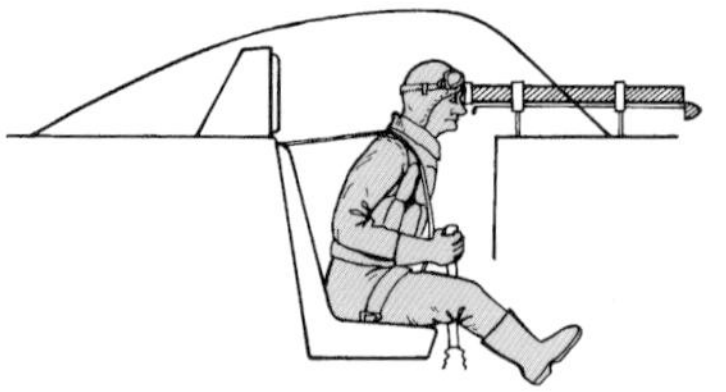

照準器の接眼部に片眼を接しなければならず、空中戦時に周囲への視野が制限され、被弾の危険性が高まる。照準器の一部（または全部）が機外に露出して大気に晒されるため、レンズの曇り、結露等の発生により、不具合の発生や照準不能になるリスクが大きい。

[光像（反射）式]

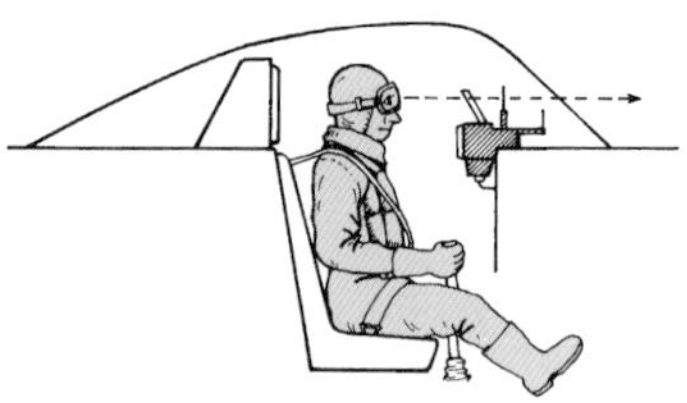

通常の操縦姿勢のまま照準することができ、反射ガラス部分のみならず、視野のすべてを把握できるため、周囲に対する警戒を行ないやすい。照準器は機内に装備されるため、光学式のように大気の影響を受けにくく、トラブル発生のリスクも小さい。

はオイジー式望遠鏡型照準器を装備予定にしていたくらいである。

しかし、昭和13（1938）年頃には、欧米先進国における光像式照準器の普及がめざましいこと、望遠鏡式に比べてはるかに利点が多いことが理解され、海軍航空廠（翌14年4月以降は航空技術廠と改称）自らが設計し、民間の富岡光学（現：京セラオプテック）が試作を担当した。

もっとも、まったくのゼロから設計するノウハウはなく、たまたまドイツから輸入したハインケルHe112単発戦闘機に装備されていたRevi3をほとんどそのまま模倣した。

試作品は13年12月に完成し、翌年4月1日に初飛行した十二試艦戦（零戦の原型機）に装備してテストされた。

光像式照準器は、搭乗員が座席に座ったままの姿勢で、ほぼ肉眼そのままの視野を得ることができ、眼鏡式のごとく片眼を筒部後端に接する必要がないから、周囲への注意を一瞬たりともおろそかにできない空中戦の際には、

[海軍 九八式射爆照準器構造図]

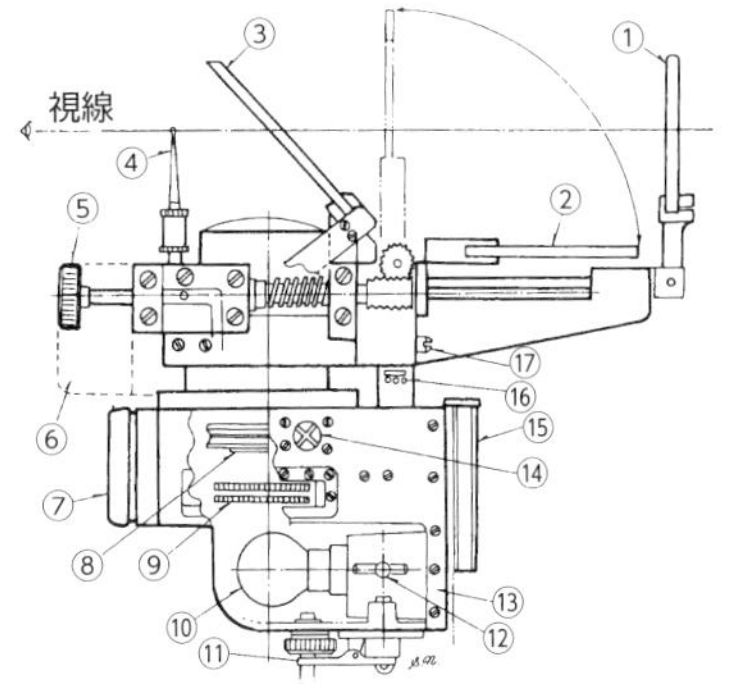

①予備照門　②フィルター　③反射ガラス　④予備照星　⑤フィルター操作把柄　⑥顔面保護パッド　⑦抵抗器（光量調整ダイヤル）⑧目盛盤　⑨集光フィルター　⑩電球（40W）　⑪電球掛ナット手掛　⑫電球差し込み取付手掛　⑬架台（電球筐）　⑭目盛回転／側方調整ネジ　⑮機体への取付金具　⑯横方向取付調整ナット　⑰上下方向取付調整ネジ

[光像(反射)式射撃照準器の原理]

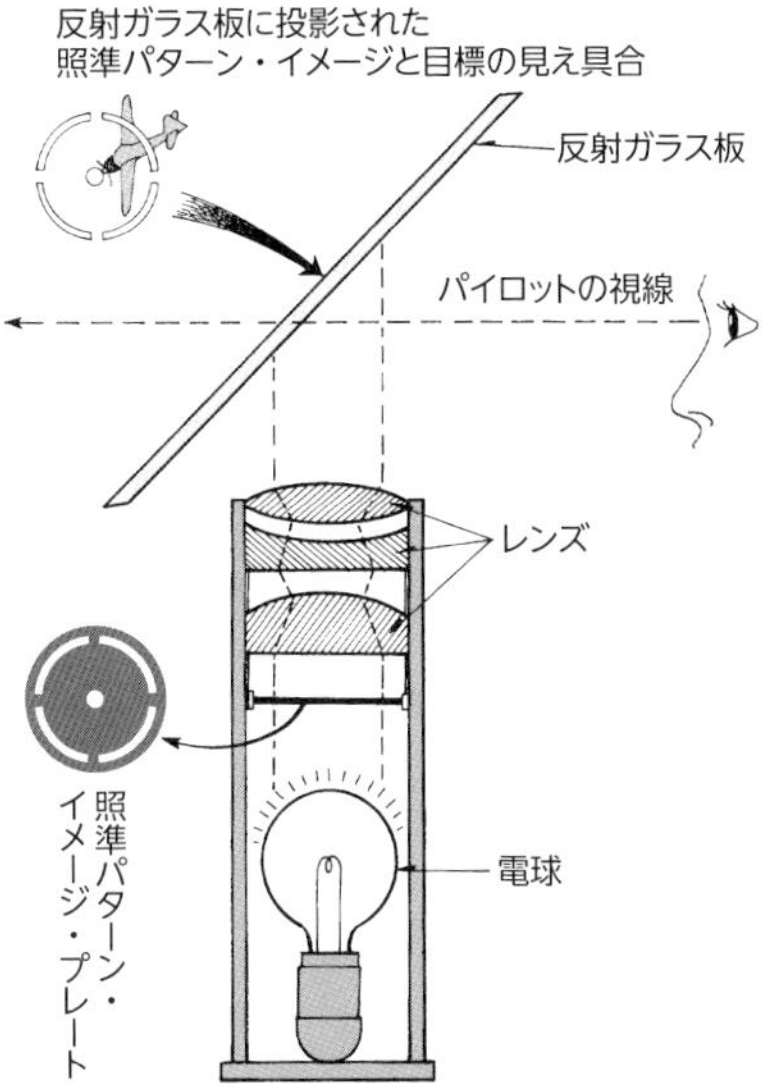

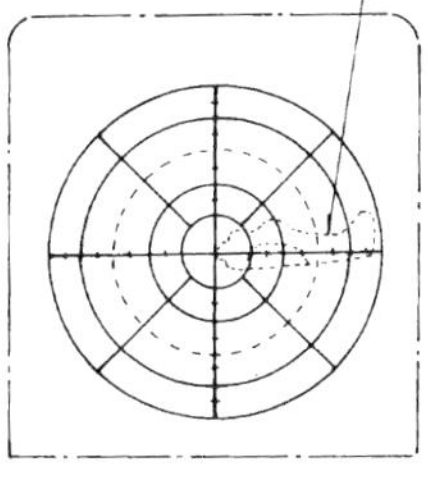

光像式照準器を構成する主なパーツは、光源となる電球、照準パターンを切り込んだスリット・プレート、レンズ(組み)、照準パターンが映し出される反射ガラス板である。これらを図のように配置することで、電球の光がスリット・プレートを通り、コリメーター・レンズで平行光線となって、反射ガラスに投影されるわけである。もちろん、ガラス板は透明であるから、パイロットから見ると前方視野内の無限大空間に浮いたように見え、射撃目標も、同時に視差なしに明瞭に見ることができるわけである。

場合によっては、太陽の方向に目標を捉えることもあるので、その時は、反射ガラス板が眩しくならないように、前方にサングラス代わりの減光フィルターを立てられるようにしてあるが、これはドイツのRevi系の特徴だった。もちろん、それらを模倣した日本陸、海軍の光像式射撃照準器にも同様に装備されたのである。

比較にならぬ長所だった。

　また、光源によって照準パターンを投影するので、望遠鏡式では不可能な夜間、黎明、薄暮時にも使用できることも大きな強みである。

　海軍は、ただちに九八式射爆照準器の名称で制式兵器採用し、零戦をはじめ、その後に開発された「月光」「雷電」「紫電」「紫電改」の各戦闘機すべてに本照準器を装備させた。まさに海軍戦闘機は、本照準器なくして太平洋戦争を戦えなかったといっても過言ではない。まさに〝ドイツさまさま〟だった。

　ちなみに、陸軍の光像式照準器導入は海軍よりさらに3年も遅れ、昭和17年に入ってようやく一式戦二型、二式戦二型、二式複戦に装備されはじめた。

　これらが装備したのは、やはり海軍の九八式と同様、ドイツのＲｅｖ・ｉ３の模倣品で、本体形状に若干の変更を加えた程度の違いしかなかった。制式名称は一〇〇式射撃照準器と称した。

　海軍が、ようやく九八式射爆照準器を採用した昭和13年末頃、〝本家〟ドイツではさらに機能向上し、本体をコンパクト化した新型Ｒｅｖ・ｉＣ／12Ｄが充足しつつあり、１９３９年9月の第二次世界大戦勃発時点では、主力戦闘機Ｂｆ１０９Ｅのすべてと、複座戦闘機Ｂｆ１１０Ｃ、さらに双発爆撃機Ｊｕ88Ａなどにも装備されていた。

　昭和15（１９４０）年末、日本海軍は双発急降下爆撃機の設計参考とするために、ドイツからユンカースＪｕ88Ａ　1機を購入した。そして、本機が装備していたＲｅｖ・ｉＣ／12Ｄに感嘆し、さっそくこれを分解して航空技術廠が設計図をおこし、日本光学と富岡光学の2社に試作品の製作を発注した。

　両社は、細部に小改造を施した試作品を昭和18年夏までに完成させ、比較審査を行なったのち、富岡光学のほうを採用、翌19年春に四式一号射爆照準器の名称で量産に入った。

　もっとも、本照準器が実際に戦闘機に装備されはじめたのは、同年末以降のことで、優先的に供給された「紫電改」でさえ、当初は九八式を付けており、零戦や雷電などは、ごく一部が装備した程度で終わってしまった。

　なお、陸軍は光像式の導入で海軍に遅れをとったことを反省してか、Ｒｅｖ・ｉＣ／12Ｄに準じた新型を、早くから富岡光学に試作を指示しており、海軍の四式とは意図的に細部変更したものを完成させ、ほぼ同時期の昭和19年に三式射撃照準器の名称で採用。三

海軍 四式射爆照準器

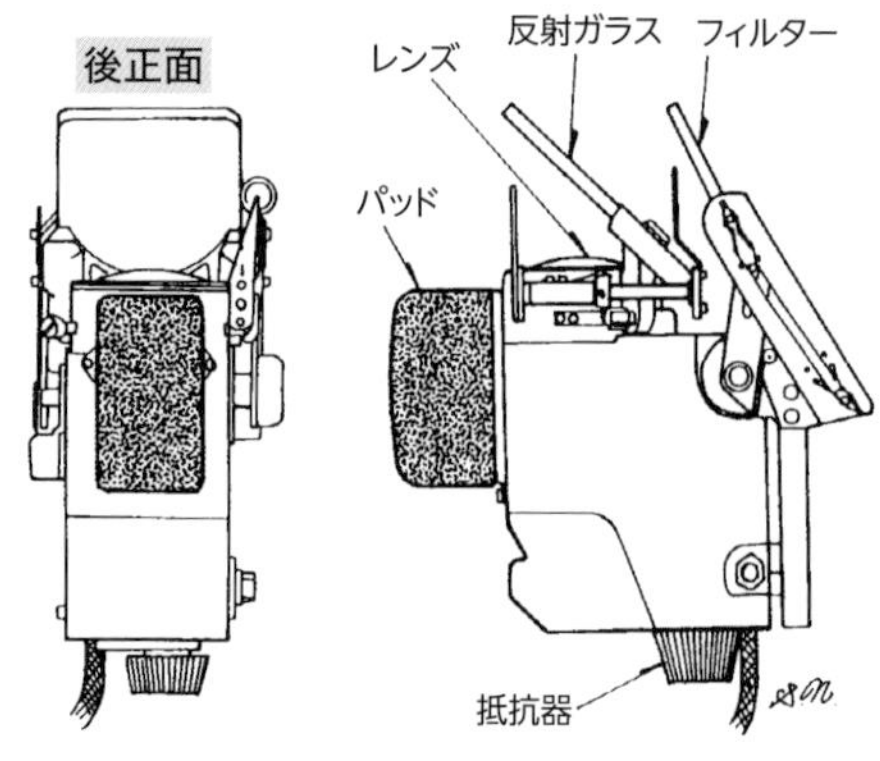

計算機連動の光学式射爆照準器

[先端部の外観]

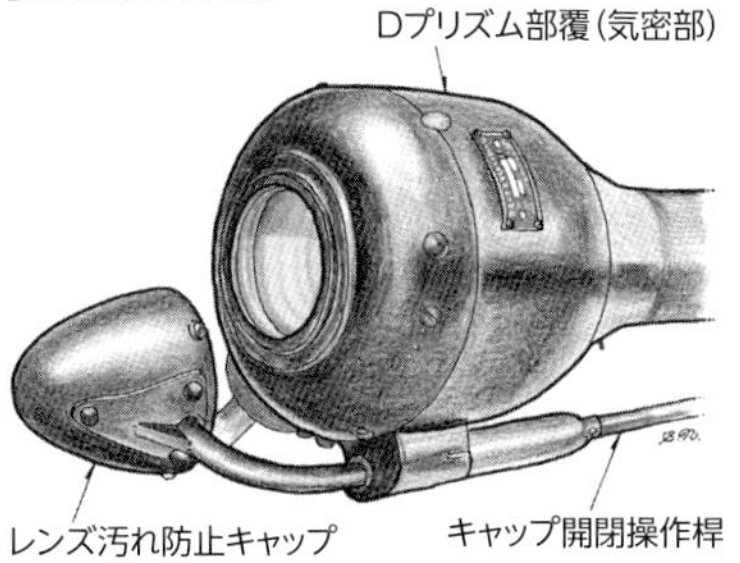

[照準イメージ・パターン]

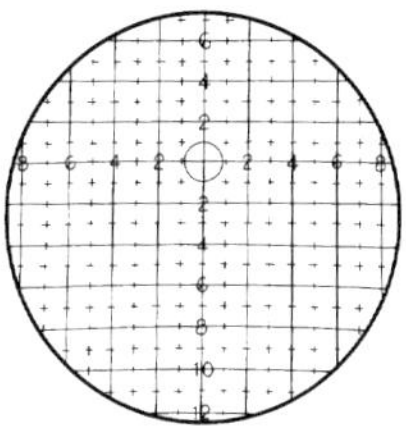

[海軍 二式一号射爆照準器のシステム概念図]

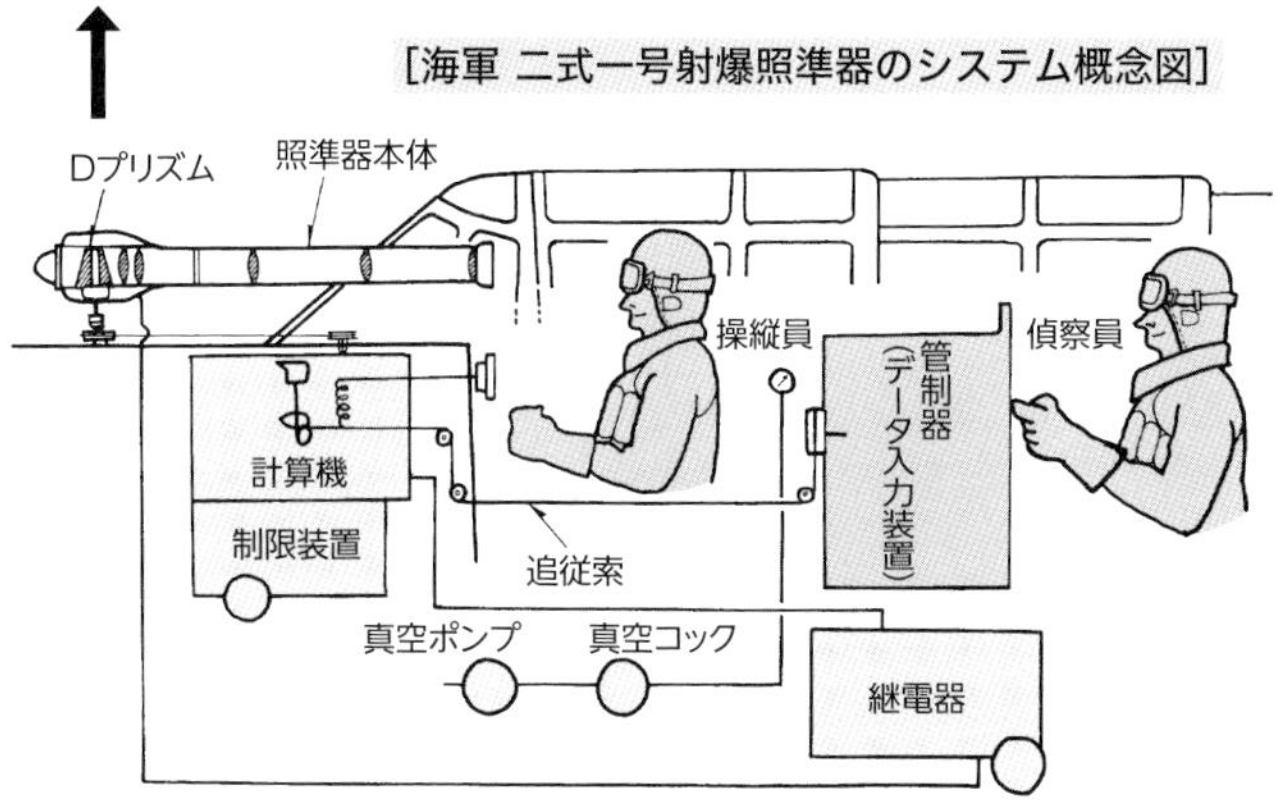

↑上図に示した二式一号射爆照準器(矢印部分)を装備した、海軍 艦上爆撃機「彗星」一一型。対物レンズ(Dプリズム)を内包した、特徴ある先端部の膨らみがよくわかる。

艦爆『彗星』の爆撃照準器は、当初、零戦が装備したのと同系の、九八式射爆照準器二型を予定していたが、望遠鏡式に比べて下方視野が7～8度と狭く、急降下爆撃照準に必要な12～13度という修正角に対応しきれなかった。そこで、従来の望遠鏡式照準器に計算機をリンクさせた、二式一号射爆照準器が開発された。照準器先端部にDプリズム(角度可変プリズム)を新たに内蔵し、最大13度までの照準修正角を維持し、その周囲を気密にして曇り防止用に電熱線を巻く工夫も施されていた。

照準の要領は、まず、偵察員が予め予想可能な降下角、降下速度、爆弾投下高度を計算機に入力し、目標上空で、実際の目標の速度(艦船の場合)、針路、風向、風力などのデータを追加入力すれば、計算機が自動的に適正な修正角を算出し、電気信号に変えてDプリズムを動かすので、操縦員は図に示した照準イメージ・パターンの中心円内に目標を収めつつ、満星照準で爆弾投下する。従来は操縦者の経験と勘が大きく影響した修正角の把握が新人パイロットでも容易になるため、機械的な高性能化による命中率の向上(命中率が4パーセント向上した)以上に価値が大きかった。

式戦、四式戦などに装備した。

細部が異なるとはいえ、機能的にはまったく同じものを陸、海軍が別々に同じ会社に生産させるという、非合理的な現象が、こんな一艤装品の分野でも起こっていたのだ。

日本が、ＲｅｖｉＣ／12Ｄの模倣に汲々としていた頃、〝本家〟ドイツではさらに進化したＲｅｖｉ16が標準化、大戦末期には革新のジャイロ・コンピューティング方式を採る、ＥＺ42の実用化が近いというレベルに到達していた。

技術力の差と言ってしまえばそれまでだが、結局のところ、日本は光像式照準器に関し、最後まで独自開発のものを広範に普及できぬまま終わってしまったことになる。旋回銃用の照準器については、光像式の導入どころか戦争終結までほとんど照門、照星からなる機構式に終始した。

海軍が、試行錯誤を経て、昭和19年3月に制式兵器採用した初めての旋回銃用光像式照準器、四式小型射撃照準器は、陸上爆撃機「銀河」の前方機銃用として、榎本光学が量産担当することになったが、戦況悪化もあって、実際にどの程度装備されたのかは定かではない。

艦爆「彗星」が装備した、降下爆撃用の二式一号射爆照準器が試作されていた昭和16年はじめ頃、海軍は本器の光学機構を光像式に改めると同時に、計算機構に立体カムを用い、降下速度、弾道上の追従角などを修正調停できるコンパクトな射爆照準器を考案、17年4月、日本光学に試作を命じた。

試作品は、翌18年12月に完成し、テスト結果も良好だったことから、三式射爆照準器の名称で採用。翌19年1月には陸爆「銀河」、空冷発動機に換装した「彗星」四三型、艦攻「天山」「流星」などに装備されて実戦使用された。

ただ、他の四式各照準器と同様、戦況が悪化してからの実用品ということもあって、その効果を充分に示す場がなかったというのが実情である。二式

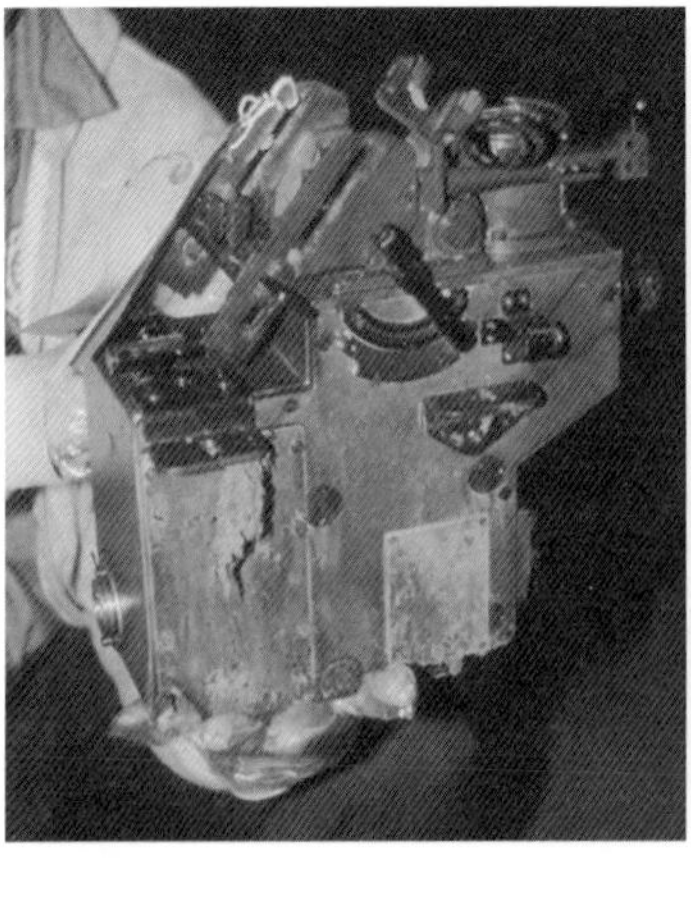

←［左２枚とも］　海軍特殊攻撃機「晴嵐」が装備していた、光像式の三式射爆照準器。左写真は左側面、右写真は後面を示す。アメリカで復元中の撮影で、反射ガラス、フィルターが欠落した状態だが、唯一の現存品として貴重な存在である。

一号とともに、この三式射爆照準器は数少ない日本の独自開発製品、といってよいだろう。

一式陸攻の昼間行動が、ほとんど困難になった昭和18年7月、海軍は夜間水平爆撃に使う目的で、光像式の爆撃照準器を試作。実験結果が良好だったことをうけ、19年1月、これを四式一号爆撃照準器と命名して、日本光学に量産を命じた。

具体的な構造説明図が手元にないので正確にはわからないが、従来までの眼鏡式一式一号爆撃照準器の光学機構部を、光像式に変更した設計のようである。

しかし、昭和19年に入ってからは、もはや日本の双発爆撃機が組織的に夜間水平爆撃するような状況になく、実戦でその効果を発揮し得ないまま終わった。

また、単発機の艦攻「天山」が、夜間低高度（50～500m）水平爆撃を行なうために、一式一号を簡略・小型化したような四式一号小型爆撃照準器

[三式小型射撃照準器の取り付け状態]

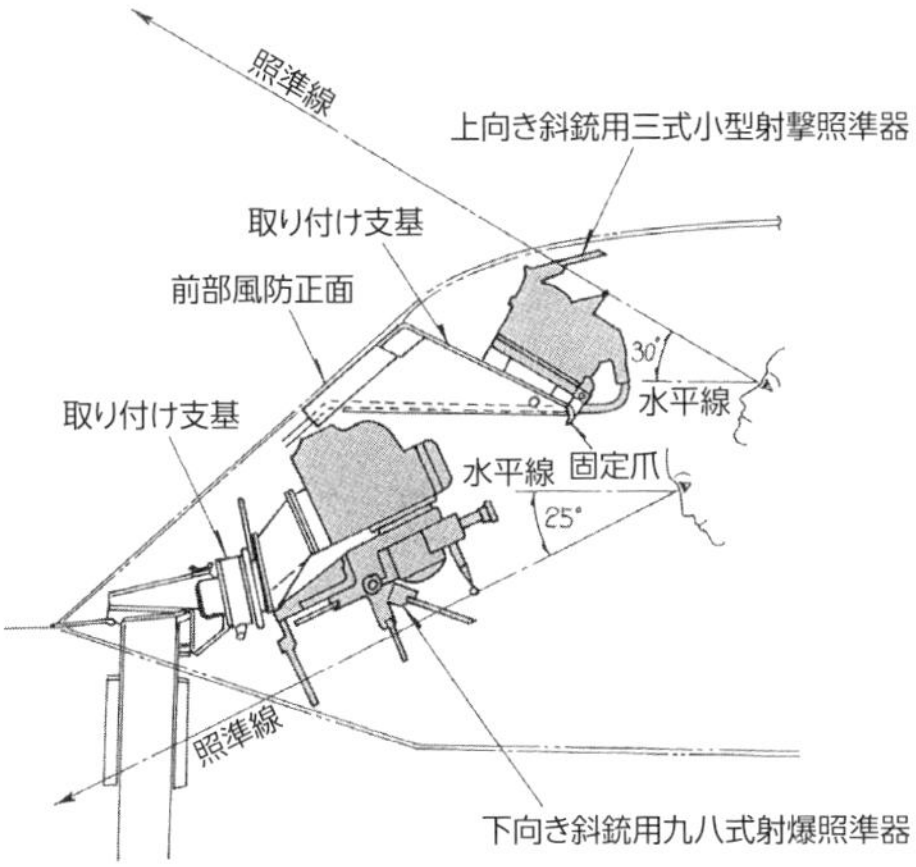

海軍夜間戦闘機の照準器

↑夜戦「月光」の風防前部上方に固定された、上向き斜銃用の三式小型射撃照準器。

機種ごとに異なった雷撃照準器

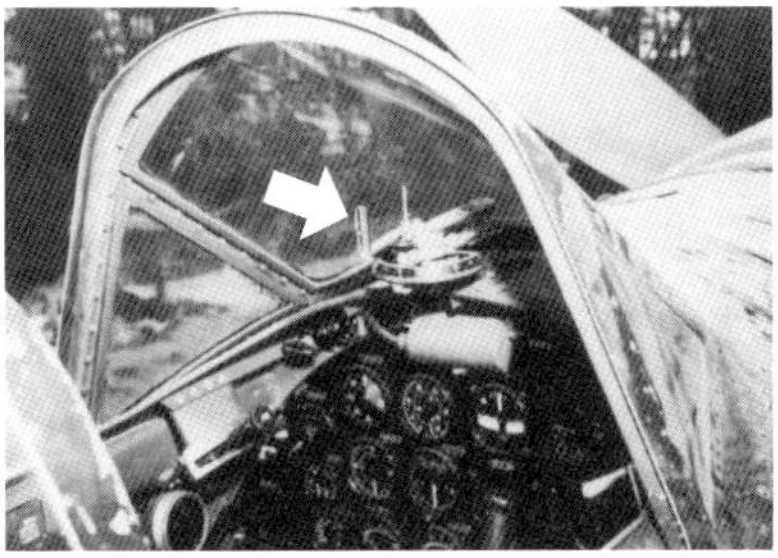

↑九七式艦上攻撃機一二型の操縦席正面計器板上方に固定された、雷撃照準器（矢印部）。

射撃、爆撃照準器に比べれば、ずっと知名度は低いが、太平洋戦争初期まで、日本海軍の艦攻、陸攻にとって欠くべからざる装備品だったのが雷撃照準器である。

言うまでもなく、魚雷を使った敵艦船攻撃の際に使うもので、艦攻は操縦席計器板上方、陸攻は同席上方の天井に逆さにして固定した。メカニズム的にはまったくシンプルで、目標とする敵艦船の速度、進行方向を予測して、照門、照星により自機との方位角を測り、これを台座のゲージに合わせれば、およその発射方向が示されるというものである。構造的には機構式に分類され、製造には光学メーカーではなく、東京航空計器などの計測機器メーカーが携わった。

ただ、この雷撃照準器には、海軍の○○式という制式名称が付いていないものもあり、あくまで応急装備品あつかいだったようだ。そのためか、機体ごとに造りは異なっていた。

も制式兵器採用になったが、富岡光学・大船工場で量産準備中に敗戦となり、実用に至らなかった。

欧米列強国の照準器事情

第二次世界大戦末期になると、イギリス、アメリカの戦闘機は、従来までの光像式に代わる、革新的なジャイロ・コンピューティング方式の射撃照準器を装備するようになっていた。

この照準器も、イギリスが最初に発明し、1944年に入ってMk.ⅡDと称するタイプが戦闘機に装備されはじめた。アメリカもその優秀性を認め、ライセンス製造権を取得し、陸軍はK－14、海軍はMk.8Mod.0の名称で同年後半より各戦闘機に装備しはじめた。

ジャイロ照準の要領は、簡単に説明すれば、照準器に捉えた目標を、六個の菱形レチクル（光像）内いっぱいに入るように調整し、一秒間これを維持して射撃すれば、計算機が自動的に働いて、機体は正しく目標の未来位置を向き、弾丸が命中するというもの。

どんな新米パイロットでも、それまでの光像式照準器では、熟練者でなければ不可能だった見越し射撃（機動する目標機の未来位置を予測し、そこに射線を向けて撃つこと）が、いとも簡単にこなせることで、連合軍側の撃墜率は飛躍的に向上した。

前述したドイツのEZ42も、原理的にはほぼ同じだったが、敗戦までにMe262ジェット戦闘機の一部が試験的に装備した程度にとどまった。

いっぽう、水平爆撃照準器分野では、アメリカのノルデン照準器が白眉だろう。本器も光学照準器とジャイロ機構を一体化し、これに自動操縦装置をリンクさせ、命中率を格段に高めている。

B－17、B－24、B－29の各四発爆撃機が、このノルデン照準器の威力でドイツ、日本に猛爆撃を加え、戦争勝利に大なる貢献をしたことを考えれば、その重要性は言わずもがなであろう。

こうした、欧米の先進的照準器の実情を知るほどに、日本との技術格差を痛感してしまうが、そんななかで、ひたすら機能向上に励んだ軍側技術者、および民間光学機器メーカーの努力は無駄ではなかった。

戦後の一眼レフ・カメラやオートフォーカス・カメラの開発といったカメラ業界の世界的躍進、そして電子部品製造や医療分野での高度な光学機器開発などに象徴されるように、日本を光学機器大国へと押し上げる原動力として、戦時中の照準器開発で培った貴重な技術遺産が功を奏したことは間違いない。

第九章

陸、海軍航空機用爆弾／魚雷

陸軍の航空機用爆弾

日本陸軍機にとって最初の実戦経験の場となった、大正３（１９１４）年の青島攻略戦では、航空機から投下する専用爆弾がまだ無く、地上軍の野砲榴弾を応急的に改造して間に合わせた。

この改造爆弾は、重爆弾（15kg）と軽爆弾（10kg）の二種あり、その後、大正10年代のはじめまで使われた。

陸軍航空部が、初めて航空機用爆弾として、統一された規格に基づいて生産したのは、大正13（１９２４）年５月、および翌14（１９２５）年２月に制式化した、十二年式と称する各種爆弾だった。重量別に第一号（12.5kg）、第二号（25kg）、第三号（50kg）、第四号（１００kg）、第五号（１００kg—破甲型）、第六号（２００kg）の六種あった。これら爆弾の形状は、流線形、いわゆる〝茄子《なす》型〟と通称されたもので、当時、他国でも一般的な形状だった。

＊　＊

十二年式爆弾は、威力はともかくとして、流線形のため製造に手間を要し、一定量を確保するのにやや難があった。そこで、造兵廠の桑田小四郎砲兵少佐が発案し、弾体を継ぎ目のない鋼管とし、これに弾頭をネジ込むという構造にした。

その結果、製造は極めて容易となり、以降、陸軍航空部が、爆弾の保有量に不足をきたすようなことは無くなった。

この〝円筒型〟とも言うべき爆弾は、昭和７（１９３２）年、９（１９３４）年に九二式、および九四式爆弾の名称で制式化され、以後、太平洋戦争を通して広範に使用された。主な弾種として、以下のような種類があった。

九二式一五瓩爆弾、九二式二五〇瓩爆弾、九二式五〇〇瓩爆弾、九四式五〇瓩爆弾、九四式一〇〇瓩爆弾（注：瓩：キログラム）。

＊　＊

太平洋戦争が始まり、南方戦域では陸軍機にも、アメリカ海軍を中心とし

九四式改、および一式50瓩、100瓩爆弾構造図

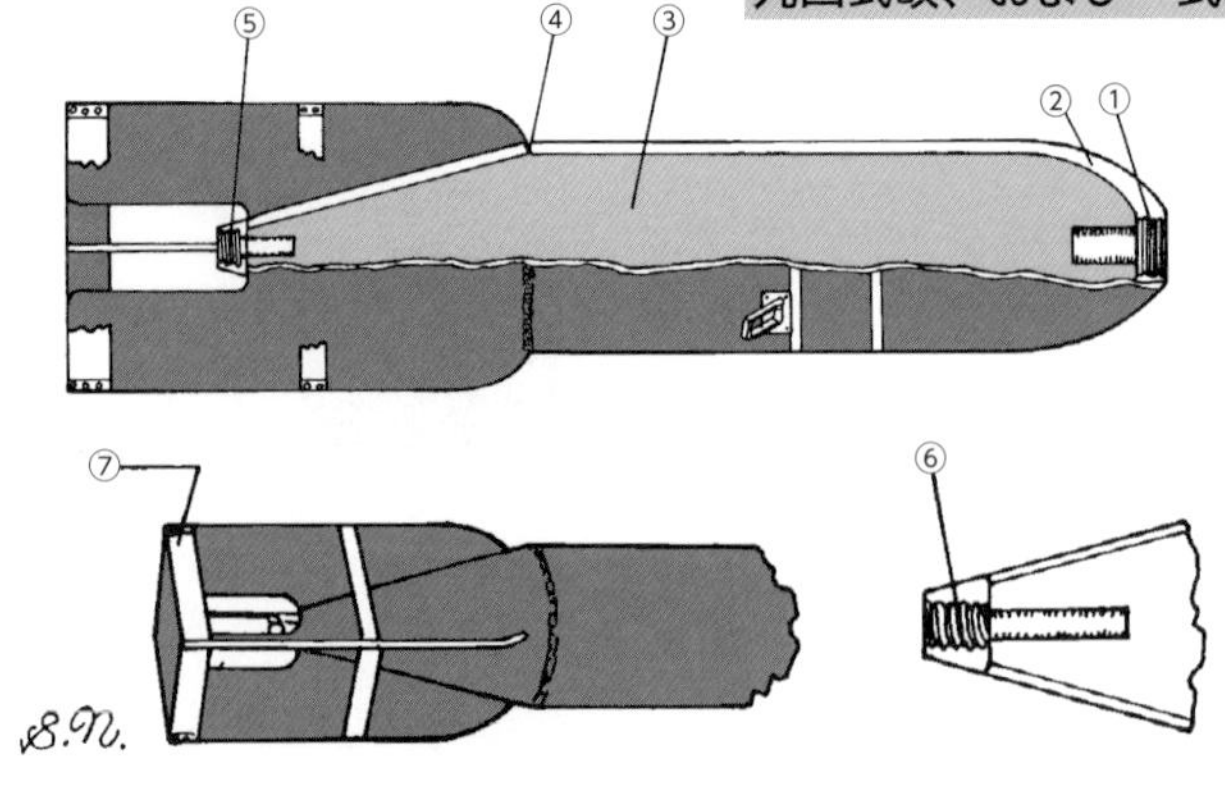

①頭部信管②弾頭部③炸薬④熔接部⑤尾部信管ポケット（一式）⑥尾部信管ポケット（九四式）⑦尾部ブレーキ（50瓩、100瓩）

た艦船への攻撃を実施する機会が多々生じたのだが、既存の九二式、九四式爆弾は、その構造上、堅硬目標に対しては貫徹力が弱く、効果が薄かった。

そこで、海軍の『通常爆弾』に相当する徹甲爆弾が開発され、昭和18（1943）年12月に三式爆弾の名称で制式化された。本爆弾は、九二式、九四式と同じ円筒型であるが、弾体と弾頭を一体造りとし、継ぎ目の脆弱部を無くしていた点が特徴。重量別に、千瓩、五〇〇瓩、二五〇瓩、一〇〇瓩、五〇瓩の五種あった。

三式爆弾には、これら対艦船用とは別に、落下速度を制限できる落速制限弾（一〇〇瓩と五〇瓩の二種）、空中で破裂させる曳火弾（一〇〇瓩、五〇瓩の二種）、地上駐機中の航空機などを攻撃するための、不侵徹弾（五〇瓩）もあった。

なお、前記不侵徹弾と同じ目的に使用する爆弾として、タ弾と称する特殊爆弾があった。これは、ドイツからもたらされた小型強力弾を応用したもので、火薬が燃焼すると、火炎が一か所に集中し、厚い鋼板でも貫徹して穴を開けられる、新しい火薬方式を採っていた。弾体は直径4cm、長さ25cmほどの小さなもので、これを一定量コンテナに詰めて航空機から投下、時限式にコンテナが開くと、小型強力弾が散開して落下し、いちどに多数の目標を破壊できるという構想だった。主に使われたのは、小型強力弾を30発収容した三〇瓩弾で、本土防空戦における対B－29迎撃、ビルマ、満州方面における敵地上部隊への攻撃がよく知られる。

＊　＊

戦争末期、南方と本土を結ぶ船舶輸送網は、アメリカ海軍潜水艦による攻撃で、大きな打撃を蒙るようになり、陸軍にとっても、対潜作戦は非常に重要になった。

それまで陸軍の哨戒機は、海軍から譲渡された対潜爆弾、爆雷を使用していたが、昭和19（1944）年1月、四式爆弾の名称で制式化し、自前調達することにした。

九七式軽爆への、九二式、または九四式五〇瓩爆弾懸吊作業

もっとも、それらは新規に開発したものではなく、海軍が実用していた各種を、吊環を陸軍仕様に改めるなどして制式化したもので、実質的には、陸海軍共用兵器といってよい。
　四式爆弾には以下の四種があった。カッコ内は海軍の制式名称を示す。四式二百五十瓩対艦爆弾（九九式二五番通常爆弾）、四式六十瓩対艦爆弾（一式六番通常爆弾）、四式二百五十瓩対潜爆弾（一式二五番通常爆弾）、四式六十瓩対潜爆弾（九九式六番通常爆弾）。

↑九七式重爆撃機の胴体内爆弾倉に、100瓩爆弾を懸吊中の様子を下方から仰ぎ見る。陸軍の爆弾は海軍の灰色と異なり、黒色に塗っていた。

四式100瓩、250瓩、500瓩対艦船爆弾構造図

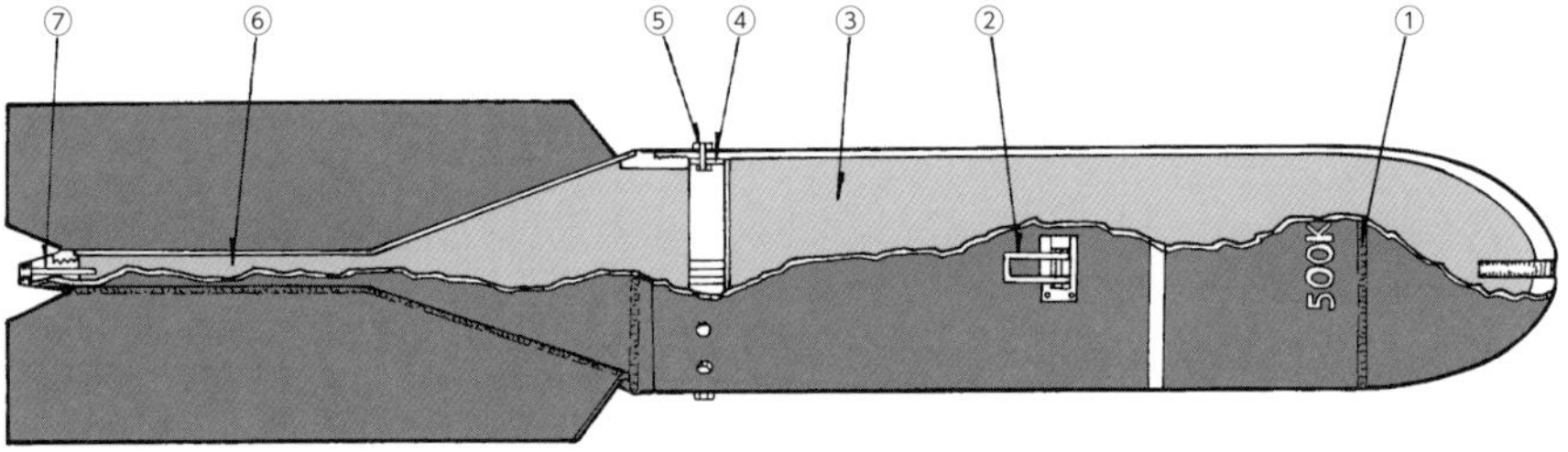

①熔接部②掛吊金具③炸薬④弾体補強部⑤ボルト⑥尾部爆発筒⑦信管アダプター

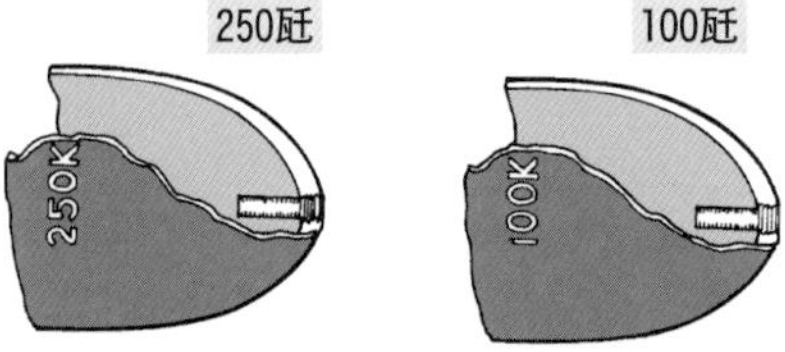

→一〇〇式司令部偵察機三型を改造して造られた、防空戦闘機型の胴体下面左右に、各1個の懸吊架を界して懸吊された、30瓩の「タ弾」。海軍の九九式三号爆弾と同様の内部構造を持った、いわゆる「親子爆弾」で、空対空のほか地上の装甲車、戦車などに対する攻撃にも使用することを前提にしていた。

海軍の航空機用爆弾／魚雷

日本海軍の航空機用爆弾は、大正10（1921）年に招聘した、センピル航空教育団によって初めてもたらされ、それを範とした〝茄子型〟の流線形爆弾が支那事変の頃まで使われた。これらは、当然のごとく対水上艦船攻撃用として造られており、重量別に30kg、60kg、250kg、500kg、800kgの五種類あり、弾種名はいずれも通常爆弾二型と称した。ちなみに、日本海軍では、それらを呼称するにあたり、重量をそのまま表記せず、1／10にした番数を制式名称とした。

支那事変では、爆撃目標がほとんど陸上の基地施設、建物などだったために、従来の通常爆弾では必ずしも効果的ではなかったことから、弾体強度を少し弱くし、そのぶん炸薬量を増やした陸用爆弾などが開発され、実戦使用された。

昭和16（1941）年に入り、仮想敵と目された、装甲の厚いアメリカ海軍戦艦を攻撃するために、特別に造られたのが八〇番徹甲爆弾である。これは、戦艦『長門』型の40cm主砲弾の一種、九一式徹甲弾を改造したもので、弾体外殻が強固で、先端が鋭く尖っているのが特徴。実験の結果、高度2,500mから投下して、厚さ150mmの鋼板を貫徹する威力が確認され、九九式八〇番徹甲弾として採用。太平洋戦争開戦劈頭のハワイ・真珠湾攻撃において、九七式艦攻が水平爆撃で投下、大いに威力を示したことは有名。

太平洋戦争中は、前記した各種爆弾が、それぞれに改良されて新型に更新され、また、飛行中の敵爆撃機編隊に対して投下し、そのすぐ上空で爆発させて、いちどに多数機に損害を与えるという構想の、空対空用三号爆弾、潜水艦攻撃用の専用爆弾なども新たに開発され、実戦使用されている。太平洋戦争中に使用された、主要な爆弾をP.167の図に示しておく。

なお、戦争末期には前記三号爆弾に

→胴体下面に重量800kgの「八〇番陸用爆弾」を懸吊して攻撃に向かう、空母「赤城」搭載の九七式三号艦上攻撃機。対艦船攻撃用ではないので、弾体の殻の厚みが薄く、その分内部の炸薬量を多くしていた。

代わる空対空兵器として、六番二七号、および一番二八号と称する、一種のロケット爆弾が使われている。ただ、欧米で一般的なロケット弾とは形状、内部が異なり、外観は爆弾に酷似している。重量60kgの六番二七号は、推進薬、炸薬ともにかなりの量で、破壊力は大きかった。もっとも、実戦において使ったものの発射不能などのトラブルもあって、結果は芳しくなかったようだ。P.167下図にその装備要領と弾体内部構造を示す。

＊　＊

爆弾とともに、艦船攻撃用の主力兵器となったのが魚雷である。日本海軍は、爆弾と同様に、大正10年から昭和7年頃まで、イギリスのホワイト・ヘッド社製の18in.魚雷を範にした、四四式四五糎魚雷を使用してきたが、昭和5（1930）年に独自設計の試作品が完成。これを改良したものが翌年に九一式航空魚雷の名称で兵器採用され、以後、太平洋戦争終結まで、数種の改良型に更新しつつ使い続けた。

ハワイ作戦で九七式艦攻が搭載したのは、浅海用の九一式改二、マレー沖海戦では、九一式改一と称する型式が使用された。各型は炸薬量がそれぞれ異なり、重量は改一が785kg、改二が838kg、最終型の改七では1,055kgに増加している。

九一式魚雷の走行速度は、すべての型とも42kt（77.7km/h）、射程は2,000～1,500m。投下してから海面に落下するまで、軌道を安定させるために、尾部に框板《きょうはん》と呼ばれた、木製のパーツ（海面に突入と同時に衝撃で外れるようになっていた）を付けているのが、他国の魚雷には見られない、九一式各型の特徴だった。

←支那事変緒戦期に、大陸内の中華民国側地上目標の爆撃に従事した、九六式陸上攻撃機の爆装状況。胴体下面の懸吊架に二五番2発（中央）、その両側に六番を3発ずつ懸吊している。当然ながら、いずれも陸用爆弾である。

太平洋戦争中に使用された海軍の爆弾（寸法単位は㎜）

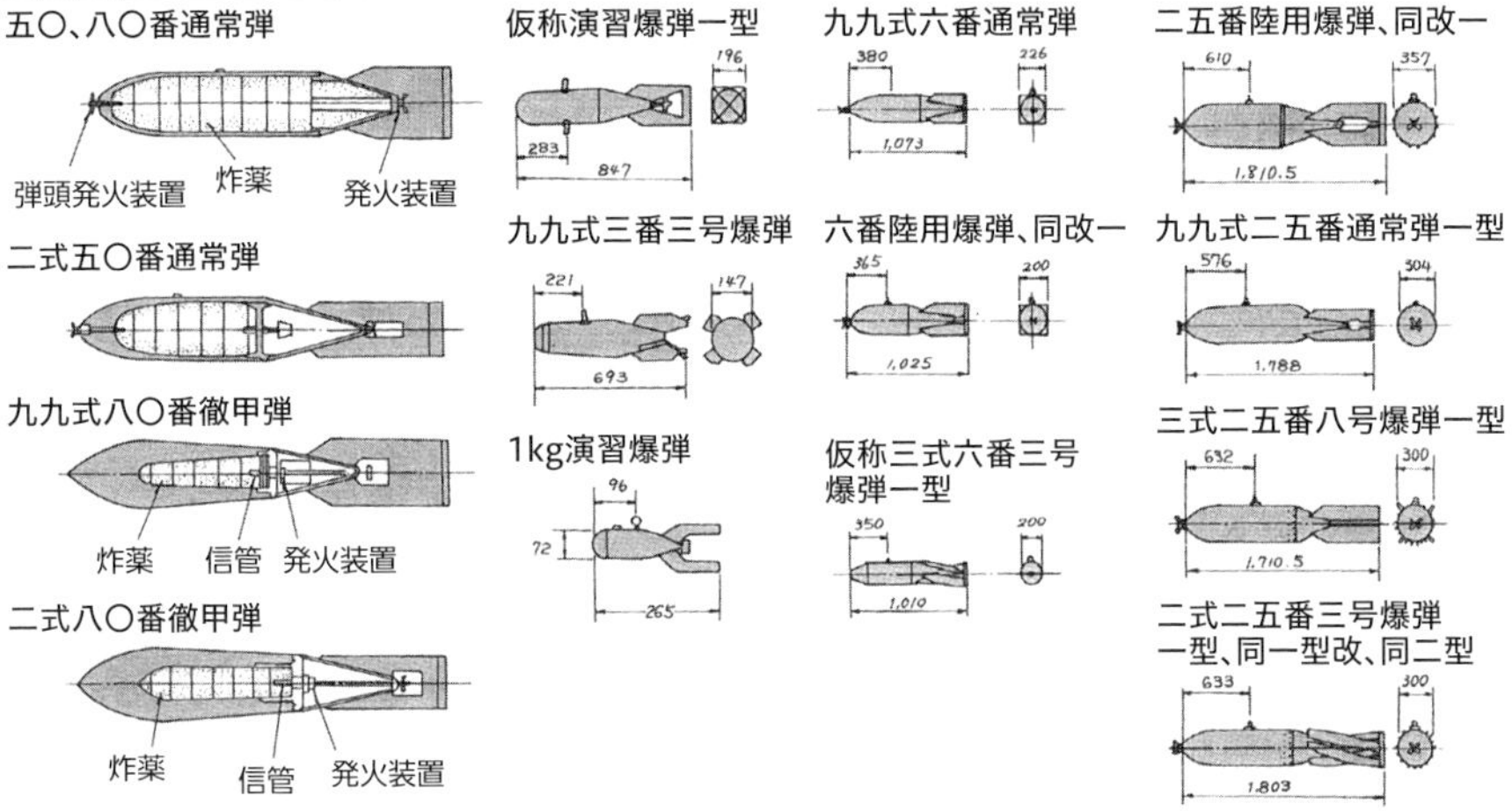

九九式三号爆弾

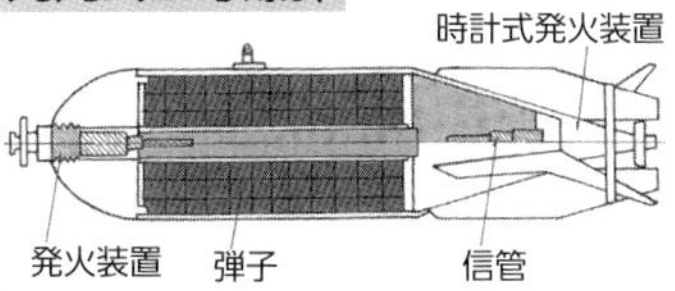

→三号爆弾の内部は図のようになっており、重量別に三番(30kg)、六番(60kg)、二五番(250kg)があって、内部の弾子の数が異なった。零戦が主用した三番の場合、弾子の数は144個。弾体後部のヒレが屈折しているのは、投下後に回転し落下軌道を安定させるため。

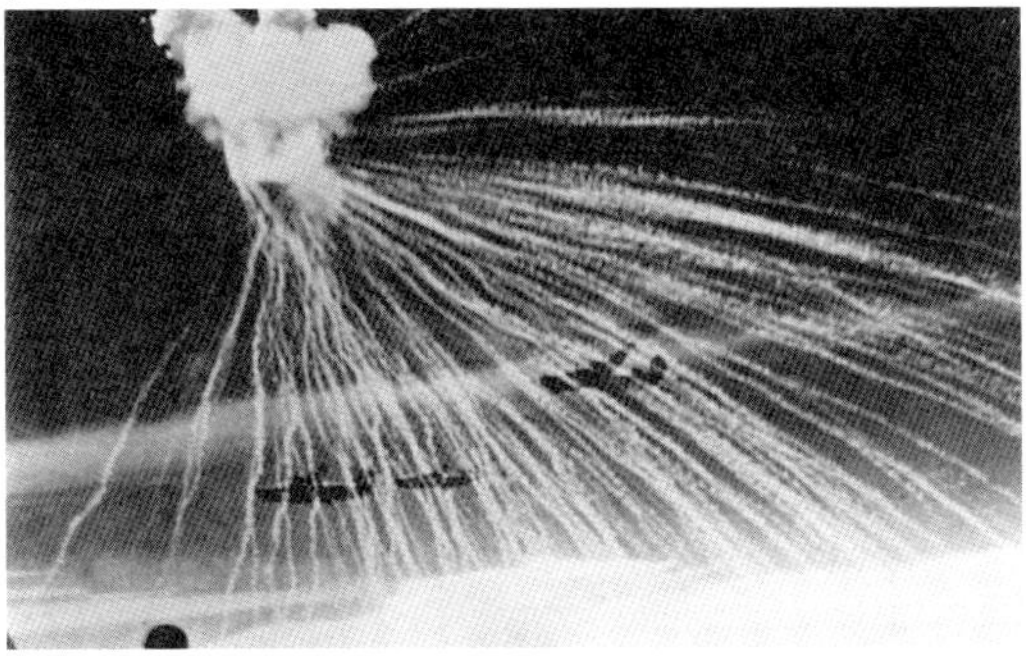

←三号爆弾が炸裂し、弾子が傘状に飛び散った瞬間の貴重なショット。昭和19 (1944) 年8月、トラック諸島に来襲したB-24編隊に対して投下されたもの。

六番二七号爆弾の内部構造、および懸吊要領

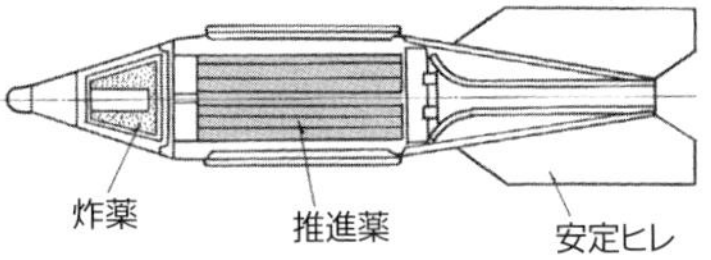

→三号爆弾が“投下兵器”だったのに対し、六番二七号、および一番二八号爆弾は右図に示した如く、専用の「投射器」と称したランチャーから発射するロケット式の爆弾だった。図は零戦への装備例で、左右主翼下面に木製の台架を介して、「H」型断面の投射器を取り付けた。

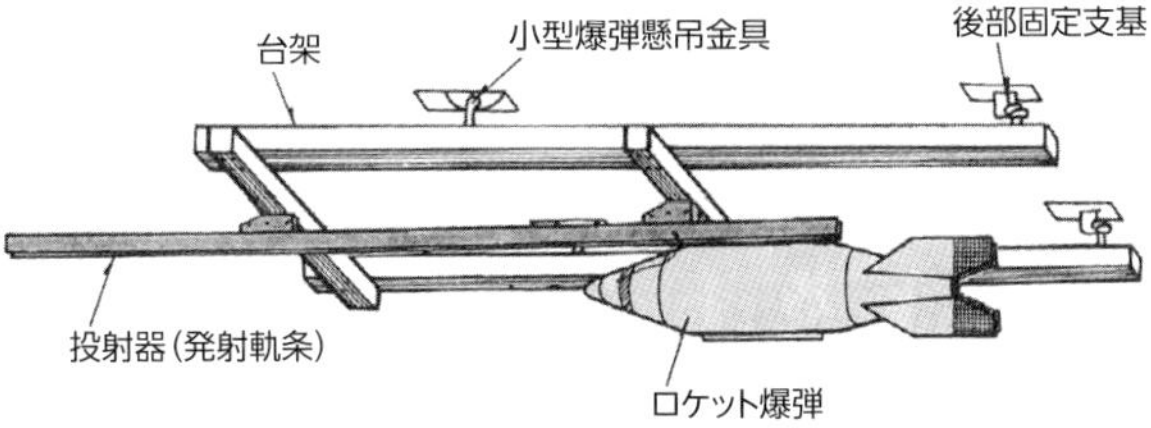

九一式航空魚雷改三の内部構造／配置(寸法単位:mm)

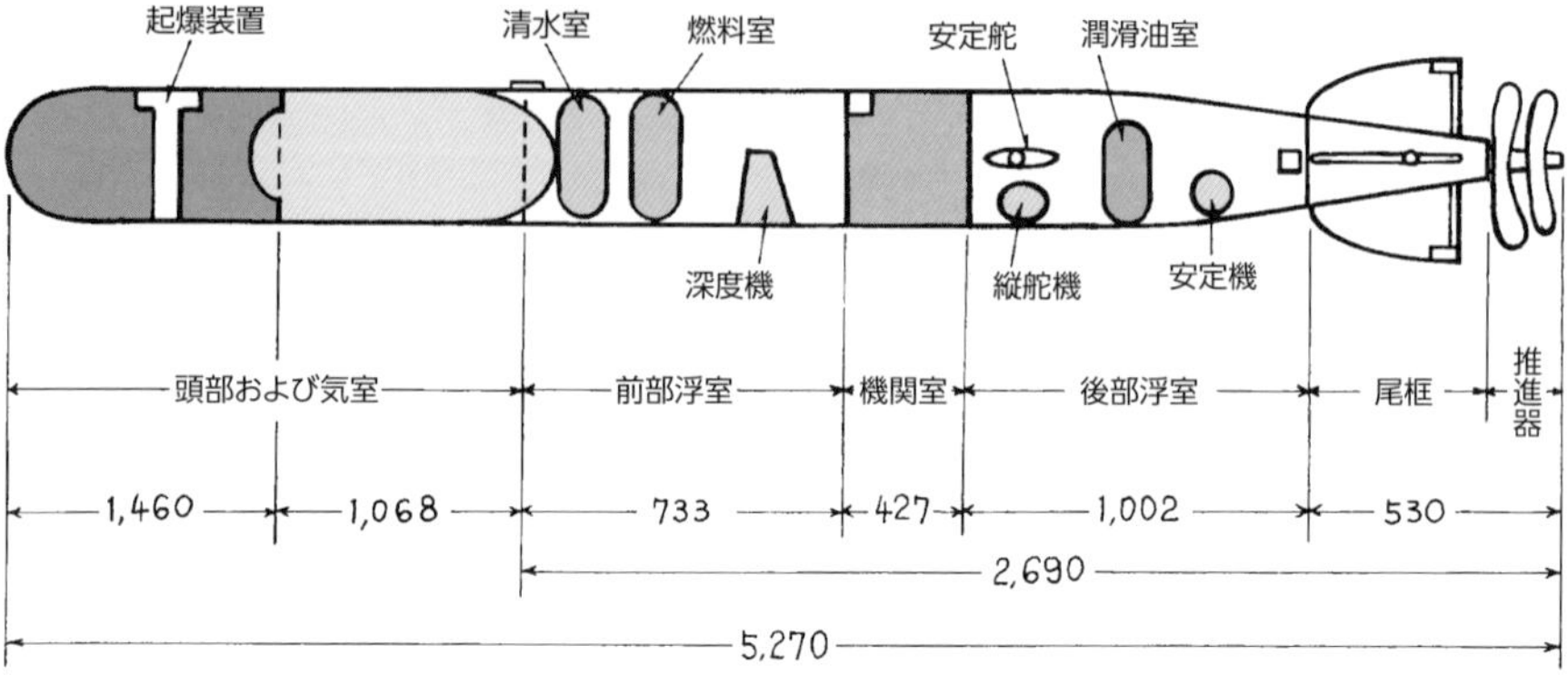

↑九一式航空魚雷の推進機関は、師と仰いだイギリス海軍のそれと同じ星型8気筒のピストンエンジンで、その燃料となる軽油と圧搾空気を内蔵している。特殊耐熱鋼製の加熱室で混合気に点火・燃焼させ、これに清水室から適量の水を加えてエンジンに送った。エンジンの冷却は、その周囲を水密構造にして海水を出入させて行なう。尾部のスクリューが二重になっているのは、互いに逆回転し偏向を防ぐため。ちなみに、この改三魚雷の重量は848kg、炸薬量は235kg、速度は42kt（77.7km/h)だった。

↑ハワイ・真珠湾攻撃に出撃する直前、千島列島・択捉(えとろふ)島の単冠(ひとかっぷ)湾に停泊する空母「赤城」の飛行甲板上に置かれた、九一式改二航空魚雷。そばに立つ乗組員との比較で、その大きさが分かる。

→九一式航空魚雷の懸吊状態を示す。機体は九七式一号艦上攻撃機で、胴体下面の中心線より少し右側に設置された、「抱(だき)締(しめ)索(さく)」と称した懸吊具で魚雷を吊り下げ、その前後を三日月形の金具で押さえて、飛行中のブレを防いだ。

第十章

陸、海軍航空機用無線機／レーダー発達史

航空機と無線機のかかわり

テレビや携帯電話、さらに交通機関の連絡網、はては地球規模の各種探索、そして宇宙開発までを含め、現代社会は電波機器の存在なしには成り立たない。

互いに遠く離れた相手とでもリアルタイムでの意志疎通を可能にした、この〝魔法の杖〟とも言うべき電波を利用した最初の機器が無線電信機であり、1890年代にイタリアの物理学者マルコニーによって発明された。

彼の無線機システムは、火花放電で生じた出力電波をコンデンサ（蓄電器）とコイル（線輪）による同調回路[※1]を通し、任意の周波数にして送信。これをアンテナで受信して同調回路と検波回路[※2]に通し、低周波成分（モールス信号）のみを取り出すというものだった。

その後、イギリスに移住したマルコニーは会社を創立し、燈台に無線機を取り付ける仕事などをしながら、各種無線機の開発に取り組み、やがて、マルコニー式無線機はイギリス海軍艦船などに搭載され、軍用として広く普及した。そのイギリスに艦船の多くを建造発注していた日本海軍も、すでに明治38（1905）年5月27日、有名な日本海海戦において無線電信を活用して勝利を収め、改めてその重要性を認識した。

第一次世界大戦が勃発し、新たに兵器としての地位を確立した航空機にも、無線機の導入が図られたのは当然の成り行きで、マルコニー会社は小型機用、大型機用など出力、使用周波数、有効距離などの異なる各種無線機を製造した。

日本陸海軍機の無線機導入

日本における航空機用無線機の導入に関しては陸軍のほうが少し早く、明治45（1912）年にドイツのテレフンケン社から輸入した無線電信機で通

←海軍最初の実用機上無線機「M式空一号無線電信機」を装備した機体のひとつ、ショートF－5飛行艇。

※1　共振回路とも称する、いわゆるフィルターの役目をする
※2　受信した電波から信号を取り出す復元装置のこと

信実験を行ない、大正7（1918）年に東京砲兵工廠にてこれを模倣生産。「モ式四、または六型」複葉機に搭載して実用した。ただ、航空機用無線機は地上用などに比べ、重量、サイズに制限があるのでどうしてもパワーが低く、その通信有効距離はわずか6～7kmにとどまり、兵器としての価値は今ひとつだった。

　そのため、陸軍は大正8（1919）年に招聘したフランス航空教育団が使用した、同国製の「Y型」機上送信機と「A型」地上受信機を購入することで当座をしのぐことにし、以後昭和3（1928）年に、後述するマルコニー各型を制式採用した「八七式」各型が導入されるまで、無線機の国産化は行なわなかった。

　いっぽう、海軍における航空機用無線機の導入は少し遅れ、大正8（1919）～9（1920）年頃にイギリスからマルコニーAD－6型と称する無線電信機を輸入し、これを「M式空《そら》一号無線電信機」の名称で制式兵器採用。F－5飛行艇や一三式艦上攻撃機など、三座以上の機体に搭載して実用したのが最初である。

　このM式空一号は長波（波長500m以上）を用いる電信機で、周波数は250～500kHz※3（キロヘルツ）、長さ75mの、先端に鉛の錘を付けた鋼線を飛行中に垂下してアンテナ空中線に用いた。出力は50W（ワット）、すべて三極真空管を使用し、電源は、送信用には機体外部に固定した風車発電機から、受信用には乾電池から得た。有効距離は約100浬（285km）である。

　マルコニー式無線機は、のちに追加輸入された小型機用（AD－2型）、大型機用（AD－8型）も含めて、初期の航空機用無線機としては形態の整った器材であり、日本にとって技術的に学ぶべき点も多く、のちに開発される海軍航空機用各種国産無線機の範となった。

　それは陸軍とて同様であり、海軍に倣いマルコニー式各型無線機を逐次輸入し、昭和3（1928）年に「八七式飛行機用一号」（偵察、軽爆撃機用）、「八七式飛行機用二号」（重爆撃機用）、さらに翌4（1929）年には「八八式飛行機用三号」（戦闘機用）各無線電信機の名称により、それぞれ制式採用した。また、これとほぼ併行して、陸上基地に設置するマルコニー各型を「対空用一号」（対中型機用）、「対空用二号」（対大型機用）各無線電信機の名称で制式採用している。

国産無線機の登場

大正14（1925）年頃になると、欧米各国ではそれまでの長波に代わり、短波（波長100～10m）を使用する航空機用無線機が普及し始めたため、日本陸海軍もそれまでのマルコニー式に代わる、国産短波無線機の開発に着手した。

　海軍は技術研究所の尽力により、まず〝習作〟として、長波使用の一五式空一号無線電信機を試作させて試用し、

※3　長波、中波の周波数単位

その成果をもとに昭和4（1929）年に八九式空一号（長波）、同二号（短波）両無線電信機を完成させた。

この八九式空二号は、送信機入力150W、波長範囲40～80m、受信機は三球式、波長範囲40～60mで、従来までがアンテナ空中線は垂下式を専らとしていたのに対し、送信用には固定空中線を、受信用には固定、垂下空中線を併用することにしていた点が目新しかった。

なお、八九式空一号の電源用付属品なども含めた総重量は50kg、八九式空二号は同様に53・2kgで、サイズ、重量面から言っても当時の小柄な単発単座戦闘機への搭載は困難であり、操作上の問題も重なり、実質的には二座以上の単発機、双発以上の大型機が搭載対象だった。これは陸軍でも同様であった。

革新をもたらした水晶制御方式

無線機の普及は、航空機の運用面において計り知れないほどの恩恵をもたらしたのだが、真空管増幅による発振器は精度の高い周波数を作るのが難しく、混信を生じるのが悩みの種だった。

大正10（1921）年、アメリカの科学者キャディは発振器に水晶振動子を用いると、安定した周波数が得られることを発見。たちまち欧米各国に普及した。

日本でも、この水晶振動子を用いる制御法についての研究が始まり、昭和6（1931）年、まず海軍が民間の明昭電機（株）に試作させた「YT式無線電話機」によって、初めて水晶制御方式を導入、その効果を確認した。

同時に、本無線機は電話機能を備えた最初の例となり、その意味では海軍航空機用無線機界に革新をもたらしたとも言える。ただ、電話機能の重要度が最も高い単座戦闘機に、常装備されるまでには至らなかった。

電話機能を備えた無線機として、広く普及するのは、海軍では後述する九六式空一号無線電話機、陸軍でも同様に九六式飛《とび》三号無線機（九七式戦用）以降である。

それを踏まえ、昭和8（1933）年から短波、中波兼用の新型無線電信機の開発に着手。翌9（1934）年に「九四式空二号特型」として完成、制式兵器採用されて翌10（1935）年より大量生産に入った。

本無線機の登場により、海軍航空無線の面目は一新されたと言っても過言ではなく、同時にその重要性も一段と深まった。それを裏付けるように、これまで海軍の無線機に関する研究、開発は、東京府内の目黒に所在した技術研究所で行なっていたのだが、飛行場、航空機に縁のない場所で実験の際などに不便をきたしていた。そこで、昭和8年以降は海軍航空の総本山とも言うべき、神奈川県の横須賀海軍航空隊基地に隣接する海軍航空廠が所轄することとなり、その兵器部無線課の担当となった。

いっぽう、陸軍では水晶制御方式の

導入に関し、海軍に少し遅れをとっていたが、昭和12（1937）年4月に制式採用された「九四式飛二号無線機」（中型機用）、および「九四式飛三号無線機」（小型機用）の登場により、ようやくそれを実現した。なお、この九四式の採用に合わせて従来までの呼称法が改訂され、皇紀年号下二桁に続けて、無線兵器を示す「飛《とび》」と、種別を示す一号、二号等の呼称を付すようにした。

　ちなみに一号は大型機用を示すのだが、九四式飛二号でも水晶制御式のおかげで周波数選定が容易となったことで、十分遠距離通信が可能と判断されたため、制式採用は上申されなかった。

実用面での改善を図った九六式

　九四式各型無線機の普及により、航空無線の基盤を確たるものにした感のあった日本陸、海軍だが、昭和11（1936）年に入り、大陸での日中両軍

↑陸軍最初の水晶片制御式を採用した、九四式飛二号無線機を搭載した機体のひとつ、九四式偵察機。

九四式偵察機の同乗者席装備品

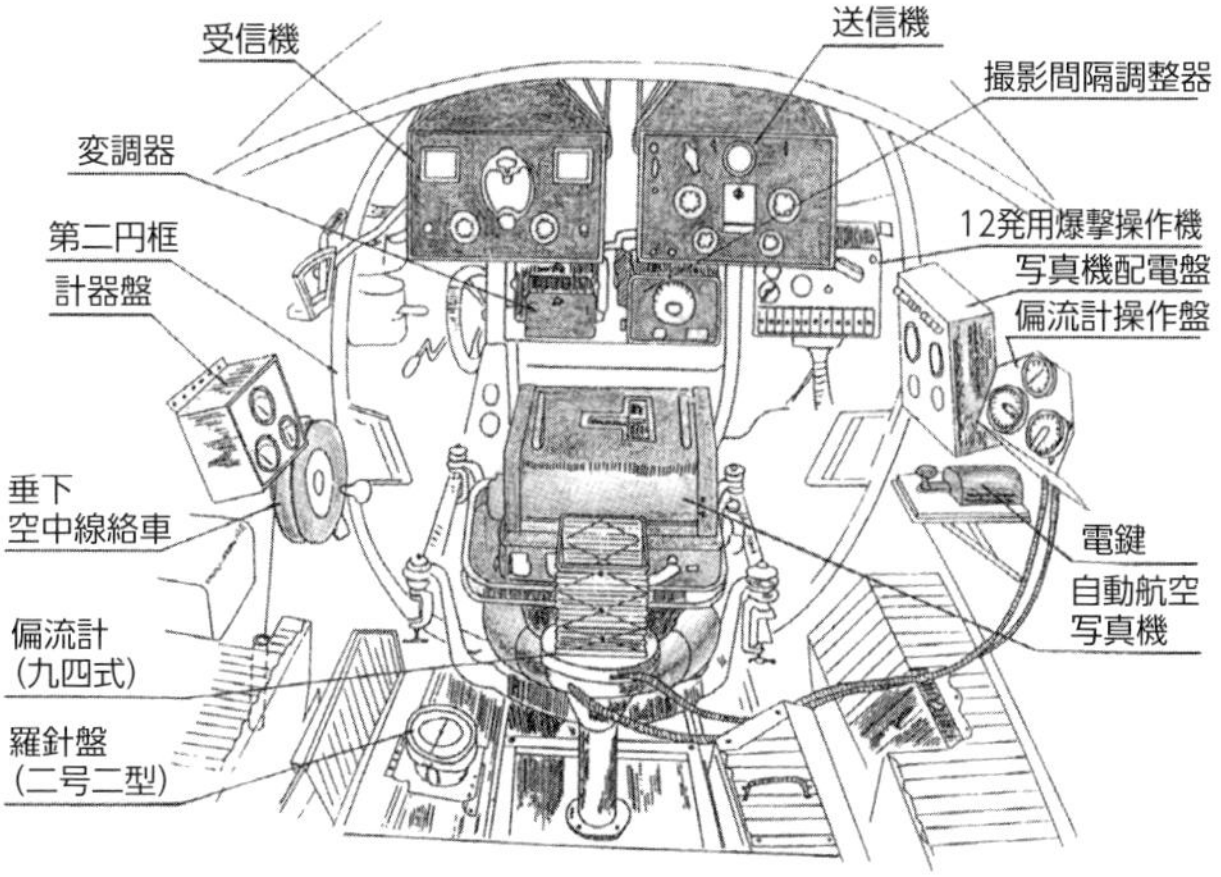

→上写真の九四式偵察機の同乗者席（後席）から前方を見た図解。正面上方に九四式飛二号無線機の送、受信機が固定されている。中央手前は、偵察機にとっての必需品である航空写真機。

の衝突が懸念されるようになったことも関連し、航空機用無線機器の更新、さらには新たな無線機器の開発が促進されるに至った。

海軍では、九四式各型無線機の操作を簡略化し、水晶制御による周波数精度をさらに向上させることなどを主眼に改良を加えた、九六式各型を制式兵器採用して事態に備えた。そして同時に、従来までの無線機呼称規定を改訂し、それぞれ機体規模に合わせて空一号（単座戦闘機用）、空二号（二座機用）、空三号（三座機用）、空四号（多座機用）に分類した。

注目すべきは、九六式空一号の採用により海軍の単座戦闘機（九六式艦戦）が、実質的に初めて無線機を活用し得た点。本無線機は、ユニット全体をわずか20kgの軽量にまとめた点が特徴。ただし、送信機入力も15Wと小さいので有効距離は約90kmにとどまり、少し距離が離れると電話機能の雑音がひどくて実際にはほとんど用をなさなかったのが現実だった。

二座以上の機体と異なり、全ての飛行作業を一人でこなさなければならない単座戦闘機は、操縦と無線機操作を併行して行なうのは容易ではないので、操作が簡単に出来るよう配慮されており、電話を主体にし、電信は補助的に用いる程度になっていた。むろん送話、受話ともに水晶制御式で、後者は局部発振の機構を持つ。

海軍 九六式空三号無線電信機（三座機用）

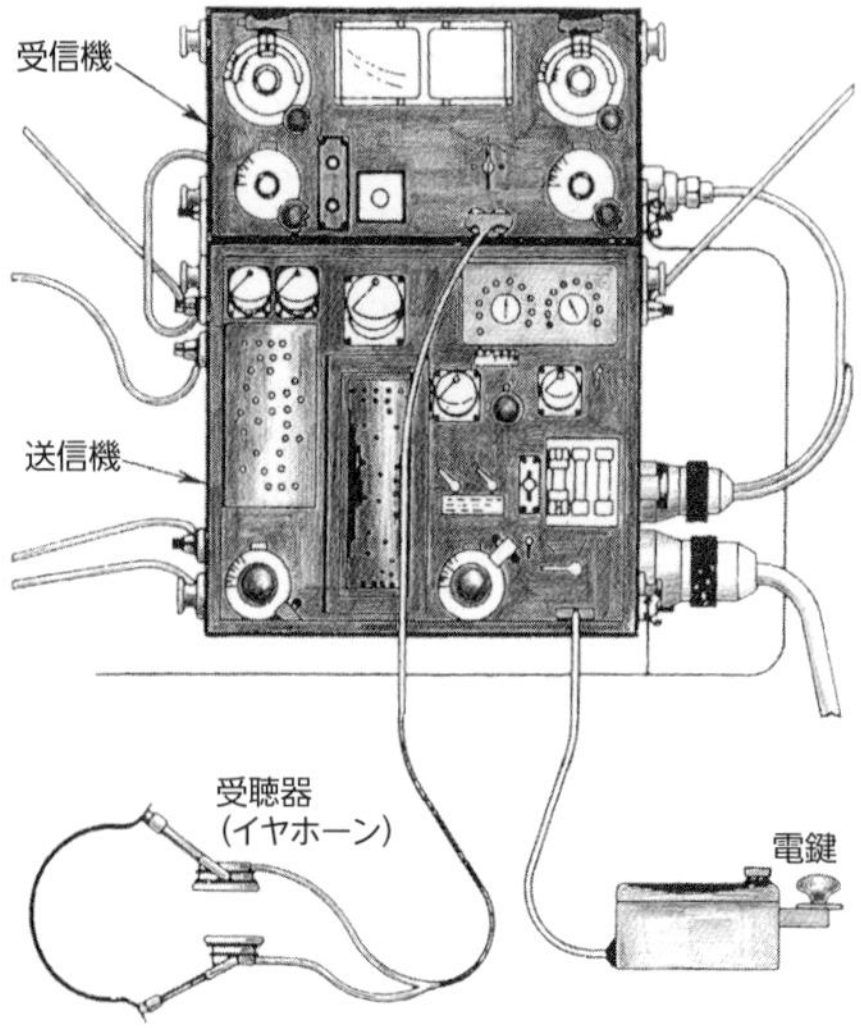

↑九六式空三号無線機の送信機入力は150W、使用周波数範囲は短波が5,000~10,000khz、中波が300~500khz、有効距離は対地上の場合で700浬(1,296km)、機器の総重量は52kgだった。

↑海軍 九六式陸上攻撃機の電信席に装備された九六式空四号無線機を操作する電信員。機体振動の影響を低減するため、太いゴム紐で吊り下げ式に固定している。

空二号〜空四号はいずれも長、短波兼用で、電信を主体に電話は補助的に用いる。短波の周波数範囲は5，000〜10，000Khz、長波のそれは300〜500Khzを用いた。空二号のユニット総重量は45kgで、空一号に比べてそう大きくはないが、空四号になると76kgにもなり相当な重さである。

いっぽう、陸軍も航空兵力近代化の象徴になると期待された、九七式各機種の配備を見越して、九四式飛二号の装備融通性を改善するなどした、九六式飛二号無線機、さらには海軍の九六式空一号に準じた、実質的に初めての単発単座戦闘機用として、九六式飛三号無線機（主に九七式戦用として）を昭和13（1938）年に相次いで制式採用した。

しかし、飛二号は故障が多いうえに発振勢力も弱く、調整に関して九四式に比べて必ずしも容易ではないなど欠点があり、飛三号は電話機能のみに限られ、有効距離がわずか10kmにとどまるなど、芳しい成績ではなかった。

海軍 二式飛行艇一一型の無線機関係装備図

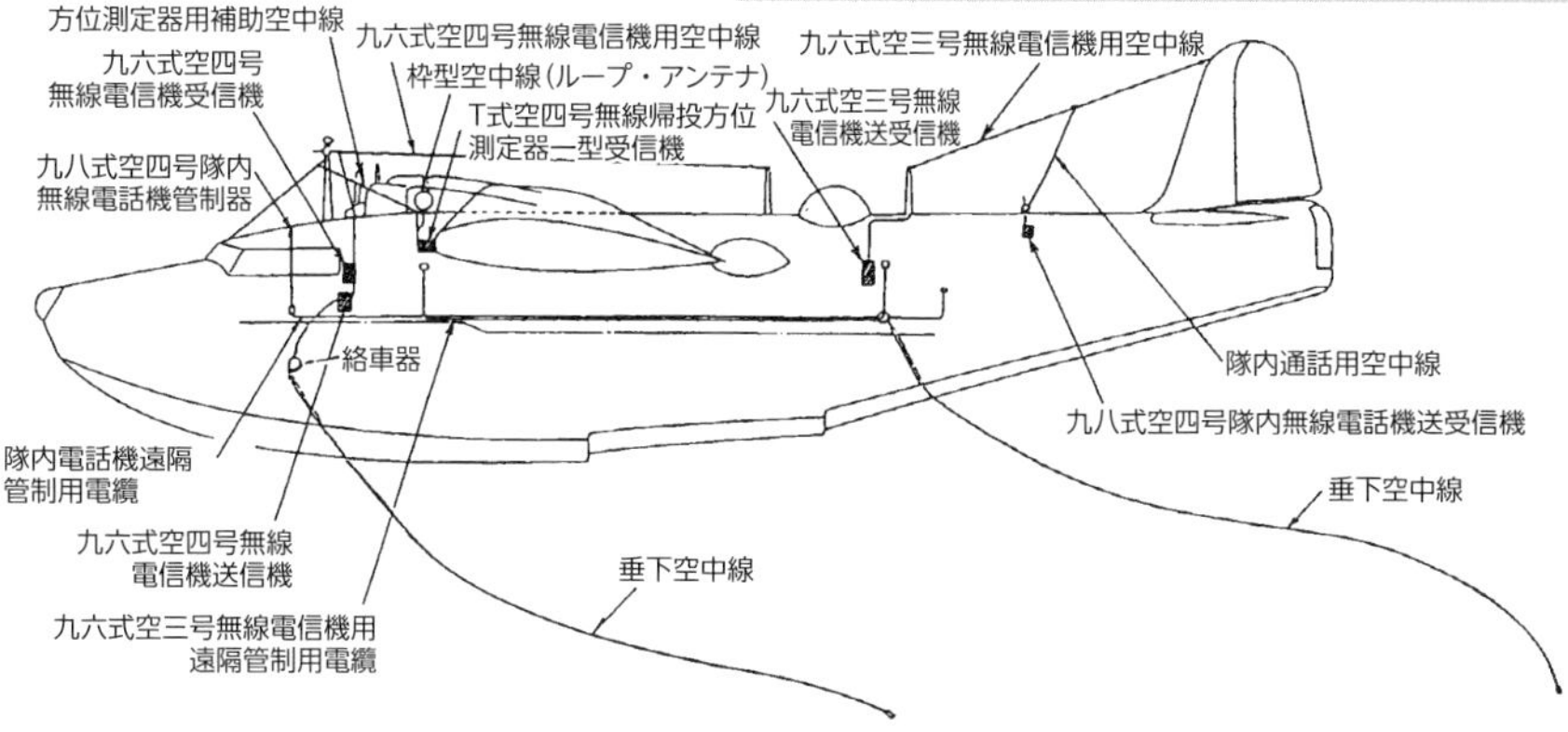

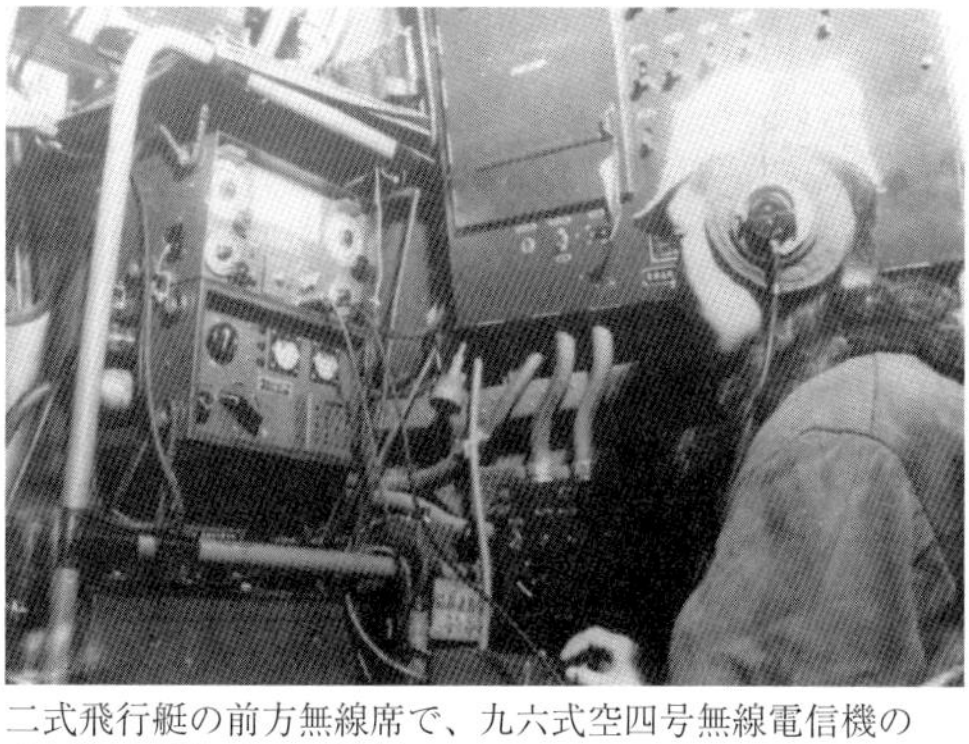
二式飛行艇の前方無線席で、九六式空四号無線電信機の受信機を操作する電信員。

新たな無線機器の導入

昭和10（1935）年代に入り、陸、海軍多座機の性能が目覚しく向上し、航続力が延伸するのにともない、帰投方位を正確に把握するための装置の必要性が高まった。すでに欧米各国では、基地、あるいは母艦から発信される電波を機上で受信してその方位を知る装置、いわゆる方向探知機が普及しつつあった。

　日本海軍も同装置には早くから興味を示し、昭和11（1936）年頃よりアメリカのクルシー、RCA、レーヤ、さらにはドイツのテレフンケンなどの各社機器を輸入して、その装備、実験を行なった。

　これら各社機器を参考にした独自開発の意図もあったのだが、翌12（1937）年7月に支那事変が勃発し、とりわけ長距離爆撃任務に従事した九六式陸上攻撃機に、緊急装備の必要性が生じた。そのため、海軍は当座しのぎにアメリカのクルシー、ドイツのテレフンケン製品を大量に輸入して対処した。九六式陸攻の有名な奥地爆撃は、この方向探知機導入のおかげで成功したと言っても過言ではない。

　陸軍も海軍に少し遅れてドイツのテレフンケン社製品を輸入、昭和14（1939）年1月までに九七式重爆六機分の装備が整い、前年12月の四川省・重慶、14年2月の甘粛省・蘭州に対する長距離爆撃でその効果を発揮した。

　この支那事変が長期化するにつれて、日本への批判を強めたアメリカは、昭和14年頃になると自国製品の対日輸出制限を強化し、クルシー方向探知機の入手が難しくなった。さらに、ドイツのテレフンケン製品も船舶輸送が困難になってきたことで、陸海軍は否応なく国産に踏み切らざるを得なくなった。

　とはいえ、独自開発製品がすぐに調達できるはずもなく、結局、海軍は小型機用としてクルシーを、大型機用としてテレフンケン製品を模倣生産することにし、前者は昭和16（1941）年に「一式空三号無線帰投方位測定機」、後者はそれより早く昭和15（1940）年に、「零式空四号無線帰投方位測定機」の名称でそれぞれ制式兵器採用した。

column❸ 電波とは？

　正確に言えば、電波とは電界と磁界が真空（大気）中を光速で波のように伝播していく電磁波の一種で、周波数（1秒間に波形が何回繰り返されるかの数値）が1×10-∞から3×10^{12}hzの範囲内のものを指す。これより周波数が大きくなるにつれて赤外線、紫外線、X線、γ（ガンマ）線となってゆく。第二次大戦期までの無線機、レーダーなどの電子機器に用いられた電波の領域を分類すれば以下のようになる。

領域	略号	周波数範囲	波長範囲
長波	LF	30~300Khz	10~1km
中波	MF	300Khz~3Mhz《メガヘルツ》	1km~100m
短波	HF	3Mhz~30Mhz	100m~10m
超短波	VHF	30Mhz~300Mhz	10m~1m
極超短波	UHF	300Mhz~3Ghz《ギガヘルツ》	1m~10㎝
マイクロ(㎝)波	SHF	3Ghz~30Ghz	10㎝~1㎝

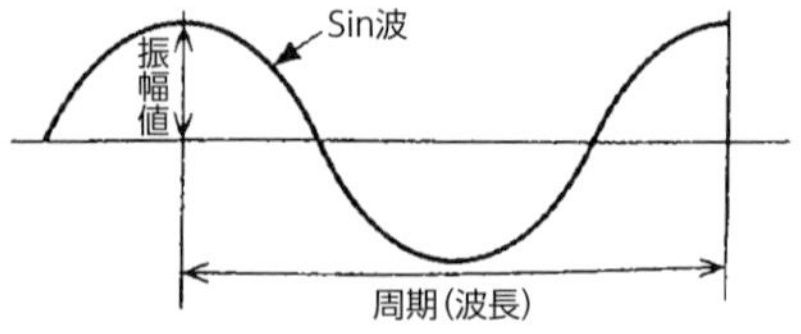

電磁波の特性
※波長は電波速度を周波数で割った値

※Mhz→100万ヘルツ
Ghz→10億ヘルツ

　陸軍は、戦闘機などの小型機に方向探知機を装備する必要性がなかったため、テレフンケン製品のみを日本無線（株）に命じて模倣生産させ、昭和15年に「一〇〇式飛一号方向探知機」の名称で制式採用した。

　方向探知機の導入を促進させた支那事変は、また一方でもう一種の新たな無線機器の必要性も生じさせた。それは飛行中の編隊、あるいは僚機間での意志疎通を図るための近距離用隊内無線電話機である。これは、一度に何十機という大編隊による出撃が日常的に実施されるようになった、支那事変なればこそのニーズであった。

　むろん、従来までの長波、もしくは短波無線電信電話機を用いても近距離通話は出来るのだが、これを頻繁に使用していると、通常の重要通信をキャッチし損ねてしまう恐れがあるので、使用電波の異なる小勢力の別の専用機器を持つのが望ましい。

　こうした要望に沿い、まず海軍が昭和13（1938）年に制式兵器採用したのが「九八式空四号隊内無線電話機」である。本装置は多座機用で、周波数範囲30～50Mhz（メガヘルツ）の超短波を用い、有効距離約37km、入力は40W、ユニット総重量は35kgと軽量で、送受信ともに水晶制御方式、楽音の送信も可能だった。

　翌14（1939）年から九六式陸攻を皮切りに導入され、漸次他機種もこれに続いた。ただし、原則的に編隊行動をしない多座の水上偵察機などへの必要性は低く、装備対象外だった。

海軍 零式艦上戦闘機二一型の
クルシー無線帰投方位測定器装備要領

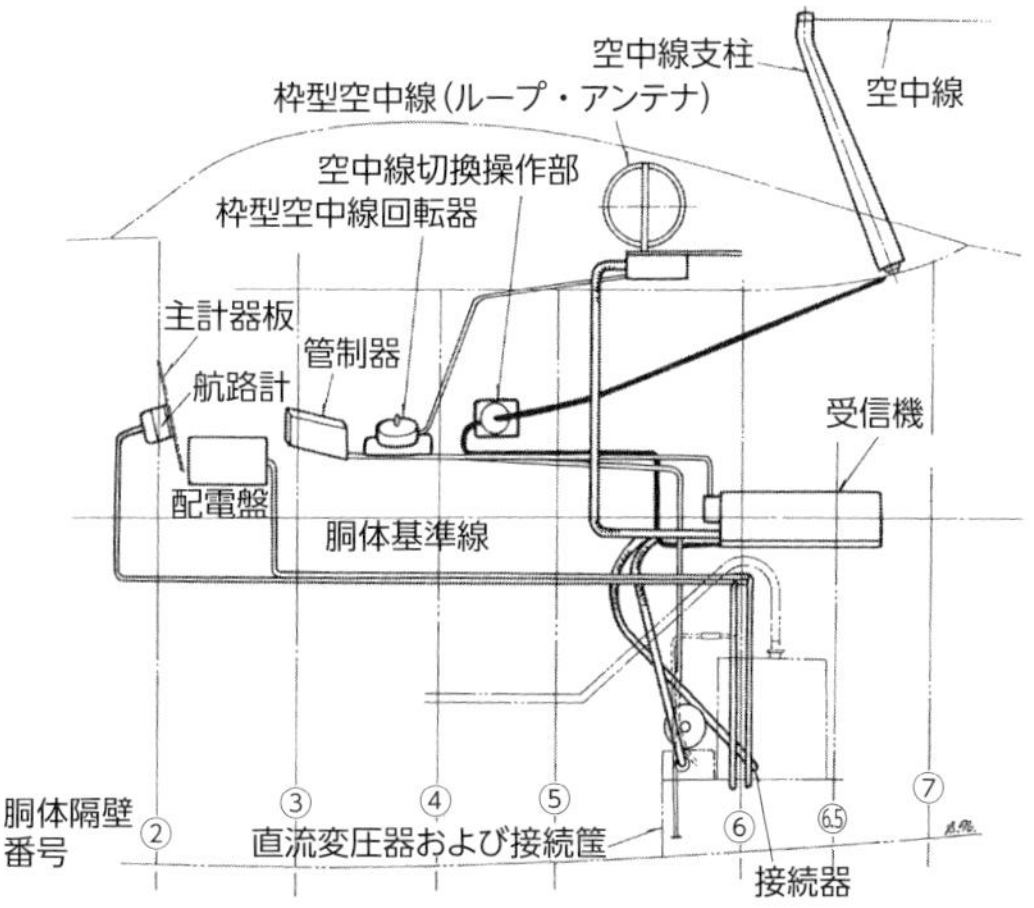

column4　厳重を極めた水晶片の取扱い

　水晶振動子による周波数制御は、確かに無線機発達史上における画期的な発見ではあったが、反面、その水晶片によって使用周波数が判明するという、軍機上の弱点もあった。そのため、戦時、平時を問わず墜落、あるいは不時着などの際に、原形をとどめた無線機からは真っ先に水晶片を取り出すことが厳命されていた。アリューシャン列島で米軍に鹵獲された、空母「龍驤」搭載の零戦二一型が、その押収した水晶片から使用周波数4,145Khzを正確に割り出された話はつとに有名。

アリューシャン列島アクタン島で米軍に鹵獲された零戦二一型

この九八式空四号を小型化し、ユニット総重量を18kgに軽減した艦上爆撃機、艦上攻撃機など二座、もしくは三座機用のものが、16（1941）年に制式兵器採用された「一式空三号隊内無線電話機」。太平洋戦争の全期間にわたり、艦爆「彗星」や艦攻「天山」などに搭載され活用された。

陸軍 三式二型戦闘機「飛燕」の九九式飛三号無線機二型装備要領

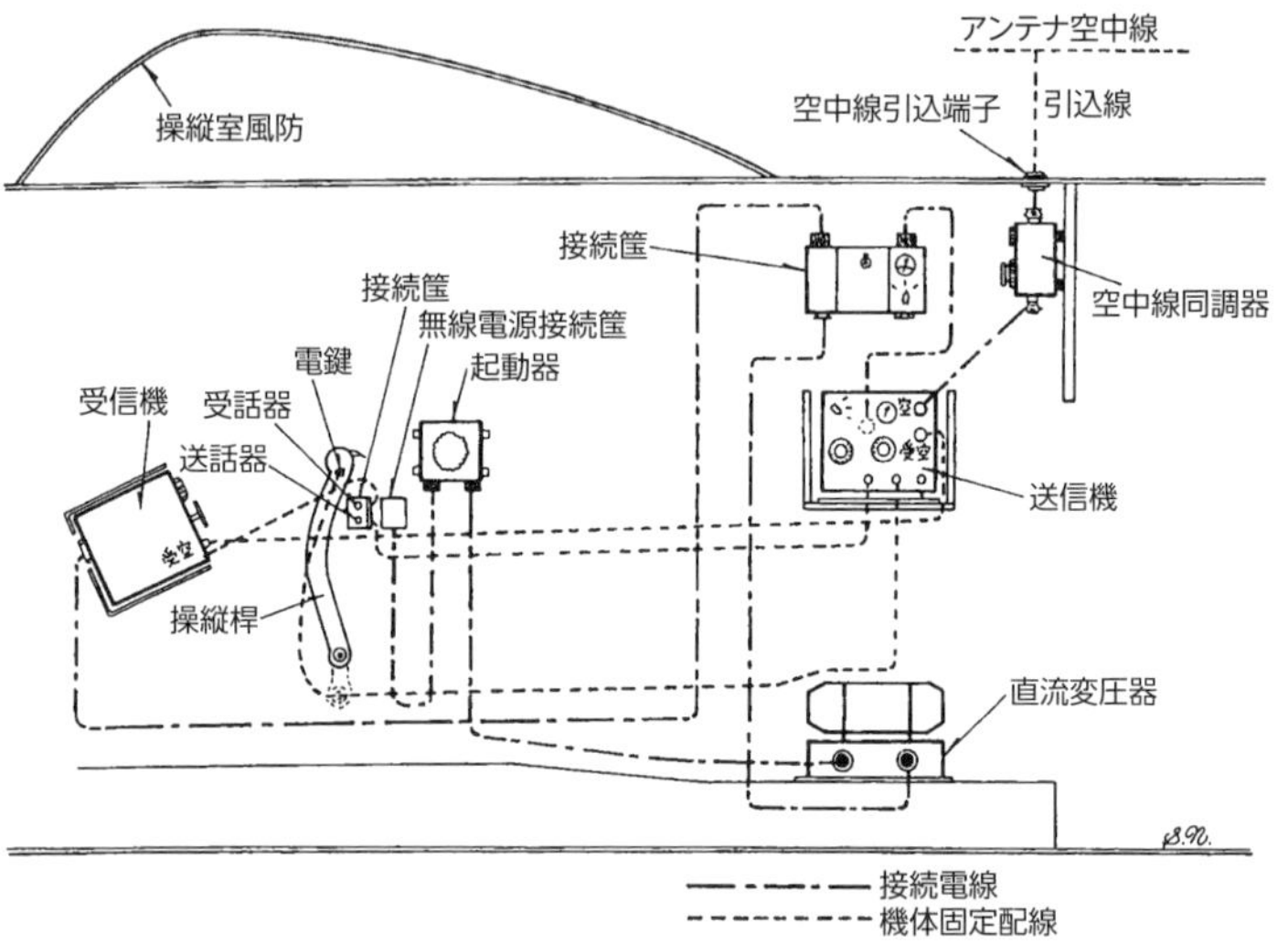

太平洋戦争期の無線機事情

海軍は九六式、陸軍は九六式の改良型である九九式の各種無線電信電話機を擁して太平洋戦争開戦を迎えた訳だが、戦時中は大量生産が優先されたのと、中期以降は資材不足も深刻化したため、改良の重点は、真空管をはじめとする各パーツの規格を統一して、生産性を向上させるとともに、故障時の部品交換性を高めて稼働率の低下を防ぐといった点に移っていった。

また、無線機の一種でもあるレーダーの重要性が急速に増したため、軍、民ともに研究、開発の最優先分野をこ

三式戦一型の操縦室正面中央に設置された九九式飛三号無線機の受信機（矢印部分）。

ちらにせざるを得なくなったことも少なからず影響した。

海軍が昭和16（1941）、17（1942）年に制式兵器採用した二座、三座、多座機用の「一式空三号」、および「二式空三号」は、新規開発というよりも九六式空二号、および同三号の送信機入力を増大させ、中波帯を追加し周波数を変更したものと言ってよい。これ以降、十八試、あるいは十九試の試作名称を冠した新型が製作、実験はされたものの、空二号～空四号として制式化されたものは無い。

戦局が悪化した中期以降、爆撃機、攻撃機による大規模な攻勢作戦は影を潜め、戦闘機による防御戦が日常化した現状では、いきおい多座機用無線機器の需要が減少するので、それも当然の成り行きだった。

したがって、昭和18（1943）年以降、新規採用として制式化されたのは、海軍の「三式空一号無線電話機」と、陸軍の「四式飛三号無線機」（昭和19年）のみだった。いずれも単座戦闘機用である。

三式空一号は、九六式空一号の送信機入力を100Wに増大させ、使用周波数範囲を4，200～5，500Khzから5，000～10，000Khzに変更して能力向上を図ったものである。ユニット総重量は10kg増加して30kgになった。

本無線機は零戦五二型以降の各型や「雷電」「紫電」などにも搭載されたが、九六式空一号に比べて確かに有効距離が増大するなどしたものの、少し距離

昭和18（1943）年5～6月、ソロモン諸島上空を飛行する二五一空の零戦二二型。前身の台南空時代をふくめ、前年4月以降ラバウル基地を中心に活動した同部隊は、雑音ばかりひどくて“役立たず”の九六式空一号無線機を取り外していた。写真の機体も後方の編隊機をふくめ、本来あるはずのアンテナ支柱が無い。

三式空一号無線電話機ユニット一式。左より発電動機、送受話機、受聴器（右手前黒っぽい円形）、右端が管制器。

があくとやはり電話機能の雑音がひどく、根本的な改善がなされたとは言い難かった。

いっぽう、陸軍の四式飛三号のほうは、九九式飛三号の改良というより、資材節約のための兼価版と言ったほうが適切で、機能を電話主体にして構造の簡素化を図ったものだった。四式戦「疾風」用として量産した。

この頃には資材不足が一層深刻化し、無線機用継電器、ネオン管の節減、使用制限が課せられたうえ、アルミニウムや銅線の代わりに、鉄や木材を使用せざるを得なくなるなど、質的向上を図れる環境ではなくなった。

昭和20（1945）年、戦局が最終段階に入ると、海軍は本土周辺に来攻してくる、米軍艦船に突入する神風特攻機のために、周波数4,000～8,000Khzを使用する重量20kg以下の中波使用簡易無線機（有効距離185km）、さらにはロケット迎撃戦闘機「秋水」用として、三式空一号の送信機能を省き受信機能だけを有したものなどを試作したが、いずれも実用までには至らなかった。

主要海軍機の無線機器装備現状、および予定（昭和20年現在）

機体名称＼機器名称	三式空一号無線電話機	九六式空二号無線電信機	九六式空三号無線電信機又は二式空三号無線電信機	九六式空四号無線電信機	一式空三号隊内無線電話機	九八式空四号隊内無線電話機	十八試機内通話機	一式空三号無線帰投方位測定機	零式空四号無線帰投方位測定機
零式艦上戦闘機	○							○	
「試製烈風」	○							○	
「紫電」	○							○	
「紫電改」	○							○	
「雷電」	○								
「試製天雷」	○								
「試製震電」	○								
「試製極光」			○		○			○	
「月光」		○					○	○	
「試製電光」			○					○	
「強風」	○							○	
九七式艦上攻撃機			○		○			○	
「天山」			○		○		○	○	
「試製流星」			○		○			○	
九六式陸上攻撃機			○	○		○			○
一式陸上攻撃機			○	○		○			○
「試製晴嵐」		○						○	
「試製連山」			○			○			○
九九式艦上爆撃機		○			○			○	
「彗星」		○			○			○	
「銀河」			○		○		○		○
零式水上偵察機			○		○			○	
零式小型水上機		○							
「紫雲」								○	
「瑞雲」		○							
零式観測機		○							
「東海」		○							
二式艦上偵察機		○						○	
「彩雲」								○	
二式陸上偵察機		○						○	
「試製景雲」			○					○	
九七式飛行艇			○	○		○			○
二式飛行艇			○	○		○			○
零式輸送機			○						○
一式陸上輸送機			○						○
「晴空」			○						○

↑海軍が対B-29迎撃機の切り札として期待した、驚異のロケット戦闘機「秋水」。しかし、その搭載無線機は受信機能しかない超簡易型で、新鋭機にはおよそ似つかわしくない粗末なものだった。

欧米列強に遅れをとった航空機用レーダーの開発

無線機とともに主要な電子機器として、第二次世界大戦期に初めて実戦使用されたのがレーダーである。すでにイギリスでは１９３０年代末に、地上に設置する対空用早期警戒レーダー網を構築していて、１９４０年夏の英本土上空におけるドイツ空軍との一大決戦にて、その威力を発揮したのはつとに有名である。

そして、ほぼ時期を同じくして航空機搭載用のレーダーも実用し始め、人間の視力が効かない夜間での空中戦においても、有効な兵器であることを実証した。

翻って、日本におけるレーダーの開発はどうであったかといえば、陸、海軍ともに地上設置、および艦船搭載用については、戦前の段階で研究、実験を行なっていて、太平洋戦争勃発後の昭和17（１９４２）年末頃には一部に配備され始めた。

三式空六号電・探の捜索パターン

(数字は電波指向順を示す)

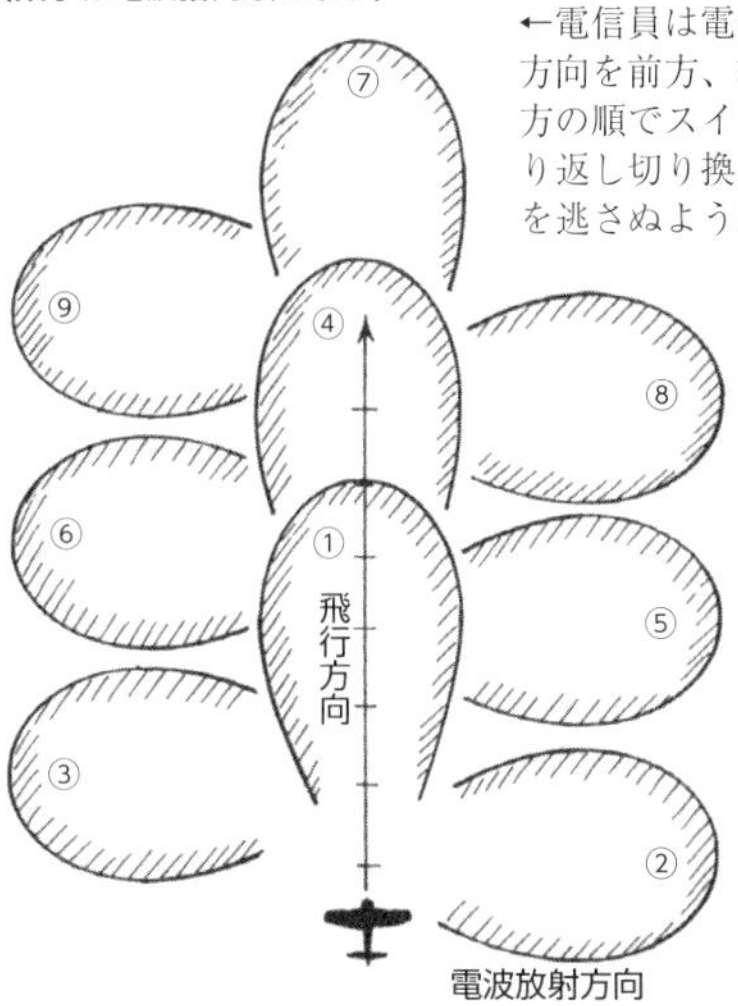

←電信員は電波の発信方向を前方、右方、左方の順でスイッチを繰り返し切り換え、目標を逃さぬようにする。

三式空六号無線電信機(H-6)ユニット

(寸法単位mm)

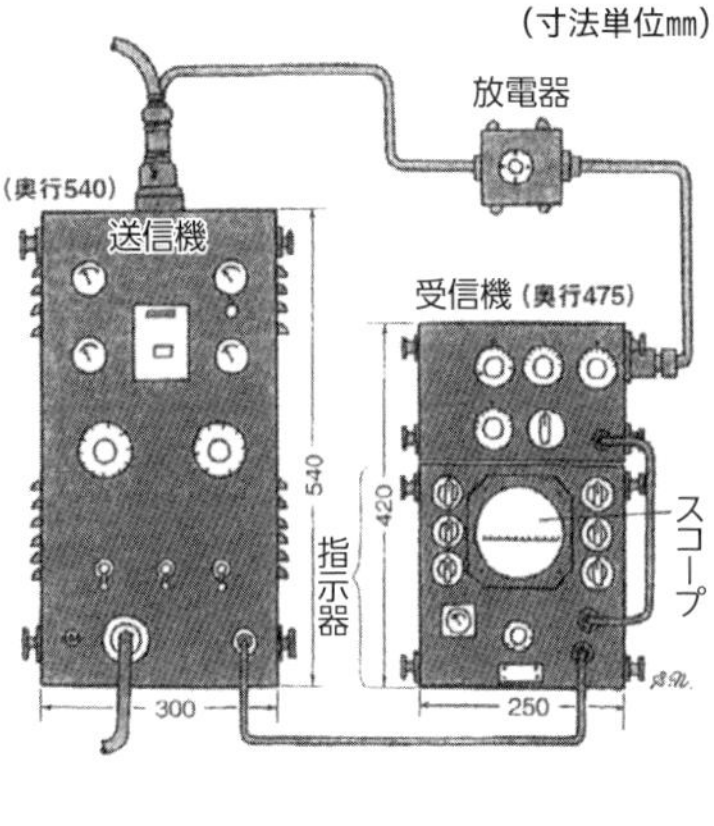

↓三式空六号電・探搭載機のひとつ、零式水上偵察機一一乙型。右主翼前縁に棒状の前方指向発、受信アンテナ、胴体後部両側に側方指向のダイポール型発、受信アンテナを付けている。

しかし、小型、軽量化が求められる航空機搭載用レーダーについては、ほとんど〝手つかず〟の状態だった。昭和16（1941）年に、ドイツからイギリスの機上レーダー（Mk.Ⅳ）に関するわずかな資料がもたらされたのを機に、陸、海軍が基礎研究、試作に着手。昭和19（1944）年になって、ようやく最初の実用品を送り出した。

陸軍のは「タキ二」電波標定機、海軍のは三式空六号無線電信機（略称「H－6」）の制式名称を付与された。ただし、両機器とも対空用としての使用は出来ず、主に水上艦船のような大きな目標探知用だった。

さらなる小型化、高感度が求められる夜間戦闘機搭載用の迎撃レーダーとして、海軍は十八試空六号無線電信機（略称「FD－2」）を試作。夜戦「月光」に搭載してB－29迎撃に使用してみたが、感度不良でほとんど役に立たなかった。

陸軍でも、二式複戦「屠龍」搭載用として、同様の「タキ二」電波機上標定機を試作してテストを行なったものの、探知確率が不安定で実用価値は低く、モノにならずに終わってしまった。結局のところ、日本では太平洋戦争終結まで、真に実用的な機上迎撃レーダーは実現できなかったということになる。

陸軍「タキ四」
電波標定機装備夜戦（キ45改戊？）
（一部推定）

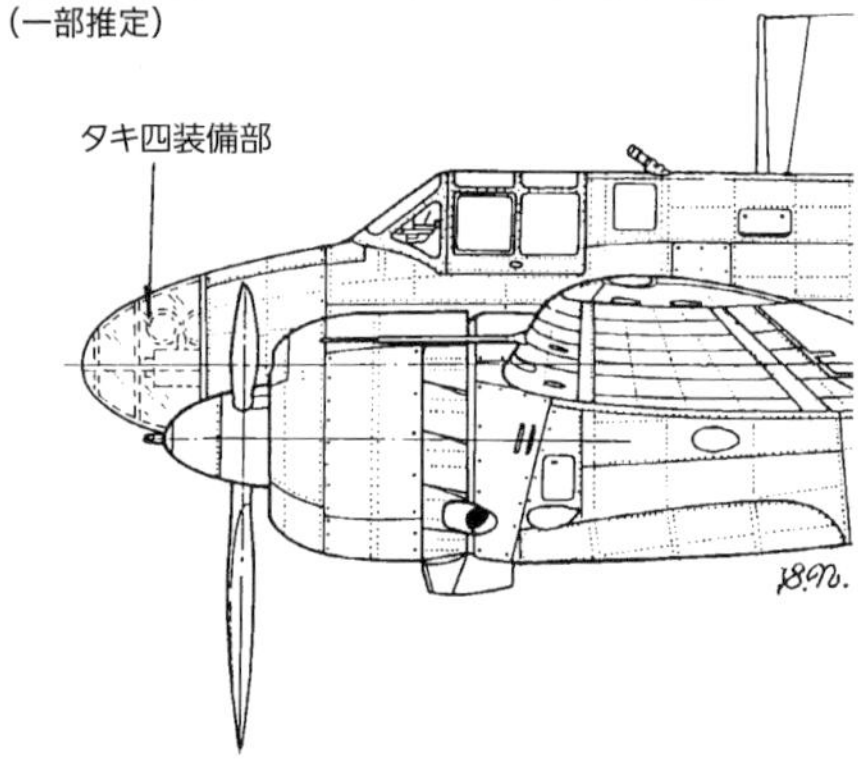

→海軍最初の邀撃（AI）レーダーとなった、十八試空六号無線電信機（略称「FD-2」）を搭載した、夜間戦闘機「月光」。機首先端に棒状の発、受信アンテナ各2本ずつを取り付けている。しかし、実際にB-29夜間邀撃に使ってみたが、ほとんど感知不能とわかり、標準装備には至らず終わった。

第十一章　陸、海軍機製造会社工場の実際

機密だった生産実態

日本軍用機そのものに関する調査、考証などについては、既刊の各書籍等であまねく紹介され尽くした観もある。

しかし〝零戦〟〝隼〟などが、それぞれの生産工場において、材料の調達を含めてどのような機械を用いて加工し、どんな工程を経て製造・組み立てがなされたのか……といった問いに対しては、答えに窮してしまう。

それも無理からぬことで、こうした事柄はメーカーにとっても、また軍にとっても当時、最高部類の機密事項であり、記録写真や文書の類は厳重に管理されていた。しかもそれらは敗戦と同時に真っ先に廃棄、焼却処分の対象となったため、ほとんど現存していないのが実情である。

したがって、確かな資料の裏付けをもって理路整然と説明するのは難しいのだが、日本軍用機通の方々にとっては小さからぬ関心事と思えるので、無謀は承知の上であえて解説を試みたい。

ジュラルミンの調達

複葉羽布張り構造時代はともかく、全金属製機が大半を占めた第二次世界大戦当時、軍用機製造に無くてはならぬ材料が、ジュラルミンであった。機体構造材のほとんどが、このジュラルミン材を加工した部品だったのだから当然である。

ジュラルミンは、アルミニウムに銅、マグネシウム、マンガンなどを溶かし込んでつくった合金である。そのアルミニウムの原材料となる鉱物資源がボーキサイトなのだが、これは日本ではまったく産出しないものであり、その全てを蘭印（現インドネシア）、英領マレー（現マレーシア）、仏印（現ベトナム・ラオス・カンボジア）などからの輸入に頼るしかなかった。

太平洋戦争緒戦期の南方進攻作戦が、石油とともにボーキサイトの産出源を確保するために実施されたのは、当然のことであった。

しかし、産出地を押さえただけでは意味がない。そこから日本本土に運ぶための膨大な数の輸送船が必要であり、それらが安全に日本と現地を往復できる「シー・レーン」を確保することも、日本陸、海軍にとっての生命線だったのである。

戦争末期、アメリカ海軍の潜水艦と航空機の跳梁によって、このシー・レーンが崩壊してしまったことが、日本の敗北を決定的にした要因の一つであった。ボーキサイトと石油が底をつけば、航空機の製造も作戦行動も成り立たないからだ。

それはともかく、太平洋戦争中期の昭和18（1943）年当時、陸、海軍あわせて年間1万5,000機を生産すると仮定した場合、ボーキサイトの必要量は48万トンに達した。これを運ぶためには総計40万トン以上の輸送船を確保しなければならなかったのだから、容易なことではない。

苦労の末、本土に運び込まれたボー

キサイトは、ほぼ同量の石炭を燃やし、苛性ソーダ等を加えて精錬し、「アルミナ」と称する金属粉にする。次にこのアルミナを電解槽に入れ、蛍石《けいせき》などを使って純アルミニウム塊に変える。

当時の日本の電力は水力発電のみが頼りだったから、この電解に必要な電力（アルミニウム1トンに対して3万

ジュラルミン材料が出来るまで

↑船舶による南方からのボーキサイト輸送

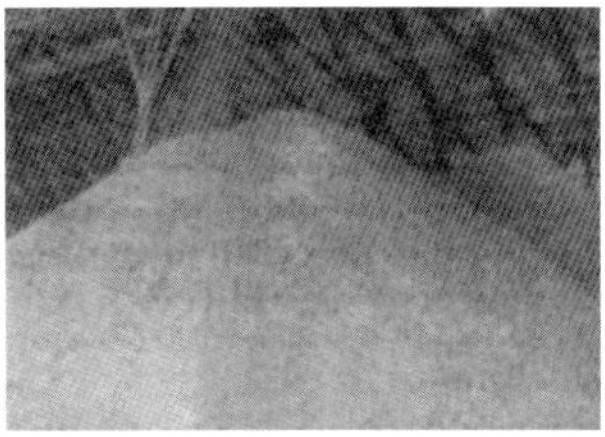

↑工場へのボーキサイト搬入

↑ボーキサイト熔解用の燃料である石炭の確保

↑アルミナの製造

↑アルミナの電解処理

↑ジュラルミン塊の製造

↑ジュラルミン塊を圧延処理して同延板に

キロワット）を確保するのも大変だった。一般家庭に節電を強制したのも頷ける。

　前述したように、この純アルミニウム塊と銅、マグネシウム、マンガンなどの鉱物を摂氏５００度の高熱で溶かし混ぜ、水で急速に冷やして焼き入れ処理すれば、ジュラルミンとなる。レンガ状の塊になったジュラルミンは、圧延機と称する加工機械で任意の厚さの延板《のべいた》にされ、航空機メーカーに納入されるのである。

　アルミニウム合金の製造メーカーとしては、零戦が初めて使用した「超々ジュラルミン（ＥＳＤ）」材の開発でも知られる、大阪の住友金属工業が最大手だった。

　なお、発動機取り付け架や主脚柱など、荷重のかかる部品製造に不可欠な鋼鉄（クロームモリブデン鋼＝略称クロモリ）原料、車輪タイヤやパッキン等に使うゴムの原料といった資源の大半も、外地の産出物の輸入でまかなうしかなかった。

航空機製造に必要な各種工場

①木工場
②材料切断工場
③挽金機械工場（ローラー機械、水圧プレス、落しハンマー等を設備する）
④一般機械工場（旋盤、フライス盤、ボール盤、研磨盤、特殊工作機械等を設備する）
⑤鈑金工場（主として軽合金鈑、鋼鈑等の手仕上作業）
⑥仕上工場（主として鋼材の鑢、タガネ作業）
⑦管加工場（主として銅管、可撓管等の加工作業）
⑧熔接工場
⑨鍍金、熱処理工場
⑩集成部品工場
⑪部品組立工場
⑫羽布縫工場
⑬塗粧工場
⑭総組立工場

部品製作手順の一例

設計
↓
工作図面の作成（部品図）
↓
作業計画の立案（材料の準備・工程の設定等）
↓
現図の作成
↓
型鈑、組立治具・ゲージの製作
↓
材料の切断
↓
成形作業
↓
熱処理作業
↓
鋲付け、熔接作業
↓
部品の組み立て・表面保護塗装
↓
総組み立て工場へ搬入

↑零銭の原型１号機を組立中の、三菱・大江工場の１棟内部。

航空機製造工場の実際

ライセンス生産を別にすれば、各航空機メーカーが陸海軍の航空本部から試作を受注し、完成した試作機が、性能、実用性などの審査をパスしてめでたく制式採用されれば、メーカーに対し量産発注がなされる。

量産に入るに際しては、事前の準備として前頁の系図にある型鈑、組立治具、ゲージの製作および据え付けを一定数終了してしまえば、その後の作業は、材料切断以降に限られる。

各メーカーで必ずしも同じだったわけではないが、航空機生産には、前頁に示したような各工程ごとの専用工場が要る。全金属製機をつくるのに、何故「木工場」が必要か、と思われるかもしれぬが、型材や作業台などの他、機体部品の一部、例えばスロットル・レバーのグリップにも木工製品が使われていたからである。

戦争末期、アルミ合金の不足が深刻

部品加工、製造用機械、工具の例

←成形切断機

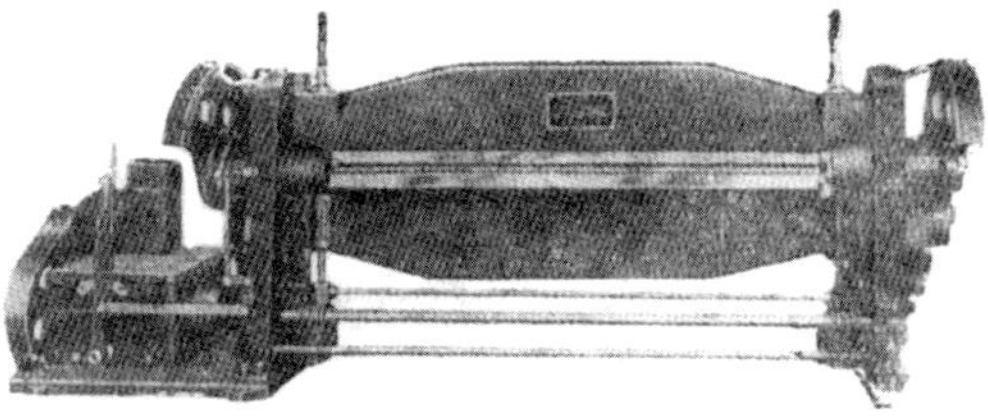
↑板金折り曲げ機

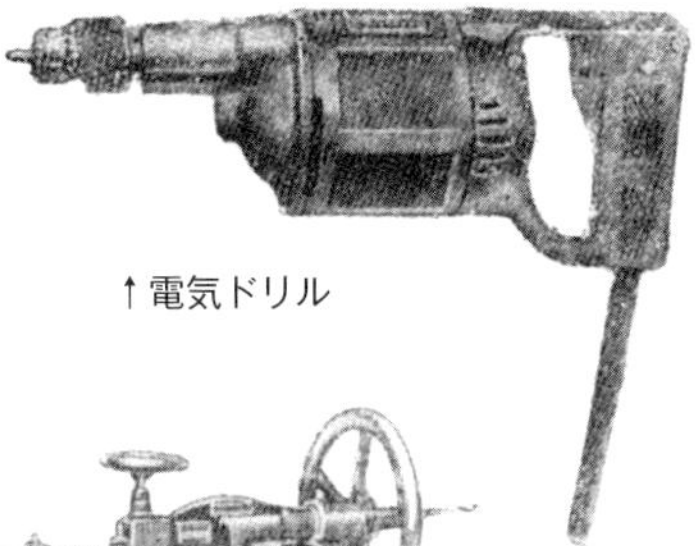
↑電気ドリル

↑電動切断機（スクウェア・シャー）

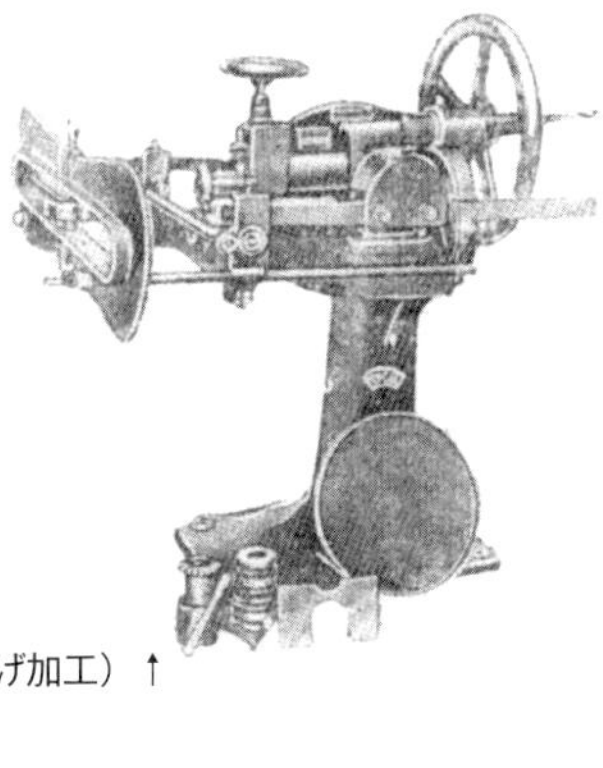
円板縁返し機（縁曲げ加工）↑

化して、負荷の少ない尾翼骨組み材などが木材で代用された際には、この木工場の存在が大きくなったはずだ。

これら専門工場に設置された各工作機械については、三菱や中島といった主要メーカーも含めて、具体的にどのような型式を使用していたのか、残念ながら詳細は不明だ。ただ、戦時中に刊行された航空機製造一般に関する解説書によれば、187頁に併載したような種類があったらしい。

むろん、この解説書も戦時中のこととて、三菱や中島などが当時使用していた最新型の写真を掲載できるはずがなく、戦前の古い型式、それも外国製品であろう。それはともかく、こうした類の工作機械が使われたらしいことはわかる。

それぞれの専用工場では大要、以下の順序で各部品の製作を行なう。

①材料の切断
②成形
③熱処理
④鋲付け、または熔接

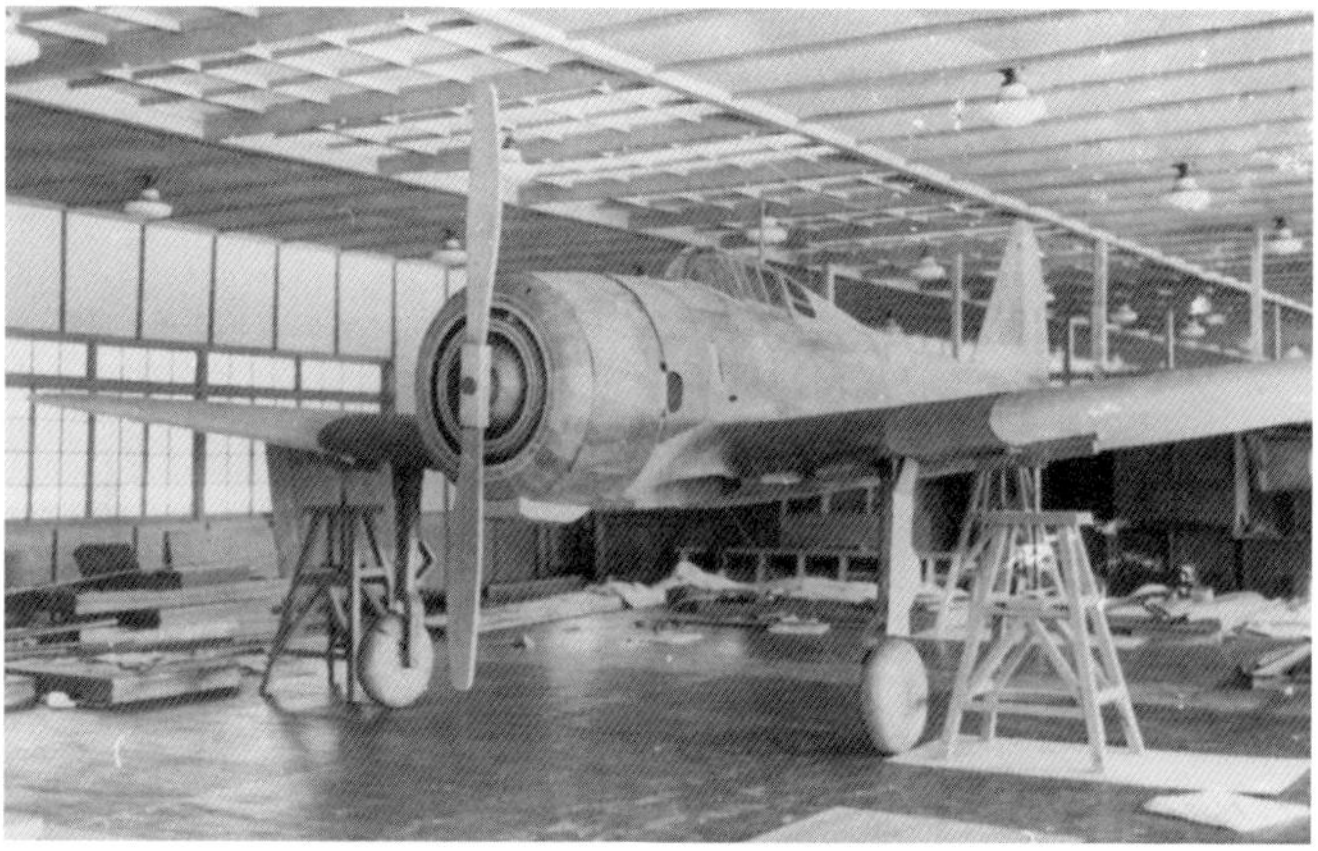

→中島飛行機(株)の木工場で組み立てられた、キ四三(のちの一式戦「隼」)試作機のモックアップ(実物大木型模型)。木材と合板で出来ており、木工場の存在の重要性が理解いただけると思う。

←タクト・システムが導入される以前の航空機生産風景。工場内に1機ごとに専有の製作スペースを設け、固定して組み立て作業を行なった。写真は支那事変当時の、三菱重工名古屋航空機製作所大江工場内を示す。製造中の機体は、海軍 九六式陸上攻撃機。

⑤組み立て
⑥表面保護塗料の塗布

　こうして出来た各部品は、胴体、主翼、尾翼、降着装置など一つのまとまった大きな部品ごとに組み立てられる。最後に官給品として配布される発動機も含めて、総組み立て工場に運び込まれ、ここで機体として完成させるのである。

　掲載した川崎、立川における生産風景写真は、多くがこの総組み立て工場内を撮影したものである。

　戦前までの総組み立て工場は、機体に1機ずつ専用スペースをあてがい、ここに固定した状態でそれぞれのペースで作業を行なう、いわゆる「集成組み立て方式」を採っていた。しかし、この方法では急速大量生産には対応できず、また効率も悪いため、太平洋戦争中は欧米流の「タクト・システム」と呼ばれる方式が標準化した。

　ちなみに、タクト・システムを考案したのは戦前のドイツである。現代の自動車製造ラインも基本的にはこれと同じであり、その着想の鋭さには改めて敬服させられる。

　この方式は、工場内の縦方向に、何本かの組み立てラインを設け、機体を載せたキャスター付きの台架が、1工程終了するごとにラインに沿って一斉に前方へと流れていくというものだ。

　ラインの設置要領は、各社工場ごとに異なっていた。192頁の写真で明らかなように、三式戦を量産した川崎・岐阜工場では、床に二条の溝を掘り、左右の主翼下面を支える台架の中央小車輪がこの溝に嵌まっていて、真っすぐ前方へ進むようになっている。

　これに対し、立川飛行機工場における一式戦の転換生産ラインは、中島の方式に倣っていた。すなわち、床から1・3mの高さに「高架軌条」と称した、「コ」の字形断面のレール2本を4・5m間隔で通しており、レール上に左右の主翼下面を支える「台車」を置き、前方に移動させる形態を採っていた。

　192頁の写真を見る限りでは、両

単発戦闘機の機体部品構成（例：陸軍 一式戦二型）

※発動機、無線機、射撃兵装などは、官給品なので製造工場での部品には含まれない。

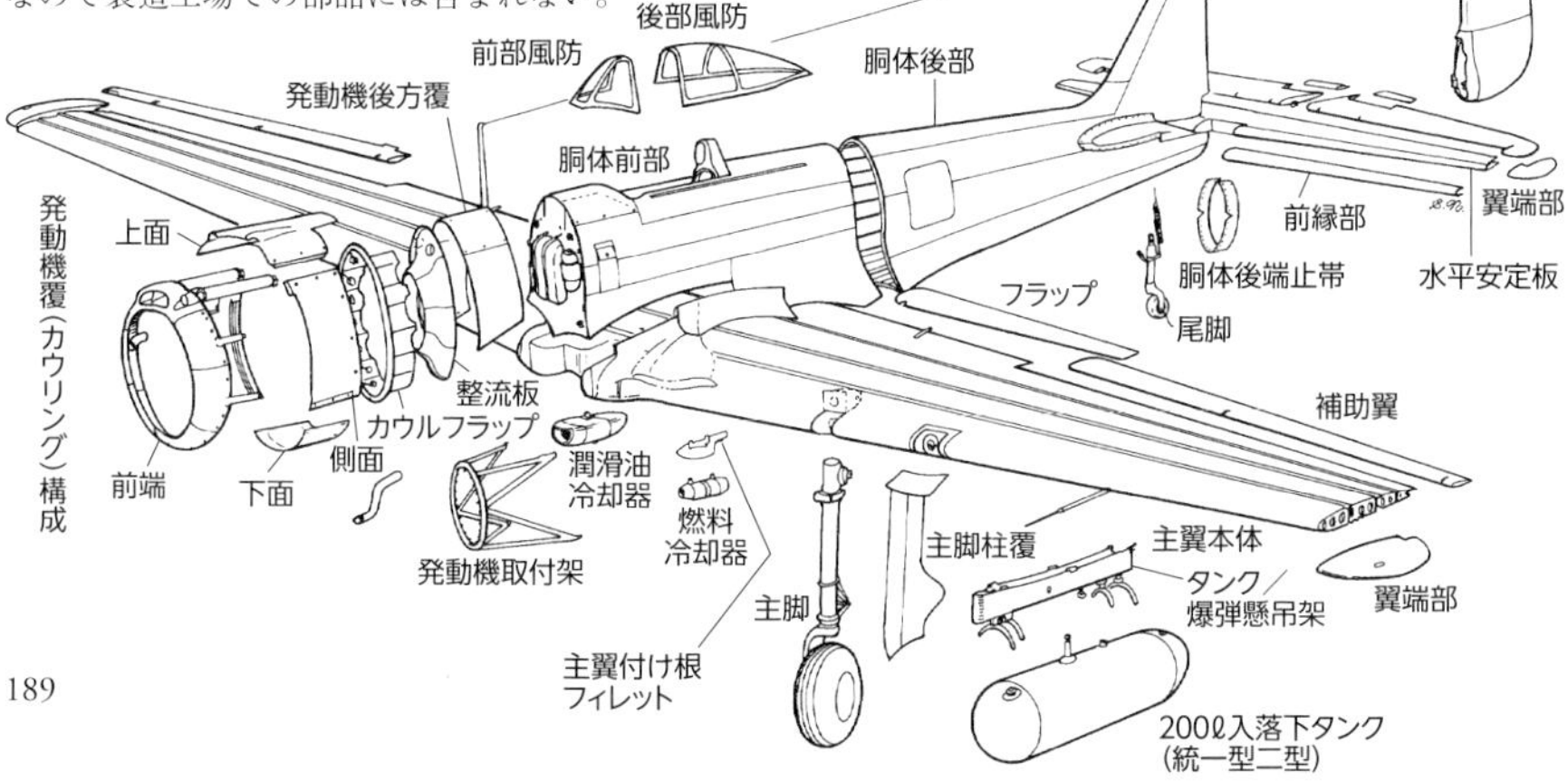

立川飛行機工場における、陸軍 一式戦の組み立てライン俯瞰図

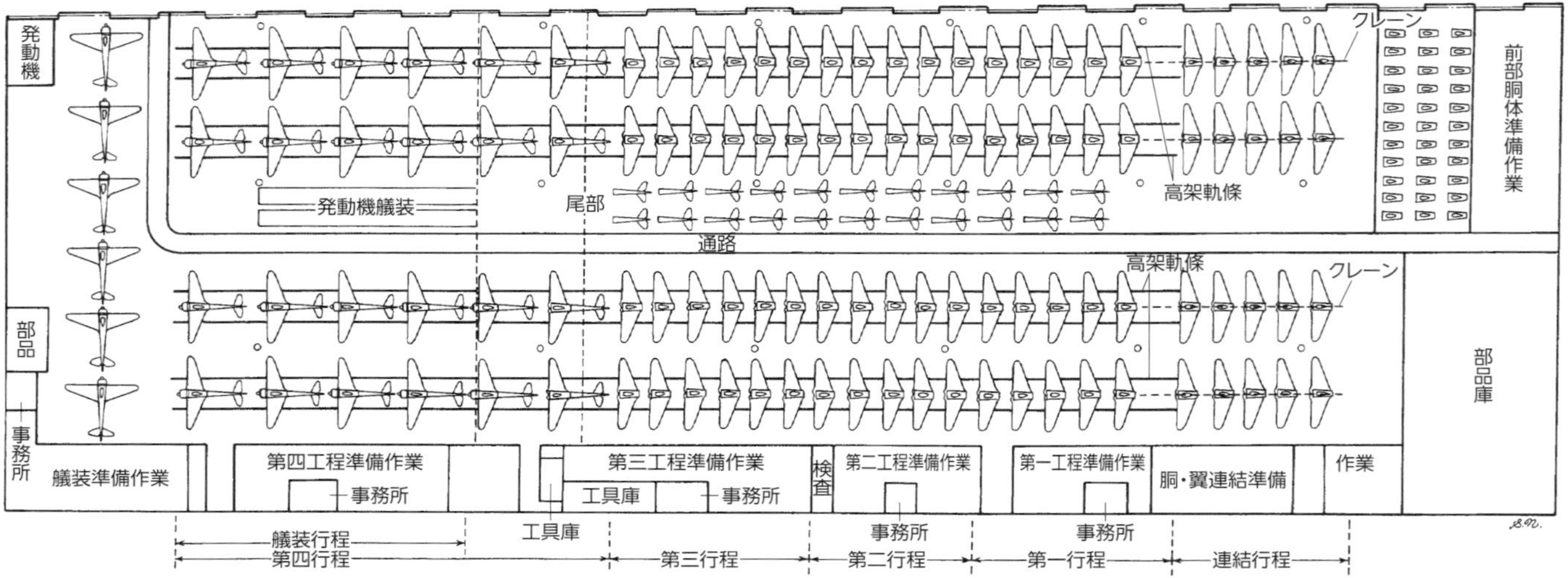

←上図の第四工程スペースに置かれて、機体への取り付けを待つ「官給品」の「ハ一一五」発動機。

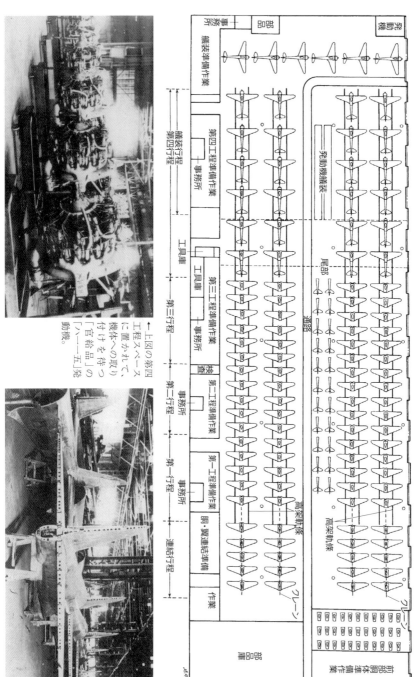

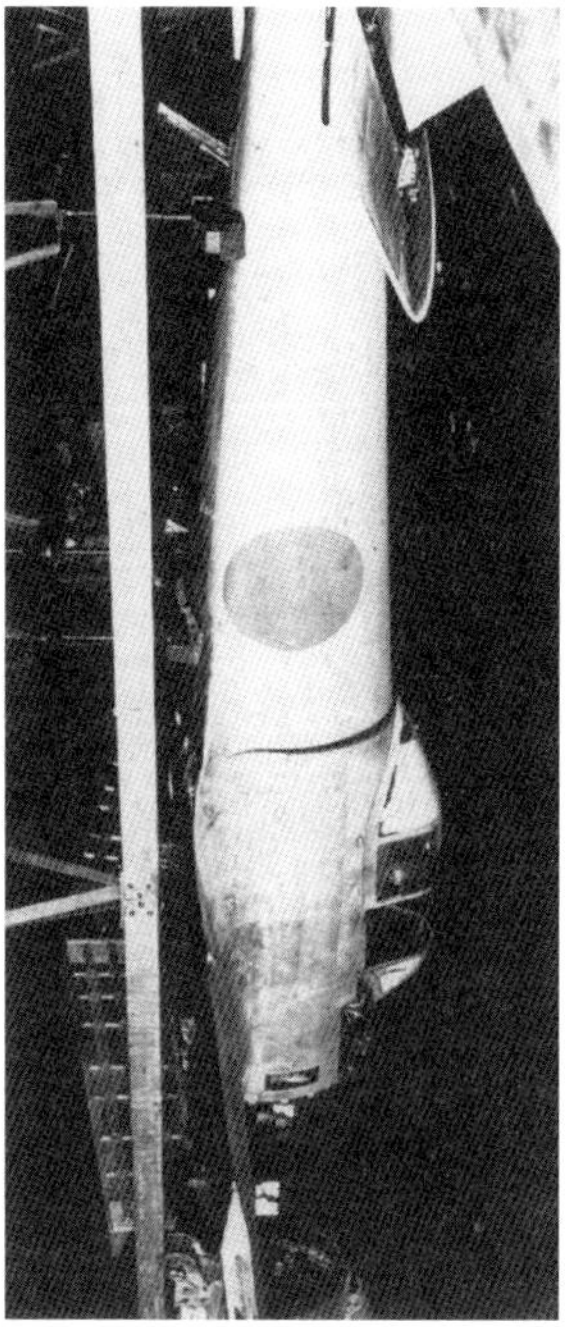

↑主翼と一体造りにされた前部パーツと、前ページ右写真の後部パーツの結合作業状況。これも第四工程の作業である。すでに、この時点で日の丸標識は塗装済み。

↑上図の中央通路の脇に並べられた後部パーツ。図では2列で示しているが、実際にはスペースを有効に使うため、写真の如く中央列を逆向きに並べ3列に配置した。

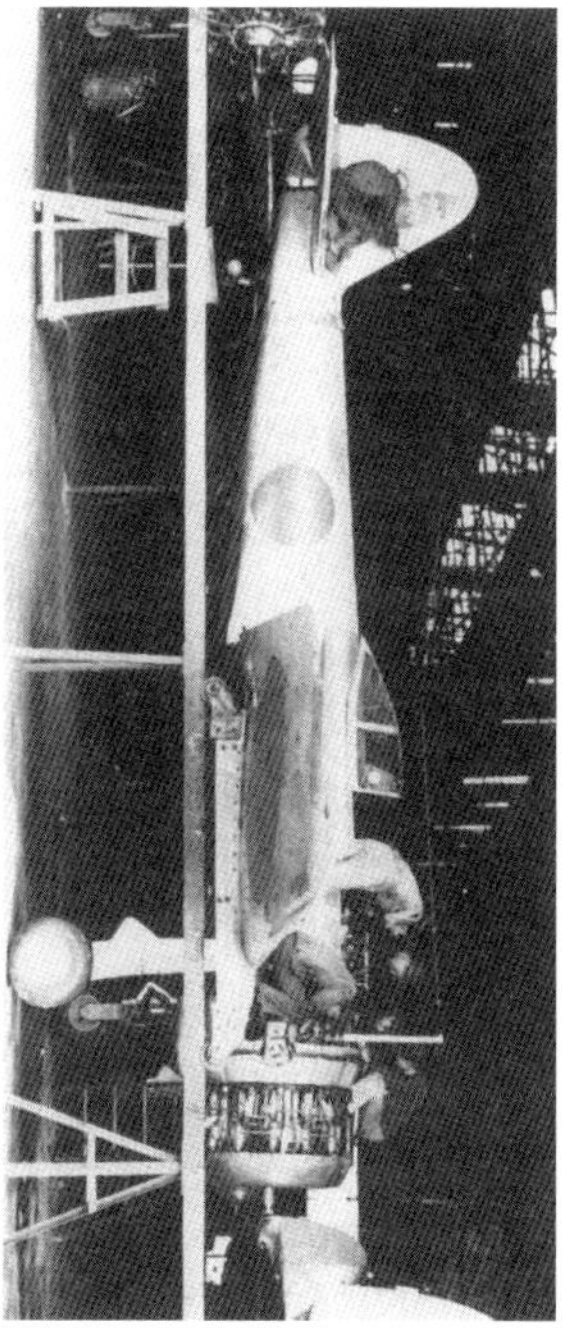

→左写真からラインが流れ、発動機の取り付けも済んで各部の艤装作業に入った状態。1機につき8名の工員がとり付き、8~12時間で仕上げることになっていた。

→前ページ図に示した4本の生産ラインの、左端ライン第四工程エンド付近から撮影した光景。一式戦二型の主翼幅は10.8mなので、工場内のおよその規模が知れる。手前で横向きに置いてある機は、完成間近の最終艤装、および各部検査に入っている。無事に検査をパスすれば、そのまま画面左方向に移動して屋外に出され、完成となる。

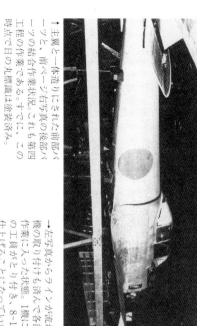

社工場ともラインに沿った長い作業足場はなく、木製の脚立《きゃたつ》を傍に置き、工員が主翼付け根に上って艤装作業を行なったようだ。

立川工場の資料によると、最終組み立てラインは、五つの工程に分かれており、最初の「連結工程」と呼ばれた区画で中央胴体と主翼の結合を行なう。次の「第一工程」では、その結合付帯作業として、下部補強金具や主翼補強管の取り付けなどを中心とした作業を、1機につき4名の工員が担当し、5〜7時間の作業で終了することになっていた。

「第二工程」では、胴体と主翼の接合金具、発動機架部の補強金具の取り付けをはじめ、燃料タンク、座席まわりなどの艤装を行なう。これは6名の工員が5〜7時間で終えることとされた。

「第三工程」に進むと、主脚、尾脚の取り付けをはじめ、操縦室内の艤装や電気系統の配線などが施される。ここも6名がかかり、4〜6時間内での作業終了が課せられていた。

そして「第四工程」では後部胴体の結合、発動機の取り付け、艤装を含めた最終的な作業が行なわれ、機体が完成する。ここは、さすがに手間と時間を多く要し、1機につき8名がかかりで8〜12時間内の作業終了となっていた。

↑→川崎航空機・岐阜工場内における、陸軍 三式戦一型「飛燕」の量産風景。上写真は胴体パーツの製造工程で、キャスター付きの台架に載せられ、横向きに並んでいる。キャスターは細い溝に沿って動き、画面奥から手前の方向に作業が進んでくる。右写真は最終組立ラインで2列あり、画面奥から手前方向にラインが流れる。各機は、ドイツから輸入した20mm「マウザー砲」を装備する一型丙で、本来ならば航空廠にて取り付けるのだが、輸入品というせいなのか、すでに川崎工場にて取り付け済みである。

完成から部隊配備されるまで

総組み立て工場をライン・オフした完成機は、すぐに飛行場へ移動し、社内テスト・パイロットの操縦により試験飛行を行なう。だがメーカーによっては、工場の立地条件などにより、隣接する飛行場を持てなかった。故に、せっかく組み上げた機体をいったん分解し、遠く離れた飛行場まで搬送、そこで再組み立てしてからテスト飛行に臨むという、極めて非能率的な手段をとらざるを得なかった。

欧米航空機メーカーでは考えられないような実態であるが、現実に日本軍用機製造の最大手メーカーを自負した三菱が、この例に含まれたのだ。同社は名古屋市内の港区大江町に本社工場があり、周辺は市街地に囲まれて飛行場スペースを確保できなかった。

そのため、あの零戦の試作機が同工場で完成したときも、約40kmも離れた陸軍管轄の各務原《かかみはら》飛行場まで分解・輸

→前ページの川崎航空機・岐阜工場で完成したのち、工員に押されて屋外に移動してきた三式戦一型丙。一式戦と同様に無塗装ジュラルミン地肌のままだが、機首上面の防眩用黒色、スピナー、プロペラのこげ茶色塗装、日の丸標識などは塗布済み。

↓完成後に、川崎航空機の社内操縦士により、試験飛行のため離陸した直後の三式戦一型。陸軍管轄の各務原飛行場に隣接した工場なので、完成後の試験飛行もスムーズに行なえた。

送しなければならなかった。その運搬手段として用いたのが、なんと牛車（!）だったというのは今や〝伝説化〟されたエピソードである（運搬に丸一昼夜を要したという）。

何故、トラックではなくて牛車なのか。それは当時の日本の道路事情を考えてみれば納得する。現代の多くの人たちには想像もつかないだろうが、当時の日本は市街地を一歩出れば、ほとんどが未舗装の道路であった。デリケートな積荷の航空機は、デコボコした悪路をトラックに積んで走ると、破損の恐れが大きかったのだ。

零戦が量産されるようになってからも、〝牛車輸送〟はしばらくの間続いた。昭和16年に入って、工場に近い名古屋港に面した海岸に、短い一本の滑走路を持つだけの「港飛行場」が造成されてようやく、ここから飛び立てるようになった。もっとも、テスト飛行できるほどの規模はないので、新たに伊勢湾を隔てた対岸の鈴鹿市郊外に専用の整備工場と格納庫を建設し、ここで海軍機の一括した作業を行なうようになった。

三菱と並ぶ最大手メーカーの中島飛行機は、本社工場が群馬県の太田市に所在しており、隣接飛行場スペースには事欠かなかった。すぐ東南に位置する大川村に建設した、海軍機専用工場である小泉製作所との間に広々とした飛行場を併設しており、スムーズに完成後のテスト飛行へ移行できた。

もっとも、これらは車輪付きの陸（艦）上機に限った話であり、浮舟（フロート）を付けた水上機の場合は話が違う。中島でも、昭和18年まで二式水上戦闘機を生産していたので、これら完成機はおそらく小泉工場の南約2kmを流れる利根川まで運び、ここから飛び立ったと思われる。

水上機／飛行艇メーカーの中核を担った川西航空機は、もともと本社工場が大阪湾に面した兵庫県・鳴尾《なるお》村に所在したので、その面では最高の立地条件だった。しかし大戦中、陸上機の局地戦闘機「紫電」の量産を受注してか

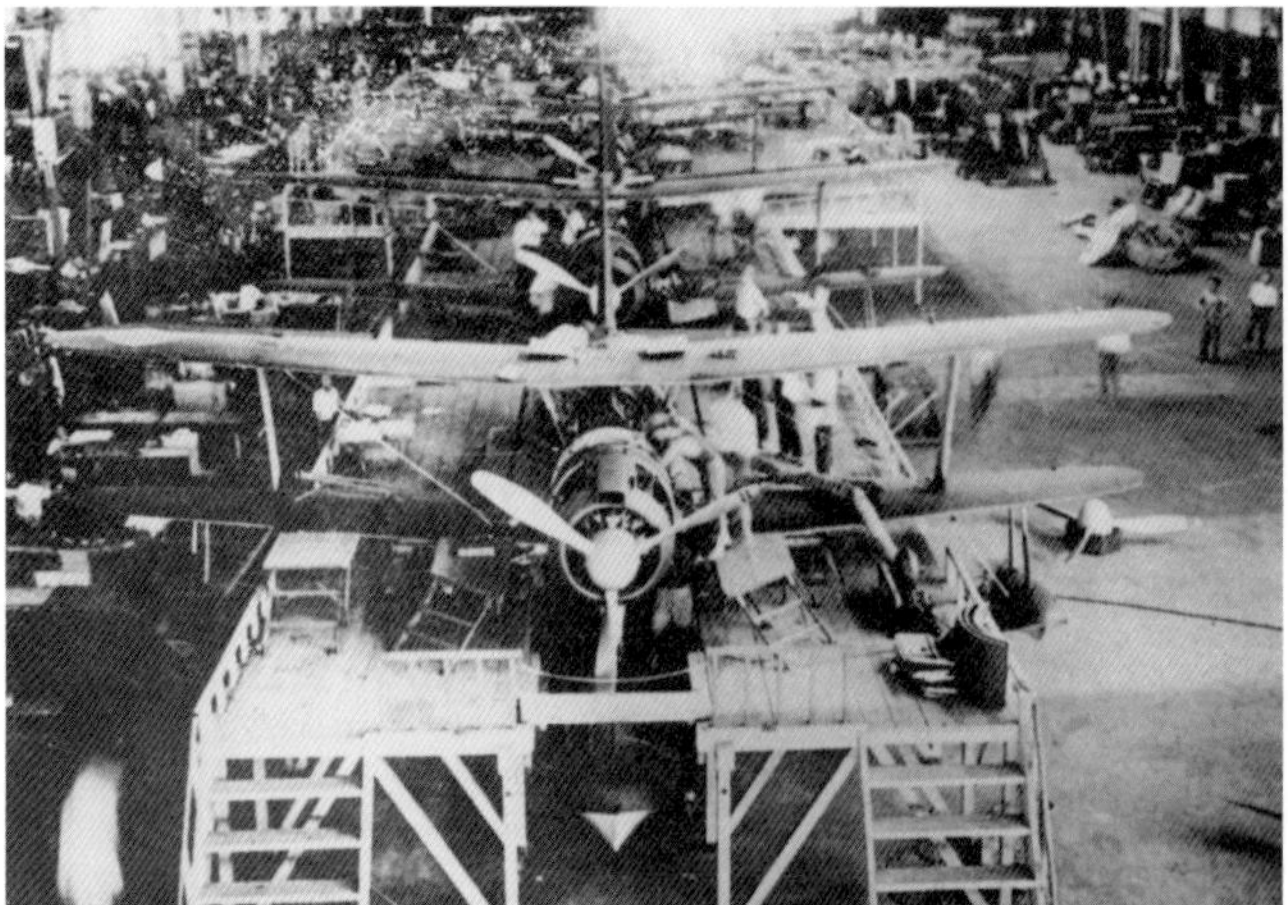

←三菱重工・大江工場内で量産中の海軍 零式観測機。水上機なので浮舟（フロート）を有する関係上、組立作業は機体の両側に高い木製足場を設けて行なった。大江工場は名古屋港に近い海岸にあったので、水上機は完成後はすぐに飛び立てた。

らは、そうもいかなくなった。工場に隣接した適当な飛行場造成スペースがなく、北東に約10㎞も離れた陸軍管轄の伊丹《いたみ》飛行場まで搬送しなければならなかった。昭和18年後半、近隣の鳴尾競馬場を転用した飛行場が完成し、ようやくその労苦から解放されている。

　ともかく、こうして社内試験飛行審査をパスし、軍に納入OKとなった完成機だが、そのまますぐに部隊配備されるわけではない。前述したように、新製機には機銃／機関砲といった武装や無線機などの「官給装備品」が取り付けられていないので、実戦能力はまだない。

　では、これら新製機はどこに納入されるのかといえば、陸、海軍それぞれに設けた「航空廠《しょう》」なる施設である。海軍でいえば茨城県の霞ヶ浦基地に隣接した「第一航空廠」、千葉県の木更《きさら》津《づ》基地に隣接した「第二航空廠」がよく知られる。陸軍の場合は、東京の立川飛行場および、岐阜県の各務原飛行場に隣接した航空廠が有名である。

　なお、海軍機の場合は、工場にて外面塗装を済ませて完成したのだが、陸軍機は昭和14（1939）年以降、単座戦闘機と爆撃機の一部を無塗装ジュラルミン地肌（表面はアルクラッド処理）のままで完成させることにしていた。しかし、太平洋戦争開戦にあたり、南方戦域への展開機は迷彩塗装の必要性が生じ、その作業を航空廠が担当することになった。

　日本の航空機製造メーカーの多くは、隣接飛行場の建設に適さない市街地に立地していた。

　これは三菱や川崎のように、航空機製造会社がそもそも造船会社の一部門として発足したこともあって、当初は港湾施設に近い場所に工場を構えたという経緯が大いに関係している。

　また、欧米列強のように、大型トラックやトレーラーを使う車輌輸送網が整備されていたわけではなく、部品材料の搬入や完成機の搬出などには、鉄道、船舶輸送が主に用いられ、それに適した立地条件も重要だった。実際、戦前に生産された陸軍実用機の取扱説明書には、必ずといってよいほど鉄道貨車輸送に際しての手順が記述してある。

　そして何よりも、大正時代に創立された三菱などの“老舗”メーカーにとって、のちの太平洋戦争時における、月産100機を超える大量生産や、隣接飛行場が不可欠になるような状況などは、当時は夢想だにできないことだった。

陸、海軍機の主要製造会社、航空廠所在地

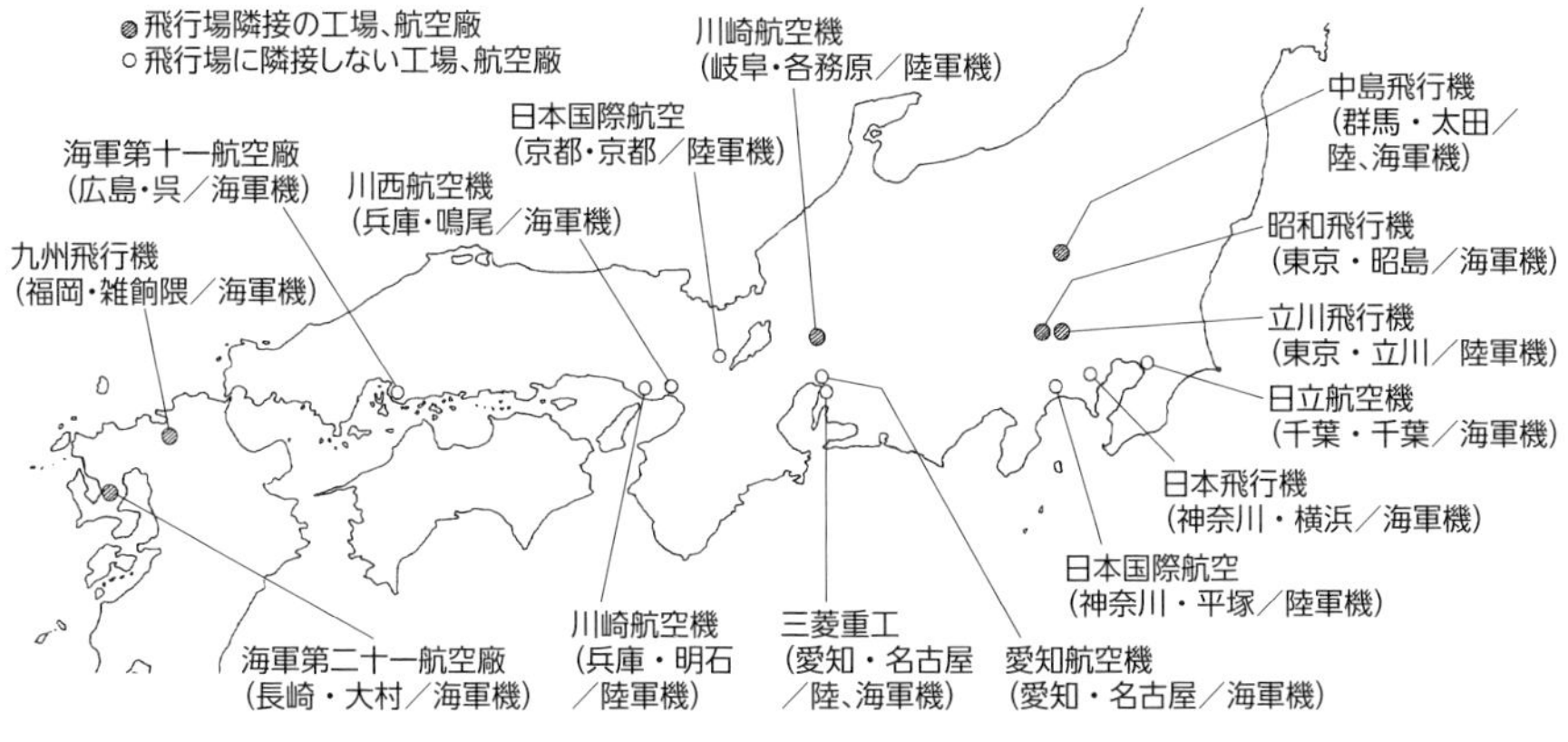

海軍機のようにベタ塗りではなく、マダラ、蛇行、斑点、縞状など様々な迷彩パターンが存在したことが陸軍機の特徴でもあるのだが、それは部隊ごと、あるいは戦域ごとに一定数ずつ航空廠の工員によって、思い思いに作業が行なわれたことで生じた現象である。

戦争後期になると、時間的ロスを省くために、官給品の射撃兵装などを生産工場で装備するようになった。P.192下写真の川崎・岐阜工場における三式戦一型丙は、最終組み立てライン上で、すでに主翼内の「マウザー砲(二〇粍)」を取り付け済みである。

航空廠にて所要の艤装を済ませた新製機は、ようやく部隊配備が可能となる。そして、内外各地に展開した実戦部隊のパイロットが輸送機に分乗したりして来廠し、最終テスト飛行を行なったのち、それぞれが操縦して自部隊に空輸したのである。

しかし、ソロモン諸島やニューギニア、蘭印、ビルマ(現ミャンマー)など、日本から遠く離れた外地に展開した部隊では、空輸といっても容易ではない。海軍の場合は、小型航空母艦、あるいは貨物輸送船を使って、トラック、ソロモン諸島方面などへの補充も行なった。

こうした船舶輸送手段に頼れない陸軍の場合は、遠隔地へは空輸で補充するしかなかった。ニューギニア島の三式戦「飛燕」部隊を例にすれば、日本~台湾~比島(フィリピン)~セレベス島を経由する、全行程5,000km以上に及ぶ島伝いのコースをとるしか方法がなかった。

このため、日本からニューギニアの飛行場に到着するまでに2週間も要し、当初の出発機数は途中での事故、故障などにより半分程度に減じてしまったといわれる。単に空輸するといっても、簡単なことではなかったことがわかる。

戦争末期の軍用機生産

戦前に海軍が構想していた、主力艦の砲撃戦によって雌雄を決するという対米戦略は、開戦してみると全く〝夢想〟にすぎなかった。勝敗は一にかかって航空戦力の如何ということがはっきりした。

陸、海軍は、こぞって航空機の大増産を至上命題にしたのだが、三菱、中島の二大メーカーをして、互いに自軍の航空機を優先的に開発・生産させようと〝縄張り意識〟むき出しで、原材料、施設、工員の奪い合いや、能力以上のノルマを課したりして、足を引っ張り合っていた。

こうした現状は圧倒的兵力を持つアメリカ軍相手の戦いにマイナス以外の何ものでもないと悟った政府は、軍需に関しすべてを統轄する組織として、昭和18年11月1日付けをもって「軍需省」を発足させ、その隷下に「航空兵器総局」を設置し、真に必要な機体のみを効率よく、かつ大量生産できる体制を構築しようとした。

各航空機メーカーには、「軍需監理官」などが常駐し、生産態勢を厳しくチェックするようになり、増産という面だけに限れば、その効果は著しかったといえる。ただ、量的ノルマの帳尻合わせを優先させるあまり、粗製乱造《そせいらんぞう》の傾向が強まったこともまた事実であった。

昭和20（1945）年に入ると、アメリカ陸軍航空軍の四発超重爆、ボーイングB－29による本土空襲はさらに激しさを増し、重点爆撃目標となっていた各社航空機製造工場は甚大な被害を蒙り、生産量の急激な低下を強いられつつあった。

こうした現状に鑑み、政府はかねてより陸、海軍の両統帥部から要請されていた、民間航空工業の官営移行を早急に実現すべく、3月2日、「特定航空機工場ニ対スル緊急措置要綱」なる案件を策定し、実行に移した。

この措置は、官民一体となって生産計画を完遂するという主旨で実施されたものだ。激しい空襲下において、国土防衛戦力の根幹である航空機生産の責任を民間会社だけに負担させることは、現下の戦局に即応する生産計画に支障をきたす恐れがあったからである。

そして、最初に指定対象になったのは中島飛行機（株）であった。同社は当時、「大東亜決戦号」と通称された陸軍四式戦闘機キ八四「疾風《はやて》」、および特別攻撃機キ一一五「剣《つるぎ》」などの大量産を行なっていた故であろう。

中島は、太田、小泉の他にも愛知県半田市、栃木県宇都宮市などに12の製造工場を持っており、各工場の全設備と工員すべてが政府によって借り上げられた。4月1日付けをもって「第一軍需工廠」に改組され、各地の工場は、それぞれ同工廠第一、あるいは第二十一製造廠などという名称に変わった。

こうした官営移行措置と併行し、政府がもう一つの重要案件として遂行を図ったのが、航空工業の防衛と分散であった。大規模な工場施設は、米軍機の恰好の攻撃目標となるためである。同案件は、地方の小都市あるいは山間部などに生産施設を〝小分け〟し、上空から所在を秘匿できる地下工場の建設を急ぐことなどを骨子としていた。

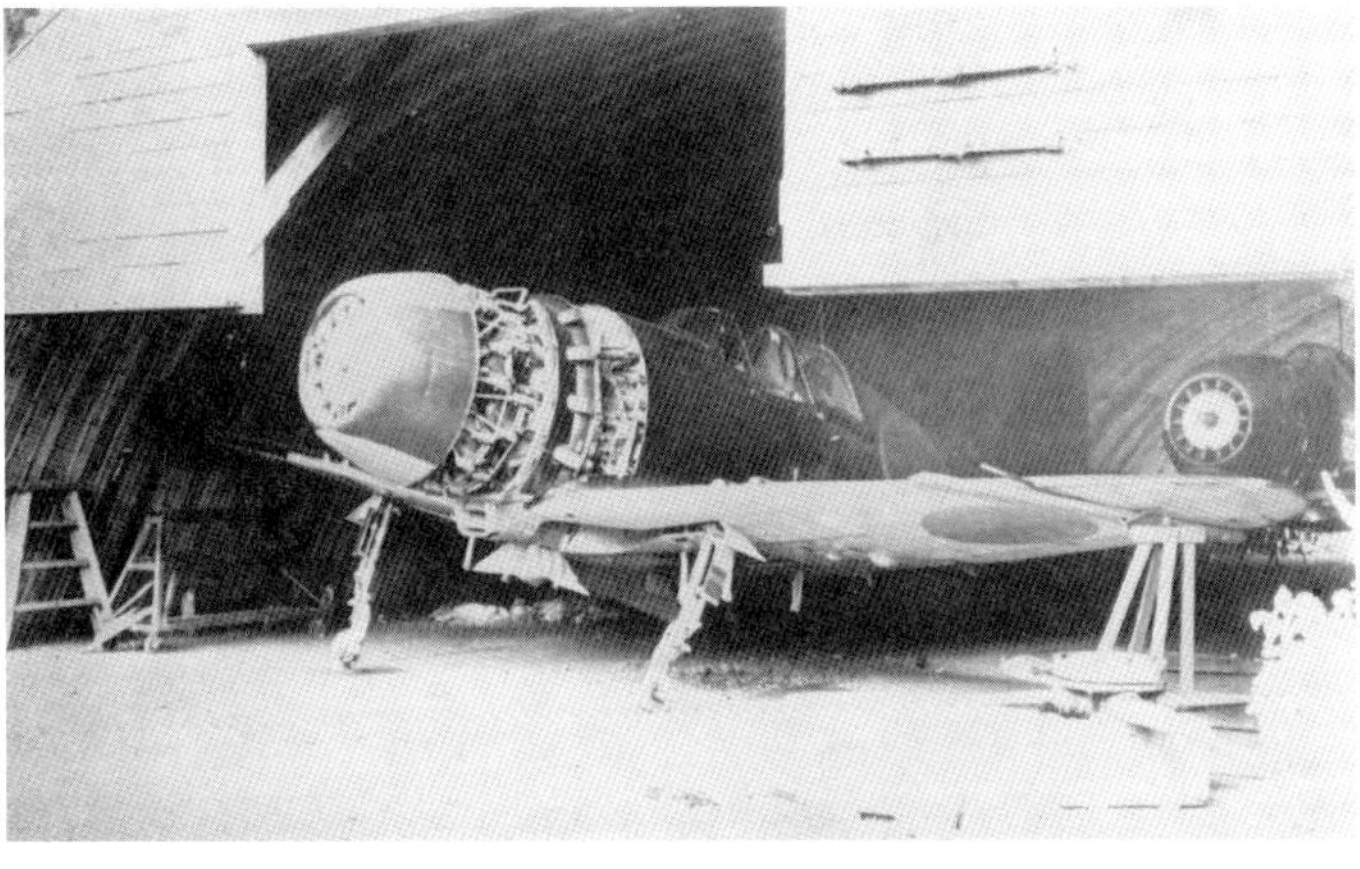

→三菱工場に加えて、神奈川県の厚木基地に隣接した海軍の高座工廠でも、局地戦闘機「雷電」の転換生産を行なうことになり、昭和19年5月から毎月数機~20機台のペースで完成機を送り出した。写真は敗戦当時の生産ラインで、粗末な木製カマボコ型の建屋だった。

この「工場緊急疎開」措置は、必然的に効率の低下を招き、生産量の落ち込みも避けられない。だが、軍需生産力の長期的確保という見地からは、やむを得ぬと判断された。

また、疎開工場ではスペース的な制約もあって、本格実用機の生産が困難というリスクをも伴う。もっとも、この時期すでに航空戦力の中心は、ゲリラ的用法に適した簡易小型機、特攻専用機に移行しつつあり、その影響は少ないと見られていた。

敗戦が目前に迫った昭和20年8月2日、政府は、中島に次ぐ二番目の官営移行会社として、海軍機専門メーカーの川西航空機（株）をその対象とし、「第二軍需工廠」に改組した。同社は零戦に代わるべき主力戦闘機「紫電改」の量産に奮闘しており、それを考慮しての措置だろう。この頃は、鳴尾本社工場の他、旧日本毛織（株）の姫路工場を転用した生産ラインや、鶉野《うずらの》、四国の高松周辺にも疎開工場を設けており、その規模も相当拡大していた。

しかし中島、川西を対象にした官営移行措置も、さらに激しさを増した米軍機の空襲などにより、その効果を発揮することができないまま、8月15日の敗戦を迎えることになった。

いずれにせよ、昭和20年に入ってからは、南方資源地帯からの石油、ボーキサイト、ゴムなどの戦略物資輸送は、ほとんど途絶した状況にあった。遅かれ早かれ、日本の航空機生産は不如意になることが目に見えていたわけで、軍需省設立も工場の官営化も、徒労に帰す運命にあったといえよう。

戦時航空産業の遺産

太平洋戦争が、連合国に対する無条件降伏という悲惨な形で終焉したとき、航空機メーカーはもとより、艦船メーカー、銃器メーカーなど、それまで軍需産業で成り立っていた会社は、全ての仕事を失い、その存続の危機に立たされた。

しかし三菱や中島など、裾野の広い大メーカーは、民需産業への切り替えも容易にできたので、造船、重機、自動車などを中心に生産態勢を徐々に構築、再建を果たすことになる。

とりわけ、自動車の量産には、旧軍用機生産を通じてノウハウを習得した、タクト・システムなどが大いに威力を発揮した。富士重工業（旧中島）、日産自動車、トヨタ自動車など、やがては「自動車王国」と呼ばれたアメリカの有力メーカーさえも脅かす、強力なライバルに成長する基礎を築いたのだ。

その意味では、戦時中の航空機増産という至上命題に対し、官民一体となって奮闘した経験が、広い視野で見て日本の戦後復興、ひいては世界でも稀な高度経済成長を達成したという面において、多大なる貢献をしたと言ってよいのではあるまいか。

第十二章　海軍航空基地造成の実態

前線航空基地の重要性

太平洋戦争は、文字どおり航空戦の勝敗が、そのまま戦争の勝敗に直結したといっても過言ではない。そして、その航空戦力をいかに有効に駆使できるか否かの鍵を握っていたのが、最前線に造成された即製の飛行場であった。

平時であれば、時間的にもコストの面でも余裕をもって、設備の完備した上等の飛行場を造成するのも難しくはない。

しかし、戦時下の最前線では、余裕など全くなく、敵に先んじて最低限の設備と機能をもつ飛行場を即製して航空戦の機先を制することこそが、勝利への近道であった。

広大な太平洋に無数に点在する島嶼が主戦場となった太平洋戦争は、相対した日米ともに、本国から遠く離れたそれらの島々に飛行場を急速造成して航空部隊を進出させ、覇を競ったのである。

もちろん当時のこととて、こうした辺鄙な場所に飛行場を造成するのに必要な労力、資材を搬送するのは容易なことではなく、完成後に周辺の支援設備を整え、前線基地としての価値を保つことは、さらに難しかった。

結果的に日本が南方戦域での航空戦に敗れ去ったのは、航空機自体の性能の優劣、搭乗員の技量レベル、兵力の格差、戦術的な失敗など諸々の要因はあったが、前線航空基地の問題も見逃せない大きな敗因の一つであった。

では、日本側の前線航空基地は、どのような基準と手順で造成され、いずれの部署が担ったのか。海軍を例にして解説してみたい。

海軍設営隊の沿革

太平洋戦争開戦を約4か月後に控えた昭和16（1941）年8月1日、日本海軍は、水、陸諸施設の造成計画、および審査などを掌轄する海軍省建築部（各鎮守府に出先機関を置いていた）を発展的に解消し、新たな外局として「海軍施設本部」を設けた。

そして、同年10月から11月にかけて、その隷下に計9個の「特設設営班」（海軍技師を班長とする、民間の「人夫」主体の軍属組織）を編成。開戦後の南方進攻作戦に際して発生するであろう、最前線における陸上航空基地や船着場などを始めとする、水、陸両面での諸施設の急速造成に備えたのである。

この特設設営班の規模は、総勢約1，500名に達する大きなものだったが、内容的には、本格的な土木機械をあまり持たず、航空基地の造成を例にしても「つるはし」や「もっこ」「ローラー」「手押し車」などを主体とした、前時代的な〝人海戦術〟に頼らざるを得ないのが現実だった。

したがって太平洋戦争開戦後、戦局が進むにつれ、戦略上ぜひとも航空基地が必要な場所にもかかわらず、工事力の不足から造成を断念し、作戦実施の面において少なからず不利を招いた

海軍設営隊「甲」編制の一例

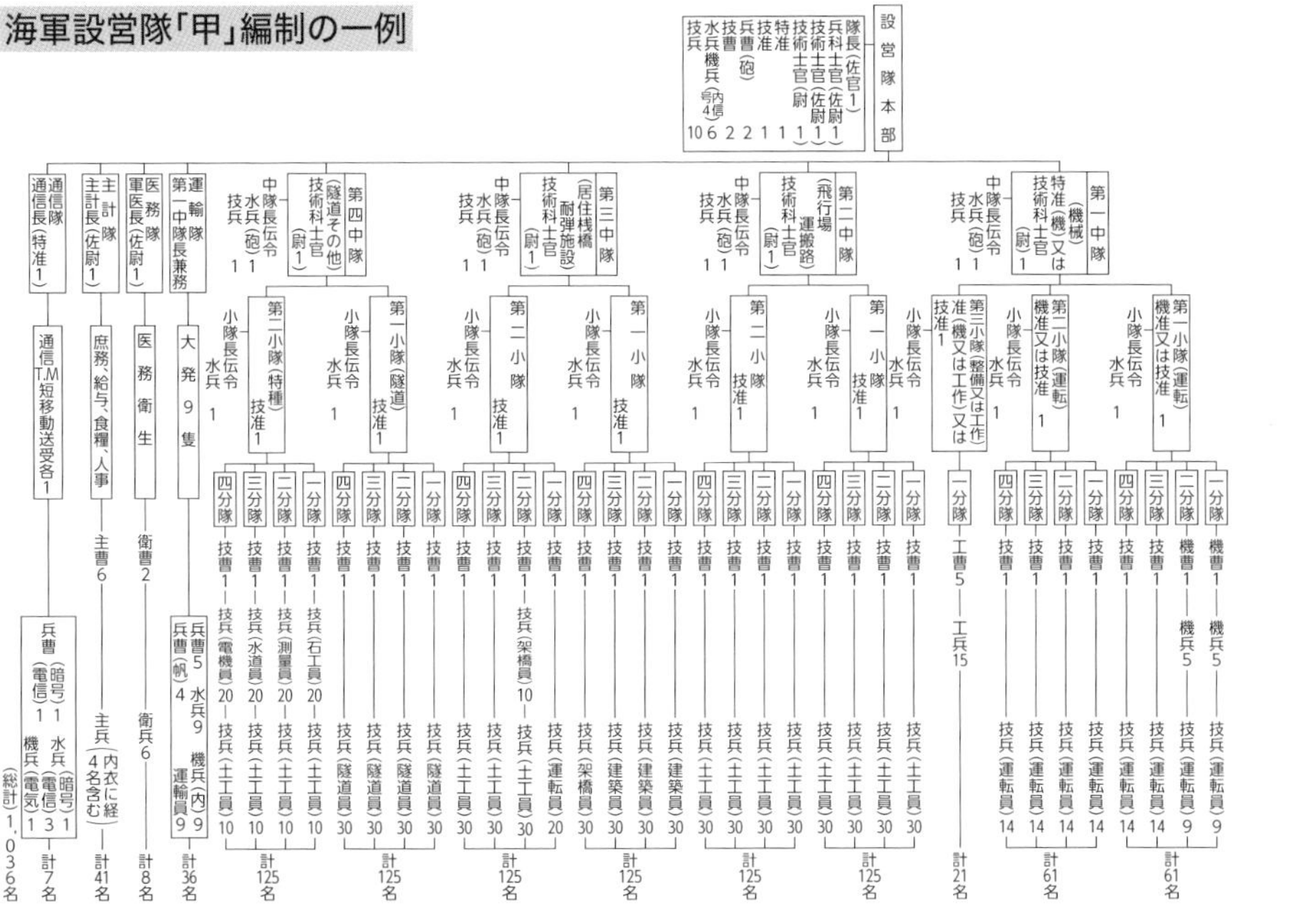

↑表は、最も規模が大きな「甲」編制による海軍設営隊の序列。4個中隊と運輸、医務、主計、通信の各隊で構成されている。各中隊は車両や機材の運転･操作と整備、飛行機運搬路の造成、兵舎等の施設建設、測量およびトンネル(連絡および物資貯蔵用)の造成、といった任務を各々担当する。この編制であれば、小規模な基地ならば滑走路だけでなく施設等も同時に着工し、造成することが可能だった。なお機械力を用いた森林啓開や滑走路整備は主に第一中隊が担うが、「人力」を大量に必要とする場合は他の中隊から人員を抽出した。

↑「つるはし」を用いて南方の島(とう)嶼(しょ)内ジャングルを開墾中の海軍設営隊員。機械化がまったく進んでいなかった当時の日本土木建築界は、こうした前時代的な道具を使った人海戦術に頼るしかなかった。

↑伐採ののち、切断したジャングル内の大木を、トラクターを使って運び出す作業。

例もあった。

もっとも、開戦から南方進攻作戦の第一段階が終わるまでは、ほとんどが敵側の既成飛行場を奪取しつつ基地を前進するという方法で事足りたため、設営班の工事力不足という弱点は、それほど大きな問題にはならなかった。

開戦から2か月が経過した昭和17年2月以降、海軍は旧来の特設設営班をそれぞれの展開地で順次解散し、新たに「設営隊」と命名してその編成に着手した。ちなみに陸軍も似たような組織をつくっており、「設定隊」と命名していた。

海軍設営隊の嚆矢となったのは、同年2月10日編成の「第十設営隊」で、第四艦隊、次いで第十一航空艦隊の指揮下に編入され、主にラバウル方面で任務に従事した。

この設営隊には、規模の違いにより「甲、乙、丙、丁」の四種あり、甲の場合は総勢約1,000名。乙は680名、丙は約100名、丁は約70名で構成された。隊員の身分構成的には、従来までの設営班と同じで、海軍技師を隊長とし、幹部に文官を配し、隷下の各中隊、小隊に民間から徴傭した土工、鳶工、大工などの工員を配した軍人、軍属の混成部隊であった。

太平洋戦争の推移につれて、前線航空基地の迅速なる造成は、作戦の成否そのものに直結する重要案件であることが強く認識され、設営隊の編成はラッシュの様相を呈した。最終的には、敗戦までに200数10隊を数えるほどに膨張している。

なお、設営隊は命令系統上、一応は作戦部隊に組み込まれていたものの、現実には技術畑の非戦闘部門であり、「軍隊」というイメージは薄かった。徴傭された民間人たちも〝気分は兵隊、身分は工員〟という意識があって、厳格な軍隊規律に沿ったとは言い難い。

戦局の重大化に鑑み、昭和18年には、海軍施設本部も工員に自覚と誇りを持つよう指導法を改め、陸軍の工兵と同じ意識を持たせようと努めたが、現場にはなかなか浸透しなかったようだ。それでも、昭和19年に入ると海軍内にも工員らの中途半端な身分を改めて「技術下士官、および兵」とする制度が設けられた。これでようやく設営隊の〝完全軍人化〟が実現し、規律の徹底という面では相応の効果を示した。

こうした〝軍人設営隊〟が編成されるようになったのは、昭和19年5月の「第三〇〇設営隊」以降のことであった。

機械化の難しさ

開戦から半月後の昭和16年12月23日、日本海軍は中部太平洋上のアメリカ軍中継基地・ウェーク島を占領。爆撃で損傷した飛行場の補修のため、捕虜のアメリカ兵を何百人も動員して労役にあたらせようとした。

すると一人の捕虜が「たかが飛行場の補修くらい自分だけでできる」と放言したので、やってみせろと命じたところ、傍らに放置してあったブルドーザーを巧みに運転し、あっという間に滑走路の地ならしを終えてしまった。

「つるはし」や「もっこ」などを使った手作業による人海戦術しか頭になかった日本海軍は、この一件に大きな衝撃を受け、「ただちに設営班(当時)の機械化に着手しなければアメリカに負ける」と危機感を抱いた。

早速、ウェーク島で鹵獲したブルドーザーやパワーショベルなどの土木機械が本土に搬送され、それらを参考に国産の土木機械の試作が行なわれた。しかし、履帯（いわゆるキャタピラ）付きの重車両を専門とするメーカーはほとんどが陸軍の管理下にあり、海軍施設本部の要求を受け入れてくれるところは極めて少なかった。

このような厳しい状況をどうにか遣り繰りして、国産土木機械が生産に入れたのは、翌昭和18年の半ば頃であった。もっとも、こうした国産土木機械は外見こそアメリカ製のそれと同じであったが、製造技術や材質の低さから故障が多く、同等の威力はとうてい発揮できなかった。

さらに問題だったのは、土木機械を自在に操作できる運転手がいないことだった。アメリカでも、これらの専門職で一人前になるには3～5年の実施経験が必要だったといわれており、育成の機関も人材も準備できていなかった日本が、簡単に養成できるわけはなかった。

やむを得ず、設営隊はトラックの運転手を転用してカバーしようとしたが、

→ヤシ林を切り開き、ようやく飛行場らしい体裁になった段階の作業風景。画面右に2台のトラック、左奥に地面の転圧用ローラーらしき"機械"も見えるが、鍬で地ならしする人、荷車を引く人など人海戦術の様子が色濃く出ている。

←太平洋戦争期のアメリカ側の飛行場造成作業の風景。左手前は大型のキャリオール・スクレイパー（被牽引式の整地機材）で、"オール機械化"の片鱗が窺える。これらを駆使し、ジャングル内に長さ1,000mの滑走路をもつ飛行場を、たったの13日間で完成させることを可能にした。

初めての車種ゆえに戸惑いも大きく、一車種を操作するのが精一杯だったという。つまり、各車種を組み合わせて使用し、能率よく作業を行なうレベルにはとうてい達せず、「車輛機械は人力の補助」という域を出なかったのである。

ちなみに、重車輛メーカーを管理下に置く陸軍の「設定隊」における機械化の進捗状況はどうだったかといえば、海軍よりもむしろ遅れていたようで、それは当事者たちの回想記にも散見される。

昭和19年6月末、来るべき比島（フィリピン）攻防戦に備え、南部のネグロス島西岸に6か所の飛行場群を造成しようとしたとき、現地に土木機械はなく、従来どおりの人海戦術が頼りだった。また、のちに比島攻防戦が始まると、ネグロス島の各飛行場群はアメリカ軍機の空襲に晒され、爆撃で生じた直径10m、深さ6mに達する大穴が85か所もある1本の滑走路を手作業により一晩で修復しなければならなかったという、涙ぐましい記録も残っている。

飛行場造成の実際

各鎮守府の管轄下で編成準備に入った設営隊は、あらかじめ海軍施設部で教育訓練を受けた基幹員を骨子に構成され、編成からおよそ2か月間の実施訓練を行なった上で、各戦域に進出していった。

前述の国産土木機械を配備され、昭和18年下半期に南方戦域へ進出した甲設営隊の装備品は、大発（荷役用の動力付き舟艇）9隻のほか、ブルドーザーおよびキャリオール・スクレイパー（被牽引式の廃土・整地機）10数台、ロードローラー数台、トラック20台（うちダンプ数台）。さらにトラクター、掘削機、起重機車、製材機車、濾過機車、各種ウインチ、ミキサー、コンプレッサー、ポンプ、杭打ち機、発動機、発電機など、ひと通りのものは揃っていた。

←ウェーク島で鹵獲したアメリカ製の土木機械を模倣し、昭和18（1943）年になってようやく実現した国産品のひとつが、このブルドーザー。しかし、品質がオリジナルに比べて低く、故障、不調頻発に悩まされた。

これらの機器と人員、そして資材は輸送船に積み込んで現地に搬送されたが、現地の状況次第では、飛行場造成該当地に直接行かず、まず作戦域を管掌する前進根拠地に立ち寄ってから該当地に入った。

現地入りした設営隊が最初に行なうのは、該当地の測量である。事前におおよその目星をつけていた場所の土質、起伏の有無、水はけの良否などを確認し、周辺に離着陸の障害となるようなものがないかを調査する。

海軍が飛行場造成にあたって基準とした滑走路のサイズは、大型機用が長さ1，400m以上、幅80m以上、中型機用が長さ1，000m～1，200m以上、幅50m、または1，500m、小型機用が長さ300m以上、幅50m、または100mとされており、滑走路の両端には機体の方向転換用として、半径50m以上の円形舗装面を必ず造っておくこととされた。

本土内の常設航空隊が駐留する大きな飛行場は、その日の風向きに合わせて離着陸ができるよう、複数の滑走路を交差させて配置する方法を採っていたが、前線の急造飛行場は、立地条件や工期の制約もあって、1本の滑走路で済ませるのが通常だった。

規定では、滑走路面をアスファルト・コンクリート（厚さ3～5㎝）や、セメント・コンクリートまたはセメント・マカダム（同10～15㎝）などで舗装することにしていたが、資材不足や、

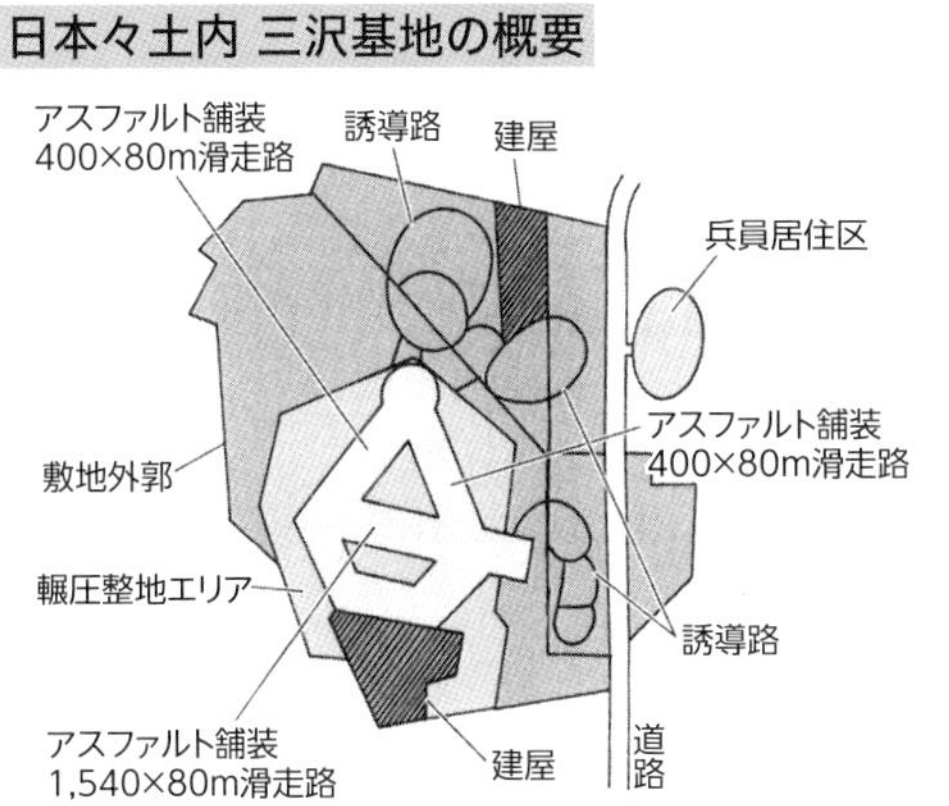

↑三沢基地の滑走路は、3本のアスファルト舗装のものを三角形状に交差させ、その底辺を凵状（かんじょう）のエプロン兼誘導路でつないでいる。下の写真は、その凵状の底辺を右から左に向けて撮ったシーン。図は上が北方向。

→上図に示した三沢基地の、昭和19（1944）年5月頃の風景。青森県東部の小川原湖に面した広大な平地を利用して造成されただけに、建屋（画面左）の前のアスファルト舗装のエプロンも、零戦がこれだけの数を余裕をもって並べられるほど広々としている。南方の前線基地とは雲泥の差である。

空襲による損傷の修理が困難なこともあって、現実にはほとんどが表土をローラーで轢圧して固めただけの仕上げになった。

この場合の滑走路の強度は10kg／㎠程度で、アスファルト、セメント舗装の200〜50（同単位）に比べるとかなり低く、双発以上の重量機が離着陸するには強度不足だった。

ソロモン、ニューギニア戦域における日本海軍最大の根拠地だったラバウル航空基地群のうち、主に戦闘機部隊が使用した東飛行場では、昭和18年春頃の一時期、滑走路を鉄板敷きにしたこともあった。だが、これも爆撃を受けた際の修復や、資材調達の困難さなどの理由から、すぐにやめてしまった。

結局、陸上攻撃機が主用した西飛行場（ブナカナウ）も含め、ラバウル航空基地群でさえも、最後まで舗装滑走路を持つことなく終わっている。ほかの急造飛行場がすべて表土轢圧で済まされたのも、無理からぬことだった。

こうした表土轢圧処理の滑走路は、

→日本海軍にとって、航空機のみならず水上艦船にとっても南東方面最大の根拠基地となった、ニューブリテン島のラバウル。写真は５つの飛行場のうち、主に零戦隊が使用した東飛行場。戦前にオーストラリアが整備した飛行場だが、舗装された滑走路はなく、写真の如く一面の平坦な草地だった。

→上写真と同じラバウルの東飛行場だが、撮影時期が９か月ほどあとの昭和18（1943）年５月頃で、近くの活火山「花吹山」から出る降灰対策として、滑走エリアに短冊状の鉄板を敷いた状態を示す。手前の地上員に誘導されるのは、夜間戦闘機仕様の二式陸上偵察機（のちの「月光」）。

航空機が1機飛び立つたびに、酷い土埃が舞い上がり、後続機との離陸間隔を少しあけないと視野が限られて危険だった。そのため、一度に多数機が出撃するときには空中集合の完了までに長時間を要し、進攻計画そのものに狂いを生じさせる場合があった。

昭和18年4月上旬、海軍航空隊がソロモン方面の戦勢挽回のため、総力をあげて実施した「い号」作戦時、出撃基地の中心になったブーゲンビル島ブイン基地から零戦隊が発進する際、滑走路周囲に激しく土埃を巻き上げる様子が下の写真に捉えられている。

また、南方特有の激しいスコールがくれば滑走路はたちまち泥濘化し、出撃から戻った機が、燃料切れや損傷によって他の基地へ行く余裕もなく着陸を強行すると、例外なく転覆、横転、降着装置折損などの事故に見舞われ、機材の廃棄につながった。

ニューギニア島西部をはじめ、マリアナ諸島、バンダ海、蘭印（オランダ領東インド）などの島嶼における飛行場造成地は、そのほとんどがジャングル、ヤシ林などを切り開いたものだった。このため、樹木の伐採や樹根の爆破などの作業に多くの時間を費やさざるを得なかった。

一方、サンゴ礁で形成された島々では、表土の代わりにサンゴを細かく砕いて敷き詰め、それをローラーで轆圧して滑走路とするなど、苦心の工法を余儀なくされていた。

兵舎等の施設の建設も、現場の実情に合わせた工夫が取り入れられていた。

兵舎は基本的には木造で、本土で調達した資材のほか現地で調達可能な木材も用いられ、南方であれば椰子の葉などが日除けに用いられるなど、地域色が表れていた。ラバウルなどの比較的規模の大きな基地では、兵舎は指揮官用や士官搭乗員用、下士官搭乗員用、整備員用といったように階級や役職により小分けされたが、前線飛行場では一棟の簡易兵舎で済ませることも多かった。

燃料庫は、日本本土の飛行場であれ

→ラバウルに次いで、南東方面戦域における海軍の重要な航空基地となった、ソロモン諸島のブーゲンビル島ブイン基地の様子。ジャングルを切り開いて造成した非舗装の飛行場なので、多数機が集結しての出撃の際は、プロペラ後流が巻き上げる土煙によって周囲の景色が見えないほどになり、後続機の発進の妨げとなった。

ばあらかじめタンク等を設置し、補給車輌を使って航空機に給油するという、現代の軍用機基地や民間空港でもおなじみの方法が用いられる。しかし本土以外では、燃料貯蔵タンクを新規に設置することはほとんど行なわれず、主に燃料入りのドラム缶を露天で集積する方法が採られた。被爆撃時の被害を局限するため土盛りの掩体を設置する、あるいは上空からの発見を困難にするためジャングル内に集積する方法も採られていた（弾薬庫の設置についてもほぼ同様）。

日本軍の飛行場造成能力

最前線の急速造成飛行場が、実際にどれほどの期間で完成できたのかは、立地や土壌、工法、広さ、投入人員の多寡がそれぞれ異なるので一概には言えない。

有名なガダルカナル島の飛行場造成には、第十一および第十三設営隊の計2,000名が投入され、昭和17年6月16日に作業着手し、幾多の辛苦を克服して約1か月半後の8月上旬にはほぼ完成にこぎつけていた。

しかし、不運にも飛行機隊が展開する寸前の8月7日にアメリカ軍が上陸し、奪取されてしまったのはよく知られるところである。設営隊員は手榴弾や小銃などの小火器こそ携行していたが、飛行場を防衛できるほどの重装備は持っておらず、上陸軍の攻撃に蹴散らされてしまった。

このガダルカナル島飛行場の造成を行なった頃は、まだ設営隊に本格的な土木機械は配備されていなかったが、その後、国産土木機械が曲がりなりにも配備されるようになった昭和18年下半期以降は、工期もかなり短縮された。

昭和19年2月に蘭印のハルマヘラ島に進出した第二二四設営隊は、カウ飛行場の造成にあたり、作業着手からわずか20日後に戦闘機の離着陸を可能にしている。

巷間よく言われる「日本の飛行場造成は、手作業のみで行なわれたがゆえに工期が長く、アメリカに遅れをとって航空戦に敗れる一因になった」というのは、少なくとも昭和18年後半以降については当てはまらない。

もちろん、アメリカ側の完全機械化された同種組織（シービーズなど）が、似たような条件、例えばニューギニアのジャングルを切り開いた飛行場（長さ約1,000m、幅約50m）を13日で完成させたことには敵わないが、航空作戦の実施に影響を与えるほどの格差ではなかった。

もっとも、完成した飛行場の周辺施設も含めた基地機能で比べれば、アメリカ軍のレベルには遠くおよばず、またアメリカ側の設営隊には、わずか4日で戦闘機の離着陸を可能にしたギルバート諸島ベツィオ島飛行場のように、切羽詰まった状況下で底力を引き出せる余力があったのも事実である。

飛行場概観の変化

昭和18年も半ば頃になると、激戦区

のソロモン諸島方面では、日本側航空基地に対するアメリカ軍機の空襲が日常化した。それにともない、従来までの航空基地設定概念では現状にそぐわなくなってきた。滑走路の近くに指揮所、兵舎などの建物、さらに燃料、弾薬貯蔵施設といった関連施設を配置し、航空機は列線を敷いて駐機させるという状態では、ひとたび空襲を受けると被害が甚大となり、いっぺんに戦力（および基地機能）を失ってしまう恐れがあったからだ。

そのため既成の飛行場では、諸施設および航空機を滑走路から数km離れた場所に分散して配置し、それらは「運搬路」と称した小道で結ぶようにして互いの移動を可能にした。

同時に、敵機からの視認を防ぐ対空偽装策（カムフラージュ）を行ない、さらには燃料、弾薬など可燃物の地下隧道（トンネル）での保管が実施された。加えて、周囲にジャングルなどの遮蔽物がない飛行場では、航空機を1機ずつ「コ」の字状に土盛りした「掩体」に置くようにした。

被害極限の考え方は滑走路にも及んでおり、新規造成や既存の基地に滑走路を拡張する際は一定の間隔をとって複数造成し、それらを運搬路で網の目のように結び、多数の航空機の集中運用、ならびに空襲被害の低減を図ることにした。

そして、以降に造成される新規飛行場の立地条件が、従来までの単なる平坦地から、滑走路周囲に諸施設や航空機の隠蔽に適した小起伏、あるいは樹木が存在する場所を優先するようになったことも、大きな変化である。

ちなみに、こうした「航空基地築城」と呼ばれた新しい造成概念は、陸軍も共有しており、それを「航空要塞」と称していた。

この新概念に沿った陸海軍の飛行場としては、昭和19年10月下旬からの比島攻防戦において中心的な役割を果たした、ルソン島のクラークおよびマバラカット飛行場群がよく知られる。

クラーク飛行場群は陸軍の管轄（海

→アメリカ軍機の空襲から機体を守るために、飛行場の周囲に築かれた掩（えん）体（たい）（“コ”の字に土を盛って造成）の中で、厳重な対空偽装を施して駐機する零戦。マリアナ諸島のサイパン島第一飛行場における撮影。しかし、これほどの処置を施しても、空襲被害から完全に逃れるのは不可能だった。

軍も一部共用した）で、わずか5km四方内に4本の滑走路を、そして海軍管轄のマバラカット飛行場群は、約7km四方に5本（うち4本は「V」字形に接続して配置）の滑走路がそれぞれ設けられていた。両飛行場群間のもっとも近い滑走路は2kmほどしか離れていなかった。

なお、クラーク飛行場群の南方に位置するアンヘレスという町の周辺には、南北10km・東西約5kmのエリア内に5本の滑走路を設けた陸軍管轄のアンヘレス飛行場もあった。これらの地区は、まさに陸軍が言うところの「航空要塞」の感を呈していた。

以上のように、日本陸海軍は、アメリカに遠く及ばぬ国力を背景にしつつも、戦時下の前線航空基地の急速設営には相応の努力を注ぎ、作戦遂行に供せるだけの下地を一応は整備したと言える。もっとも、それらの基地群がアメリカ軍という巨大なパワーを相手にしたとき、勝算を見出せるだけの「機能」を十分に備えていたかとなると、はなはだ頼りないものだったと結論せざるを得ない。

とりわけ、航空機の移動に必要な牽引車両や、燃料補給に欠かせない燃料車などの支援車両については、海軍の場合、中枢基地を除けば皆無に近い状況だった。そのぶん地上員の負担はとてつもなく重くなり、メンテナンスや出撃に際しての準備にも少なからぬ影響が出た。

航空基地築城、および航空要塞概念の実際

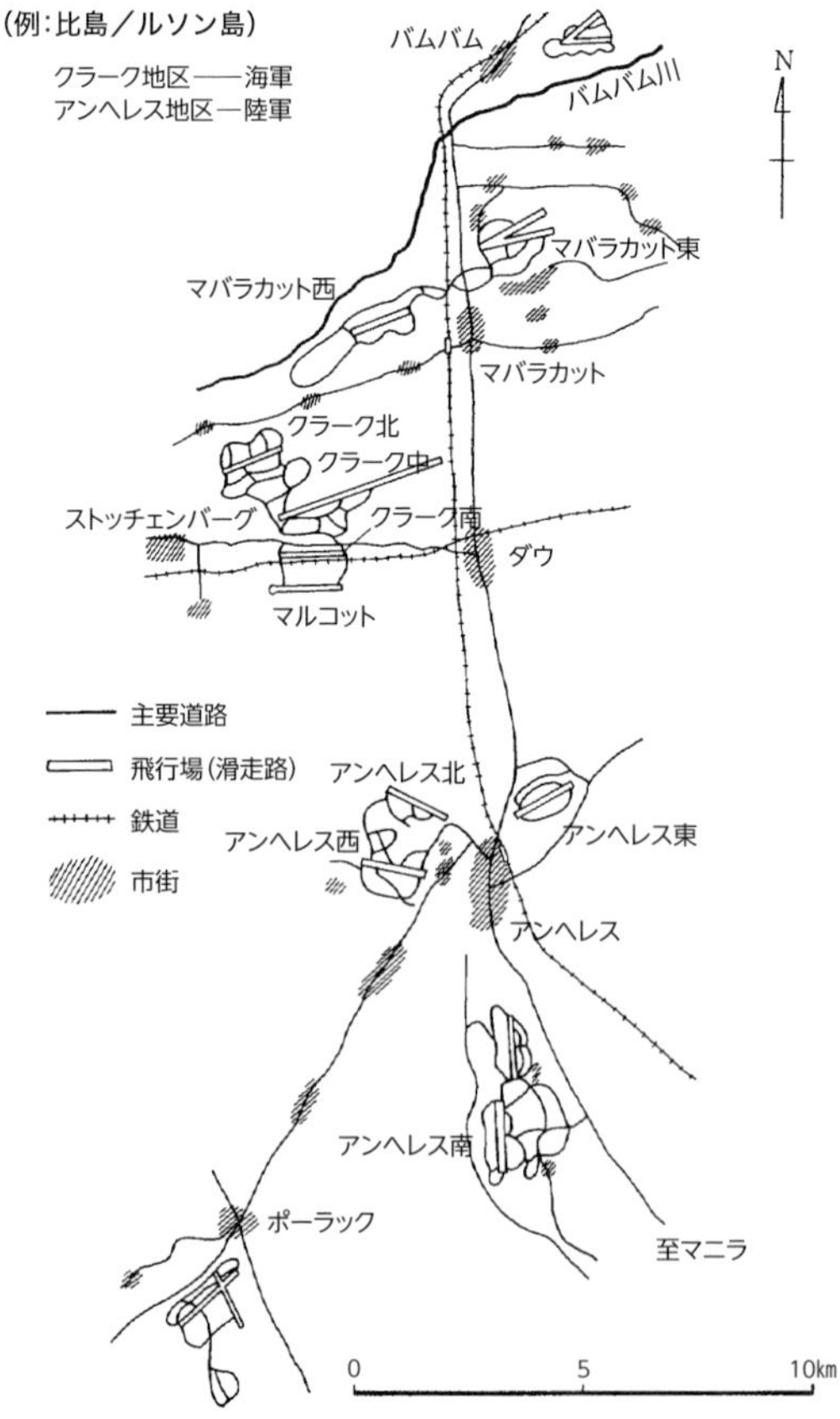

←昭和19（1944）年なかば、アメリカ軍の比島（フィリピン）来攻が現実味を帯びたことで、海軍、陸軍ともにルソン島、ネグロス島などの航空基地築城、航空要塞化を急いだ。

軍用機メカ開発物語

2023年３月13日　第１刷発行

著　者　野原　茂

発行者　皆川豪志

発行所　株式会社　潮書房光人新社

〒100-8077
東京都千代田区大手町1-7-2
電話番号／03-6281-9891（代）
http://www.kojinsha.co.jp

装　幀　天野昌樹

印刷製本　サンケイ総合印刷株式会社

定価はカバーに表示してあります。
乱丁、落丁のものはお取り替え致します。本文は中性紙を使用

ISBN978-4-7698-1697-3 C0095